Applikationsdesign mit SAP® Analytics Cloud

SAP PRESS ist eine gemeinschaftliche Initiative von SAP SE und der Rheinwerk Verlag GmbH. Unser Ziel ist es, Ihnen als Anwendern qualifiziertes SAP-Wissen zur Verfügung zu stellen. SAP PRESS vereint das Know-how der SAP und die verlegerische Kompetenz von Rheinwerk. Die Bücher bieten Ihnen Expertenwissen zu technischen wie auch zu betriebswirtschaftlichen SAP-Themen.

Damit Sie nach weiteren Titeln Ihres Interessengebiets nicht lange suchen müssen, haben wir eine kleine Auswahl zusammengestellt.

Abassin Sidiq
SAP Analytics Cloud. Das Praxishandbuch
2., aktualisierte und erweiterte Auflage, 472 Seiten, 2020, geb.
ISBN 978-3-8362-7715-0
www.sap-press.de/5135

Andreas Forster, Stojan Maleschlijski
Data Science mit SAP HANA. Das umfassende Handbuch
406 Seiten, 2022, geb.
ISBN 978-3-8362-9033-3
www.sap-press.de/5539

Holger Handel
Unternehmensplanung mit SAP Analytics Cloud
470 Seiten, 2021, geb.
ISBN 978-3-8362-7944-4
www.sap-press.de/5208

Jürgen Butsmann et al.
SAP S/4HANA Embedded Analytics
411 Seiten, 2019, geb.
ISBN 978-3-8362-6896-7
www.sap-press.de/4853

Josef Hampp, Jan Lang

Applikationsdesign mit SAP® Analytics Cloud

Liebe Leserin, lieber Leser,

SAP bietet mit SAP Analytics Cloud ein wahres Potpourri an Möglichkeiten zum Reporting, für die Planung und die Analyse der IT-internen Geschäftsprozesse und -daten. Mit dem *Analytics Designer* gibt es seit 2019 nun auch eine Entwicklungsumgebung, um Applikationen selbst zu gestalten. Als BI-Expertin oder Entwickler möchten Sie den Usern in den Fachabteilungen oder bei Ihren Kunden möglichst benutzerfreundliche und passgenaue Anwendungen zur Verfügung stellen. In diesem Buch lernen Sie, wie's geht!

Unsere Autoren, Josef Hampp und Jan Lang, zeigen Ihnen, wie Sie das meiste aus Ihren analytischen Applikationen herausholen. Sie stellen nicht nur die Grundlagen der Analytics-Welt anwendungsorientiert dar, sie geben Ihnen auch praktische Anleitung, wie Sie mit Widgets und APIs eigene BI- und Planungsapplikationen designen, die Ihre Kolleginnen und Kollegen begeistern. Werden Sie kreativ und entwickeln Sie maßgeschneiderte Widgets wie die »bunte Box« von SAP.

Das Buch hat Ihnen gefallen, Sie haben Anregungen oder Kritik? Wir freuen uns über Anmerkungen, die uns helfen, unsere Bücher zu verbessern. Zögern Sie also nicht, sich bei mir zu melden.

Ihre Nicole Hohmann
Lektorat SAP PRESS

nicole.hohmann@rheinwerk-verlag.de
www.rheinwerk-verlag.de
Rheinwerk Verlag · Rheinwerkallee 4 · 53227 Bonn

Auf einen Blick

Wir hoffen, dass Sie Freude an diesem Buch haben und sich Ihre Erwartungen erfüllen. Ihre Anregungen und Kommentare sind uns jederzeit willkommen. Bitte bewerten Sie doch das Buch auf unserer Website unter **www.rheinwerk-verlag.de/feedback**.

An diesem Buch haben viele mitgewirkt, insbesondere:

Lektorat Nicole Hohmann
Korrektorat Monika Klarl, Köln
Herstellung Stefanie Meyer
Typografie und Layout Vera Brauner
Einbandgestaltung Lisa Kirsch
Coverbild iStock: 890153720 © gremlin
Satz SatzPro, Krefeld, gesetzt aus der TheAntiquaB (9,35 pt/13,7 pt) in FrameMaker
Druck Beltz Grafische Betriebe GmbH, Bad Langensalza

Dieses Buch wurde mit mineralölfreien Farben auf chlorfrei gebleichtem und FSC®-zertifiziertem Offsetpapier (90 g/m²) gedruckt.

Der Umwelt zuliebe wurde auf die Einschweißfolie wurde verzichtet.

Hergestellt in Deutschland.

Bibliografische Information der Deutschen Nationalbibliothek:
Die Deutsche Nationalbibliothek verzeichnet diese Publikation in der Deutschen Nationalbibliografie; detaillierte bibliografische Daten sind im Internet über *http://dnb.dnb.de* abrufbar.

ISBN 978-3-8362-9109-5

1. Auflage 2023

Informationen zu unserem Verlag und Kontaktmöglichkeiten finden Sie auf unserer Verlagswebsite **www.rheinwerk-verlag.de**. Dort können Sie sich auch umfassend über unser aktuelles Programm informieren und unsere Bücher und E-Books bestellen.

Inhalt

Einleitung

Datengetriebene Entscheidungen gewinnen in modernen Unternehmen immer mehr an Relevanz. Neben der richtigen Datenhaltung und -bereitstellung ist die Darstellung der Informationen entscheidend für den Erfolg. Klassische Dashboards (Stories) decken teilweise nicht mehr die Grundbedürfnisse der Endanwenderinnen und Endanwender ab. Daher nehmen analytische Applikationen einen zunehmend größeren Stellenwert in Unternehmen ein.

Dies ist ein praktisches Handbuch für den Einstieg in die analytischen Applikationen in SAP Analytics Cloud. Es stellt die Entwicklungsumgebung für analytische Applikationen in SAP Analytics Cloud, den *Analytics Designer*, vor und zeigt, wie Sie damit eigene Anwendungen und Widgets entwickeln. Auch erfahren Sie, wie Sie diese Anwendungen für die Anwender und Anwenderinnen in den Fachabteilungen bereitstellen und deren Nutzung und Performance überwachen.

Zielgruppe

Zur Zielgruppe dieses Buches gehören:

- BI-Expertinnen und -Experten
- Beraterinnen und Berater
- Entwicklerinnen und Entwickler

Aufbau dieses Buches

Nach den ersten beiden Grundlagenkapiteln, in denen in das Thema der analytischen Anwendungen und in die Entwicklungsumgebung von SAP Analytics Cloud eingeführt wird, auch im Hinblick auf deren Bedeutung innerhalb der SAP-Strategie, wird die praktische Anwendungsentwicklung anhand von Beispielen gezeigt. Zunächst werden dazu die standardmäßig zur Verfügung stehenden Widgets und APIs für BI- und Planungsanwendungen vorgestellt. Ihr Einsatz wird jeweils anhand von kurzen Programmbeispielen erläutert.

Anschließend wird jeweils anhand von Entwicklungsbeispielen gezeigt, wie Sie eine eigene analytische Applikation aufbauen können. Dabei wird zwischen BI-Anwendung und Planungsanwendung unterschieden. Zusätzlich wird gezeigt, wie Sie Predictive-Analytics-Funktionen in die eigenen Anwendungen einbauen können.

In **Kapitel 1**, »Einführung in analytische Anwendungen«, führen wir in das Thema der analytischen Anwendungen ein. Darüber hinaus positionieren wir diese Thematik innerhalb der SAP-Strategie.

In **Kapitel 2**, »Grundlagen von SAP Analytics Cloud«, wird die Basisfunktionalität von SAP Analytics Cloud erläutert und die Entwicklungsumgebung für analytische Applikationen, der Analytics Designer, beschrieben.

In **Kapitel 3**, »Entwicklung von BI-Applikationen«, werden standardmäßige Widgets und APIs im Kontext von BI-Applikationen erklärt und anhand von Programmierbeispielen erläutert. Zusätzlich werden auch die Predictive-Funktionalitäten von SAP Analytics Cloud beleuchtet.

In **Kapitel 4**, »Entwicklung von Planungsapplikationen«, werden standardmäßige Widgets und APIs im Kontext von Planungsapplikationen erläutert. Neben kurzen Programmierbeispielen wird in diesem Kapitel auch eine größere Planungsapplikation betrachtet.

In **Kapitel 5**, »Benutzerdefinierte Widgets«, wird die Entwicklung und Einbindung eigener Widgets erläutert. Dieses Thema ist vor allem für fortgeschrittene Entwicklerinnen und Entwickler interessant.

In **Kapitel 6**, »Bereitstellung und Betrieb analytischer Applikationen«, geht es um die Bereitstellung und den Betrieb von analytischen Applikationen. Dafür stellt SAP Analytics Cloud Funktionen zu deren Veröffentlichung und für das Monitoring bereit.

Am Ende des Buches gehen wir in **Kapitel 7**, »Ausblick«, auf die Roadmap von SAP Analytics Cloud ein und zeigen auf, wie hier die zukünftige Vision aussieht.

Aktualität

Zudem möchten wir an dieser Stelle darauf hinweisen, dass wir dieses Buch bis Sommer 2022 geschrieben haben. Durch die Vielzahl an Updates, die in SAP Analytics Cloud regelmäßig erscheinen, haben wir dieses Buch schon während des Schreibens mehrfach angepasst und aktualisiert. Daher können wir unglücklicherweise nicht garantieren, dass alle Funktionen, Beschreibungen und Screenshots noch aktuell sind, wenn Sie dieses Buch lesen.

Download-Material

Damit Sie die Beispiele in diesem Buch nachvollziehen und sofort selbst ausprobieren können, finden Sie unter *www.sap-press.de/5568* im Bereich **Material** das Programmierbeispiel zum Download.

Kastensymbole

Um Sie auf wichtige Informationen hinzuweisen und Ihnen die Arbeit mit diesem Buch zu erleichtern, verwenden wir im Text die folgenden Symbole:

[+] Mit diesem Symbol sind *Tipps und Hinweise* aus der Berufspraxis markiert, die praktische Empfehlungen geben, die Ihnen die Arbeit erleichtern können.

[!] Dieses Symbol weist Sie auf *Besonderheiten* hin, die Sie beachten sollten. Es warnt Sie außerdem vor häufig gemachten Fehlern oder Problemen, die auftreten können.

[«] In Kästen, die mit diesem Symbol gekennzeichnet sind, finden Sie Informationen zu *weiterführenden Themen* oder *wichtigen Inhalten*, die Sie sich merken sollten.

Danksagung

Abschließend möchten wir allen Personen großen Dank aussprechen, ohne die es dieses Buch nicht geben würde.

Besonders hervorzuheben sind auf privater Ebene unsere Partnerinnen Hanna Schwarzmann und Arthidtaya Pimkot. Durch das Buchprojekt mussten beide in diesem Sommer die ein oder andere Stunde auf uns verzichten, haben uns aber dennoch zu jeder Zeit den Rücken freigehalten.

Auf beruflicher Ebene möchte ich, Jan Lang, dem Direktor IT & Tech des FC Bayern München, Michael Fichtner, danken, der es mir ermöglicht hat, dieses Buch zu schreiben. Er war es, der mich 2017 in die Welt von SAP Analytics Cloud gebracht hat, wodurch ich überhaupt erst in der Lage war, dieses Buch zu schreiben und mein Wissen zu teilen.

Einen weiteren Dank möchte ich, Josef Hampp, meinem Manager, Christian Metzger, aussprechen. Er hat mir 2020 die Möglichkeit gegeben, mich intensiver mit dem Thema Analytics zu beschäftigen, und mich auch in dem Vorhaben bestärkt, dieses Buch zu verfassen.

Zu guter Letzt möchten wir auch dem Team des Rheinwerk Verlags mit unseren Lektorinnen Janina Schweitzer und Nicole Hohmann danken, die uns auf unserem Weg begleitet haben.

Wir wünschen Ihnen viel Spaß beim Lesen und Lernen mit diesem Buch!

Gerne können Sie uns auch auf unseren LinkedIn-Profilen folgen und kontaktieren. Auch hier teilen wir regelmäßig Neuigkeiten.

LinkedIn-Profil von Jan Lang

LinkedIn-Profil von Josef Hampp

Kapitel 1
Einführung in analytische Anwendungen

Dieses Kapitel erläutert die Grundlagen des Themengebiets Analytics. Sie lernen die grundlegenden Konzepte kennen und erfahren, welche Bedeutung analytische Anwendungen haben. Gegen Ende dieses Kapitels wird die SAP-Strategie betrachtet und wie sich SAP in diesem Thema positioniert.

Analytische Anwendungen sind eine wichtige Komponente im Entscheidungsfindungsprozess in Unternehmen. Sie erlauben es den Anwendern und Anwenderinnen, faktenbasierte Antworten auf wichtige Geschäftsfragen zu gewinnen.

In Abschnitt 1.1, »Was ist Analytics?«, definieren wir den Begriff der analytischen Anwendung und ordnen ihn innerhalb des übergeordneten Themas Analytics ein. In Abschnitt 1.2, »Analytische Software«, erläutern wir spezifische Anforderungen an analytische Software, beschreiben typische Merkmale einer analytischen Anwendung und wann Sie auf die Software zurückgreifen sollten. Nachdem wir das Thema in den vorangehenden Abschnitten im Allgemeinen umfasst haben, betrachten wir in Abschnitt 1.3, »Positionierung analytischer Anwendungen innerhalb der SAP-Analytics-Strategie«, die SAP-Analytics-Strategie. Zusätzlich wird die strategische Analytics-Lösung von SAP, SAP Analytics Cloud, vorgestellt.

1.1 Was ist Analytics?

Definition

Da für den Begriff Analytics bzw. analytische Software mehrere Deutungsvarianten existieren, erläutern wir in diesem Abschnitt zunächst anhand von Abbildung 1.1, wie wir diesen Begriff in diesem Buch verstehen.

Geschäftsanwendungen

Abbildung 1.1 zeigt eine vereinfachte Architektur eines analytischen IT-Systems. Diese besteht aus drei Schichten. Die unterste Schicht besteht aus *Geschäftsanwendungen*, die ein Unternehmen benutzt. Beispiele für Geschäftsanwendungen sind *Enterprise-Ressource-Planning-Anwendungen* (ERP-Anwendungen) oder auch spezifische Anwendungen für einen

Fachbereich (z. B. Personalwesen) oder die Kundeninteraktion im sogenannten *Customer Relationship Management* (CRM). In Geschäftsanwendungen werden alle zur Steuerung eines Unternehmens erforderlichen Daten verarbeitet. Um diese Anwendungsdaten in Relation zueinander zu setzen, ist eine zusätzliche Anwendung für das Datenmanagement erforderlich – das sogenannte *Data Warehouse*.

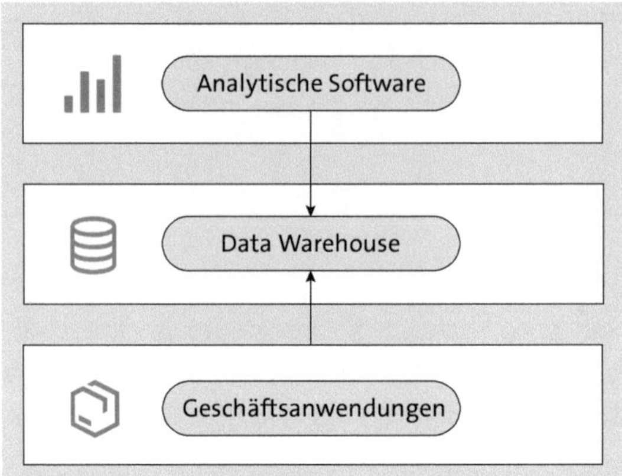

Abbildung 1.1 Vereinfachte Architektur eines analytischen IT-Systems

Data Warehouse

Die mittlere Schicht der Architektur besteht aus dem Data Warehouse. Das Aufgabenspektrum eines Data Warehouse ist vielfältig. Es reicht von der Datenintegration über die Datenaufbereitung und Erstellung von semantischen Datenmodellen bis hin zur Historisierung von Unternehmensdaten. Aus der Perspektive analytischer Software ist die wohl wichtigste Aufgabe eines Data Warehouse die Bereitstellung semantischer Datenmodelle. Diese Datenmodelle können unmittelbar konsumiert werden.

Analytische Software

Die oberste Schicht der Architektur bildet die *analytische Software*. Mit dieser kann ein Anwender oder eine Anwenderin auf die Daten des Data Warehouse zugreifen und diese nutzen. Für die Fähigkeiten von analytischer Software haben sich im Laufe der Zeit verschiedene Begriffe etabliert, die sich zum Teil auch inhaltlich ergänzen oder überschneiden. Beispiele hierfür sind:

- deskriptive Analysen
- prädiktive Analysen
- Augmented Analytics

Deskriptive Analysen

Deskriptive Analysen beschreiben die Auswertung und Darstellung der Unternehmensdaten. Hierbei geht es besonders darum, die Daten nicht in ihrer Reinform, z. B. als Tabelle, sondern graphisch aufbereitet zu präsentieren. Hierzu stehen verschiedenste Arten der Visualisierung zur Verfügung, je nach Art der zu vermittelnden Informationen. Deskriptive Analysen beziehen sich in der Regel auf Unternehmensdaten, die im Tagesgeschäft generiert worden sind.

Prädiktive Analysen

Bei *prädiktiven Analysen* nutzen Sie die zur Verfügung stehenden Daten und erstellen auf Grundlage dessen ein Vorhersagemodell. Mithilfe von *Machine Learning* (ML) wird, auf Ist-Daten basierend, eine Prognose erstellt. Machine Learning bezeichnet dabei die automatisierte Verarbeitung von Daten durch Algorithmen. Die Ergebnisse einer Prognose können dann wieder in ein Dashboard integriert werden.

Augmented Analytics

Unter dem Begriff *Augmented Analytics* versteht man verschiedene Fähigkeiten eines Systems, die hauptsächlich dafür gedacht sind, den Umgang mit dem System zu erleichtern. Hierzu zählt die automatisierte Erstellung von Dashboards oder auch von Vorhersagemodellen sowie die Interaktion mit dem System. Mithilfe von *Natural Language Processing* (NLP) können viele Anwendungen auch in natürlicher Sprache genutzt werden.

Oftmals entfällt auch die differenzierte Unterscheidung und man spricht der Einfachheit halber nur von analytischen Systemen bzw. von analytischen Anwendungen. Dies ist oftmals auch dadurch bedingt, dass aktuelle Softwarelösungen alle zuvor genannten Fähigkeiten abdecken.

Business Intelligence

Des Weiteren gibt es neben dem Begriff Analytics noch die Bezeichnung *Business Intelligence* (BI). BI-Anwendungen waren in ihrer Anfangszeit meist Managementanwendungen. Sie werden genutzt, um in Unternehmen datengetriebene Entscheidungen zu treffen. Durch die steigende Verfügbarkeit von Daten, die Datendemokratisierung und neue Technologien hat sich der Anwenderkreis mittlerweile vergrößert. In modernen Unternehmen stehen solche Anwendungen meist allen Mitarbeitenden zur Verfügung. Infolgedessen hat Business Intelligence den Managementfokus verloren und wird heutzutage häufig synonym für den Begriff Analytics bzw. analytische Software verwendet.

Planungsapplikationen

Neben der Visualisierung der Unternehmensdaten und der Berechnung von Prognosen ist die Unternehmensplanung die dritte Kernfähigkeit von analytischen Systemen. Mit *Planungsapplikationen* können Sie mit BI-Dashboards gefällte Entscheidungen in die Tat umsetzen. Planungsanwendungen sind essenziell für die Unternehmenssteuerung. Anwendungsfelder dieser Anwendungen sind beispielsweise die Finanzplanung, die Personal- oder die Produktionsplanung. Weitere Informationen zur Entwicklung von Planungsapplikationen mit SAP Analytics Cloud finden Sie in Kapitel 4, »Entwicklung von Planungsapplikationen«.

1.2 Analytische Software

Verschiedene Anwendergruppen von analytischer Software haben unterschiedliche Anforderungen daran, wie Analyseergebnisse und Prognosen dargestellt werden sollen. Aus diesem Grund haben sich über die Jahre verschiedene Darstellungsformen etabliert. Die Formen der Darstellung ergänzen sich gegenseitig, weshalb in der Analytics-Landschaft eines Unternehmens meist keine Darstellungsform ausgeschlossen wird. Die Art und Weise, wie Erkenntnisse und Daten dargestellt werden, reicht von stark zahlenbasierten Darstellungen, wie z. B. Tabellen, bis hin zu Visualisierungen, in denen eine Kennzahl mit mehreren Dimensionen dargestellt wird. Einige häufig genutzte Darstellungsformen stellen wir Ihnen in den folgenden Abschnitten kurz vor.

1.2.1 Reports

Berichte

In der Art der Umsetzung bietet analytische Software viele Möglichkeiten. So gab es in der Vergangenheit meist eine starke Reporting-Kultur in Unternehmen. Unter einem *Report* versteht man einen meist statischen Bericht, der einem Anwender oder einer Anwenderin als Datenkonsument oder Datenkonsumentin zur Verfügung gestellt wird. Die Person, die den Report konsumiert, ist hierbei meist nicht für die Erstellung des Reports verantwortlich. Diese Reports können direkt über die analytische Software zur Verfügung gestellt oder geteilt werden, beispielsweise als PDF-Dateien. Da die Reports oft auch exportiert werden, sind sie häufig systematisch aufgebaut und stark strukturiert. Wird ein Report als PDF-Datei exportiert oder soll er ausgedruckt werden, kann er beispielweise im DIN-A4-Format erstellt werden. Dies erleichtert die Lesbarkeit in physischer Form.

Abbildung 1.2 zeigt die erste Seite eines Reports für ein Unternehmen, das am nordamerikanischen Markt tätig ist. Solche Berichte werden in einem hohen Detailgrad erstellt, sodass geübte Leserinnen und Leser den aktuellen Stand auf einem Blick analysieren und verstehen können. Tabellen bieten den Vorteil, dass Zahlen gut über verschiedene Dimensionen (Zeit, Produkte, Standorte usw.) heruntergebrochen oder neue Berechnungen (Summen, Differenzen, prozentuale Veränderungen usw.) eingefügt werden können. Die kompakte Darstellung ist hierbei von großem Vorteil.

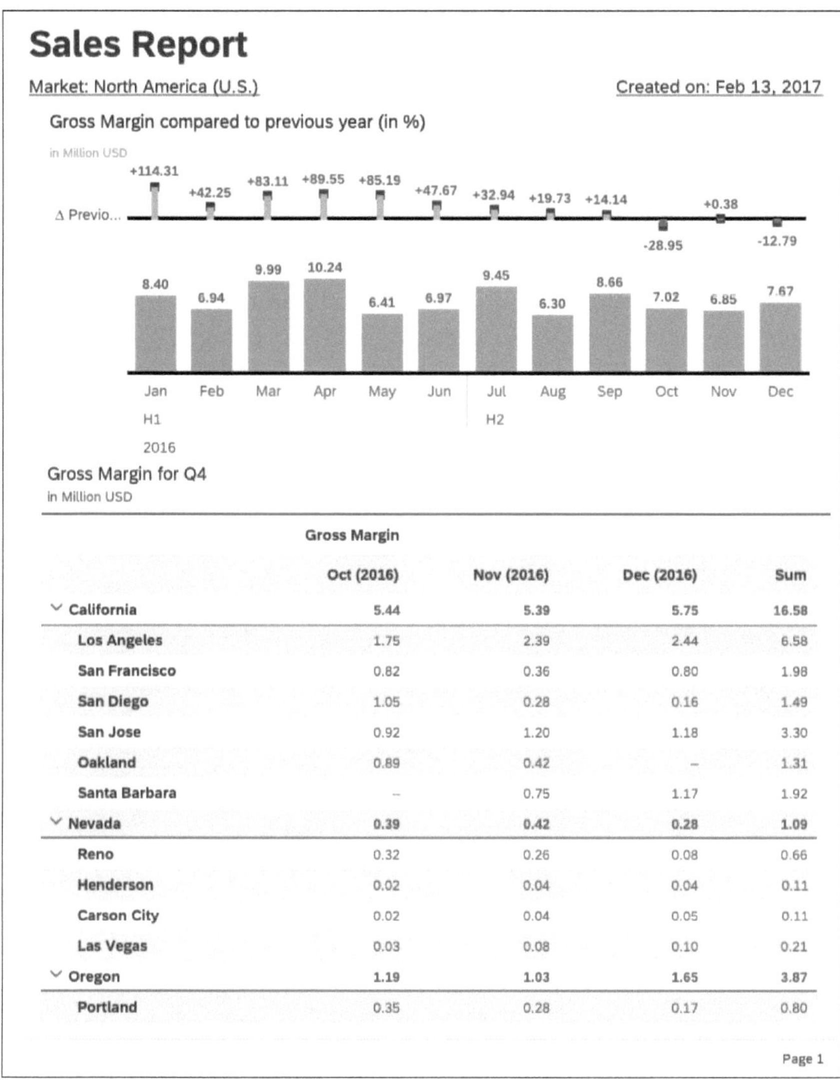

	Gross Margin			
	Oct (2016)	**Nov (2016)**	**Dec (2016)**	**Sum**
California	**5.44**	**5.39**	**5.75**	**16.58**
Los Angeles	1.75	2.39	2.44	6.58
San Francisco	0.82	0.36	0.80	1.98
San Diego	1.05	0.28	0.16	1.49
San Jose	0.92	1.20	1.18	3.30
Oakland	0.89	0.42	–	1.31
Santa Barbara	–	0.75	1.17	1.92
Nevada	**0.39**	**0.42**	**0.28**	**1.09**
Reno	0.32	0.26	0.08	0.66
Henderson	0.02	0.04	0.04	0.11
Carson City	0.02	0.04	0.05	0.11
Las Vegas	0.03	0.08	0.10	0.21
Oregon	**1.19**	**1.03**	**1.65**	**3.87**
Portland	0.35	0.28	0.17	0.80

Abbildung 1.2 Beispiel eines Finanzberichts

1.2.2 Dashboards

Dashboard

Ermöglicht durch den technologischen Fortschritt seit der Jahrtausendwende, gewinnen interaktive *Dashboards* immer mehr an Bedeutung. Innerhalb eines Analyseprogramms können Anwenderinnen und Anwender verschiedene Berichte aufrufen und durch Interaktion die dargestellte Datenmenge manipulieren. Interaktionen sind beispielsweise:

- Drill-down bzw. Drill-up über Dimensionshierarchien
- Filtersetzung

- Navigation über Geodaten
- Bedienung von Steuerungselementen

Mithilfe solcher Interaktionen können Sie Dashboards einfacher gestalten und müssen nicht alle Informationen darstellen. Stattdessen können ausgewählte Daten aggregiert angezeigt werden. Abbildung 1.3 zeigt ein simples Dashboard, in dem relevante Daten in verschiedenen Formaten übersichtlich dargestellt werden. Ein Vorteil der Dashboards ist, dass sie das Format, also z. B. die Darstellung als Kuchendiagramm oder in Kacheln, dynamisch am Inhalt ausrichten oder sich responsiv zum darstellenden Bildschirm verhalten. Gleichzeitig lässt sich das Format aber auch individuell anpassen, um Ihren Anforderungen zu entsprechen.

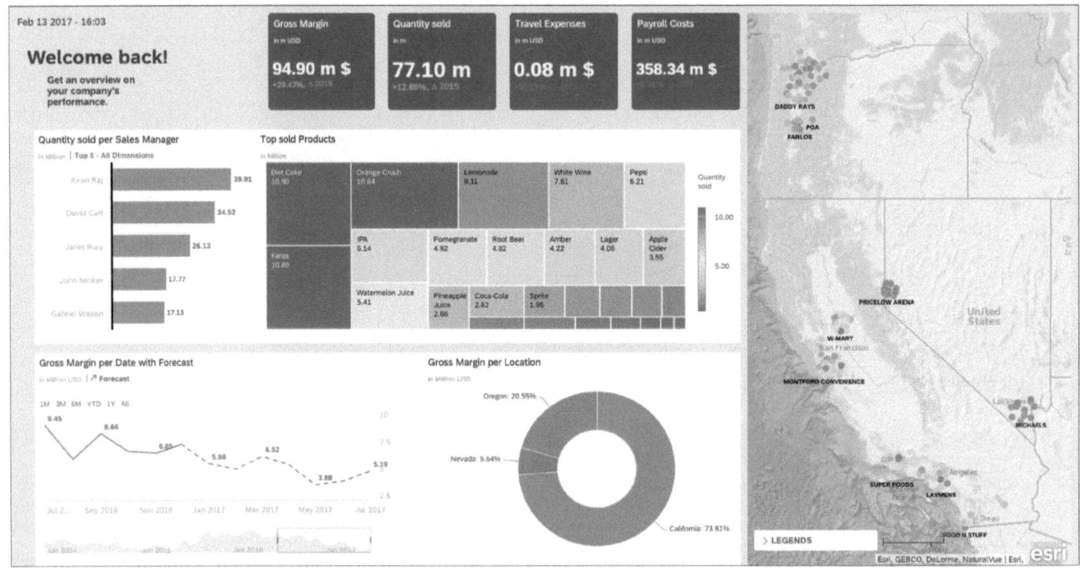

Abbildung 1.3 Beispiel eines Dashboards

Die beschriebene Flexibilität in der Wahl des Formats wird zusätzlich dadurch verstärkt, dass Dashboards in der Regel über das Analyseprogramm und nicht über Exporte konsumiert werden. Die Analyseprogramme können lokal auf dem Computer der User installiert oder über das Internet zur Verfügung gestellt werden, wobei es der modernere Weg ist, das Programm als Service über das Internet zu beziehen (*Software-as-a-Service*, SaaS).

Bei der Erstellung von Dashboards wird zwischen zwei Paradigmen unterschieden:

- Self-Service-Dashboards
- analytische Anwendungen

Self-Service Dashboards

Werden Dashboards im Self-Service erstellt, bedeutet das, dass Anwenderinnen und Anwender ohne Hilfe Dritter in der Lage sein sollen, eigene Visualisierungen und Dashboards zu erstellen. Es werden keine IT-Vorkenntnisse benötigt, beispielsweise das Beherrschen einer bestimmten Programmiersprache. Visualisierungen werden in einer unterstützen Umgebung erstellt. Das Analyseprogramm bietet einen Editor, mit dem Objekte erstellt und geändert werden können. Zusätzlich werden bei der Erstellung unterstützende Hinweise und Warnungen ausgegeben. Außerdem werden Designprinzipien unterstützt, die den Umgang mit dem Programm vereinfachen und erklärbar machen. Oftmals wird hier das Prinzip *What You See Is What You Get* (WYSIWYG) befolgt. Auf diese Weise können Anwenderinnen und Anwender beispielsweise beim Bewegen oder bei der Größenanpassung von Objekten durch Drag-&-Drop-Mechanismen direkt sehen, wie sich ihre jeweilige Anpassung auf das Dashboard auswirkt.

Self-Service-Umgebungen sind ein wichtiger Baustein für Unternehmen. Sie erlauben es den Mitarbeitenden, eigenständig mit den Daten zu arbeiten und so Antworten auf ihre Geschäftsfragen zu finden. Oftmals erspart dies allen Beteiligten Zeit; jedoch gibt es auch Einschränkungen. Durch die geführte Designumgebung und das WYSIWG-Prinzip können zwar einfache Interaktionslogiken abgebildet werden, bei der Implementierung von komplexeren Interaktionen oder Geschäftslogiken stößt man aber eventuell an die Grenzen des Möglichen. Zur technischen Umsetzung solcher Szenarien werden analytische Anwendungen genutzt.

1.2.3 Analytische Anwendungen

Analytische Anwendungen sind Dashboards, die über den Anwendungsbereich von Self-Service-Dashboards hinausgehen. Sie können auf der beschriebenen Dashboard-Erstellung im Self-Service aufbauen, ergänzen diese aber durch erweiterte Funktionalitäten, wie beispielsweise das Ausführen von Skriptelementen.

Notwendige Fähigkeiten

Analytische Anwendungen werden in der Regel nicht von allen Mitarbeitenden in einem Unternehmen erstellt. Oftmals gibt es hier dedizierte Expertinnen und Experten, die verschiedene Anwendungen für das Unternehmen erstellen. Um solche Anwendungen zu entwickeln, werden (insbesondere wegen der Eigenschaften wie der Funktion zum Schreiben von Programmcode) Vorkenntnisse oder Erfahrungen vorausgesetzt, über die nicht alle Mitarbeitenden verfügen oder die nicht alle Mitarbeitenden bei ihren täglichen Aufgaben benötigen.

Aufgrund der hohen Individualisierbarkeit von analytischen Anwendungen bieten sie ein breites Anwendungsfeld; Daten können auf unterschiedlichste Weise untersucht und visualisiert werden. Dies können tabellenzentrische Darstellungen wie in einem Report oder auch Datenvisualisierungen wie in einem Dashboard sein. Zusätzlich können Sie in analytischen Anwendungen mit den Daten arbeiten – Arbeitsabläufe können angestoßen oder prozessiert werden, aber auch Planungsanwendungen lassen sich implementieren.

1.3 Positionierung analytischer Anwendungen innerhalb der SAP-Analytics-Strategie

Als führender Anbieter von Unternehmenssoftware ist der Bereich Analytics auch für SAP von Bedeutung. In diesem Abschnitt erläutern wir Ihnen die SAP-Analytics-Strategie und geben Ihnen eine Einführung in die Lösung *SAP Analytics Cloud*.

1.3.1 Die SAP-Analytics-Strategie

SAP versteht unter Analytics die intelligente Nutzung von Daten, also das Zusammenspiel von Datenvisualisierung (BI), Unternehmensplanung und Augmented Analytics. In der Vergangenheit hat sich SAP in diesem Bereich vor allem auf die On-Premise-Lösung *SAP BusinessObjects* fokussiert. SAP BusinessObjects ist nicht nur eine Lösung, sondern eine Plattform, auf der verschiedene Anwendungen für verschiedene Anwendungsbereiche gesammelt werden.

Statement of Direction

Mit der Entwicklung von SAP Analytics Cloud wurde diese Herangehensweise überdacht. SAP Analytics Cloud ist eine integrierte Analytics-Lösung, die als Software-as-a-Service (SaaS) lizenziert werden kann. Man bezeichnet SAP Analytics Cloud als integriert, da hier ganzheitliche Prozesse über Planung, Vorhersage und Visualisierung abgebildet werden können. SAP positioniert die Cloud in ihrem Statement of Direction ganz klar als strategische Analytics-Lösung. Einerseits bedeutet dies, dass eine Vielzahl der künftigen Innovationen ausschließlich für SAP Analytics Cloud entwickelt und veröffentlich werden, andererseits, dass SAP Analytics Cloud auch die analytische Benutzeroberfläche der SAP-Systeme sein wird. SAP Analytics Cloud wird in allen aktuellen SAP-Produkten als Reporting-Oberfläche für operationale Auswertungen eingebettet.

1.3.2 Vorstellung von SAP Analytics Cloud

In diesem Abschnitt zeigen wir Ihnen, was SAP Analytics Cloud auszeichnet. SAP Analytics Cloud kann in vier Ebenen aufgeteilt werden (siehe Abbildung 1.4):

- Möglichkeiten zum Einstieg für die User
- Darstellungsmöglichkeiten
- Kernkompetenzen
- Plattformdienste

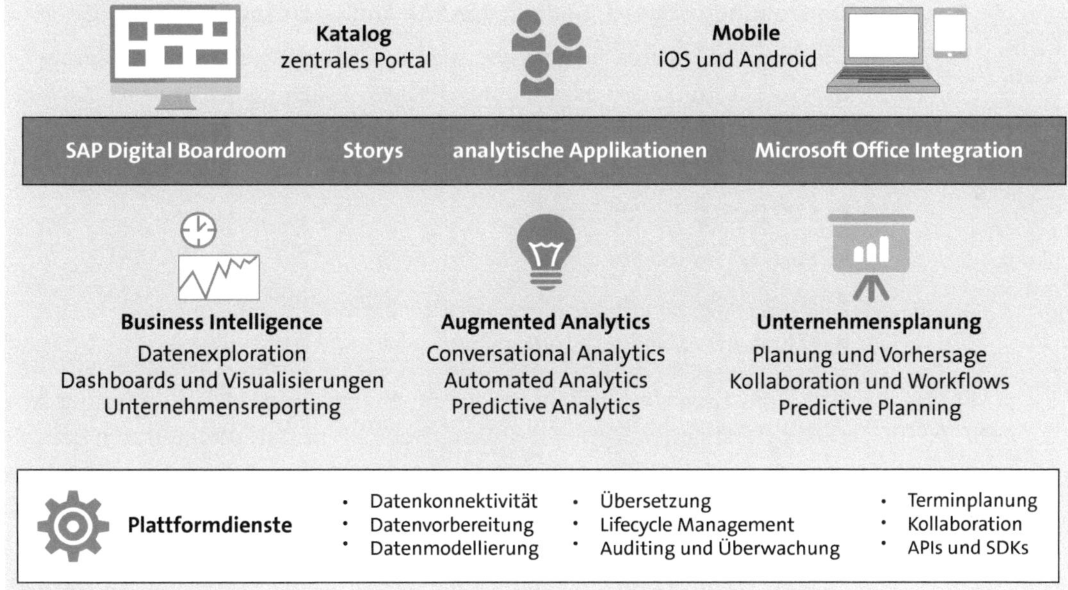

Abbildung 1.4 Komponentenübersicht von SAP Analytics Cloud (Quelle: SAP)

Einstiegsmöglichkeiten für Anwenderinnen und Anwender

Einstiegsmöglichkeiten

Die oberste Ebene beschreibt die technische Möglichkeit der Benutzer, SAP Analytics Cloud aufzurufen. Hierzu stehen Ihnen verschiedene Möglichkeiten zur Verfügung. Da es sich um eine Cloud-Anwendung handelt, können Sie SAP Analytics Cloud direkt über eine entsprechende URL aufrufen. Bei der Verwendung von mobilen Endgeräten, wird jedoch von dieser Möglichkeit abgeraten. SAP hat native Apps entwickelt, die für die Benutzung auf mobilen Endgeräten optimiert sind. Diese stehen kostenfrei für iOS- und Android-Geräte im jeweiligen App Store zur Verfügung. Komplementiert wird diese Ebene durch den *Katalog*. Der Katalog ist ein Hilfsmittel zur

Organisation aller analytischen Objekte eines Unternehmens. Hier können sowohl alle Darstellungsformen (mehr dazu im nächsten Abschnitt) und Datenobjekte von SAP Analytics Cloud als auch hochgeladene Dateien oder Links zu externen Inhalten hinterlegt werden. Der Katalog bietet als zentrales Portal den Einstiegspunkt für die Anwenderinnen und Anwender. Sie können den Katalog selbst pflegen, oder es werden Ihnen darüber Inhalte zur Verfügung gestellt. Die Katalogelemente werden als Karten angezeigt. Pro Karte können individuelle Anzeige- und Leseberechtigungen für einzelne Benutzer oder Teams verwendet werden.

Darstellungsformen innerhalb von SAP Analytics Cloud

Die darunterliegende Ebene bilden die Darstellungsobjekte – in Abbildung 1.4 dargestellt durch den eingefärbten Kasten. Aufgrund der diversen Anwendungsmöglichkeiten von SAP Analytics Cloud haben sich vier verschiedene Darstellungsformen etabliert:

- SAP Digital Boardroom
- Stories
- analytische Applikationen (engl. Analytic Applications)
- Microsoft-Office-Integration

SAP Digital Boardroom

SAP Digital Boardroom ist eine ursprünglich für Vorstandssitzungen entwickelte Darstellungsform. Sie soll statische Präsentationen durch einen interaktiven Umgang mit Daten ersetzen und so die Steuerung von Unternehmen unterstützen. Technische Besonderheiten von Präsentationen mit SAP Digital Boardroom sind, dass diese auch mit mehreren Bildschirmen dargestellt werden können oder auch berührungssensitive Bildschirme zur Interaktion genutzt werden können.

Story

Stories sind Datenpräsentationen, die speziell für Endanwenderinnen und -anwender sehr interessant sind. Sie unterstreichen den Self-Service-Gedanken von SAP Analytics Cloud, da hier schnell und ohne technische Vorkenntnisse Datenvisualisierungen auf Grundlage der eigenen Daten erstellt werden können. In Stories kann der Benutzer auf eine Vielzahl von Objekten, beispielsweise Diagramme, Tabellen, Filter- und Navigationselemente, Bilder usw., zurückgreifen. Stories können somit die Anforderungen der meisten Nutzerinnen und Nutzer abdecken.

Analytic Applications

Analytic Applications decken die in Abschnitt 1.2.3 beschriebenen Merkmale von analytischen Anwendungen ab. Technisch sind analytische Applikationen auf den Elementen der Stories aufgebaut. Zusätzlich stehen weitere Elemente zur Verfügung sowie die Möglichkeit, durch ausführbare Skriptelemente komplexere Interaktionslogiken für Geschäftsprozesse abzudecken. Weitere Informationen zu den Unterschieden zwischen Stories und analytischen Applikationen finden Sie in Abschnitt 2.5.

Microsoft-Office-Integration

Zusätzlich bietet SAP Analytics Cloud über Add-ins die Option zur Integration von *Microsoft-Office-Anwendungen*. Mit diesen Add-ins können Sie sich z. B. Daten als Tabellen in Microsoft Excel ausgeben lassen und diese dort weiterverarbeiten. Die Add-ins können in der jeweiligen Office-Anwendung installiert werden und erweitern die Anwendung um die entsprechenden Funktionalitäten.

Kernkompetenzen

Als zentrale Elemente werden in Abbildung 1.4 die analytischen Fähigkeiten von SAP Analytics Cloud positioniert. Diese wurden in drei Kompetenzbereiche untergliedert:

- Business Intelligence
- Augmented Analytics
- Enterprise Planning

Business Intelligence

Business Intelligence beinhaltet alle Funktionen von der interaktiven Datenexploration bis hin zur Erstellung von Dashboards und Reports mit aussagekräftigen Darstellungen. Zusätzlich beinhaltet dieser Bereich auch den Versand und die Bereitstellung der eigenen Objekte für andere Benutzer.

Augmented Analytics

Der Begriff *Augmented Analytics* umfasst ein inhaltlich sehr weitgefasstes Funktionsspektrum. Darunter fallen exemplarisch die Interaktion des Systems in natürlicher Sprache, die Automatisierung von Prozessen wie beispielsweise der Berichtserstellung oder die Verwendung von Prognosemodellen zur Erstellung von Prognoseberechnungen. Allgemeiner ausgedrückt, beschreibt Augmented Analytics alle Funktionen, die mithilfe von intelligenten Algorithmen das Arbeiten der Anwenderinnen und Anwender mit SAP Analytics Cloud vereinfachen.

Enterprise Planning

Unter *Enterprise Planning* werden alle Funktionen verstanden, die zur Unternehmensplanung benötigt werden: das Eingeben und Weiterverarbeiten von Planwerten, Allokationen auf Planungsobjekte, die Abbildung von Planprozessen, aber auch die Prognose von Planungsdaten.

Wie Sie sehen, überschneiden sich schon in der Beschreibung der Kernkompetenzen einzelne Funktionalitäten der Bereiche. So werden sowohl im Bereich Augmented Analytics als auch in Enterprise Planning Prognosemodelle zur Berechnung von Prognosedaten genutzt – und dies ist auch beabsichtigt. Denn durch eine tiefe Integration der Funktionen möchte SAP mit SAP Analytics Cloud Mehrwerte in ganzheitlichen Analytics-Prozessen bieten. Die Abgrenzung der Kompetenzbereiche existiert nur zur vereinfachten Beschreibung auf dem Papier. Denn für Anwenderinnen und Anwender gibt es keine Grenzen zwischen den einzelnen Bereichen; es handelt sich für sie lediglich um von SAP Analytics Cloud zur Verfügung gestellte Funktionen.

Plattformdienste

Das Fundament bildet die vierte Ebene, die sogenannten *Plattformdienste*. Diese beschreiben für die Nutzung und den Betrieb von SAP Analytics Cloud benötigte allgemeine Funktionen, beispielsweise Dienste, die Sie als Endanwenderinnen und Endanwender direkt nutzen können (z. B. das Integrieren, Verarbeiten und Modellieren von Daten) oder die Sie nur indirekt betreffen (z. B. Auditing-Dienste oder die Systemüberwachung für Administratorinnen und Administratoren).

Kapitel 2
Grundlagen von SAP Analytics Cloud

Dieses Kapitel erläutert die Grundlagen von SAP Analytics Cloud und stellt die integrierte Entwicklungsumgebung für analytische Applikationen und den für deren Entwicklung verwendeten JavaScript-Sprachumfang vor. Als Voraussetzung für die Applikationsentwicklung werden die benötigten Berechtigungen erläutert.

Was Sie erwartet

Nachdem Sie sich im vorangehenden Kapitel intensiver mit dem Thema Analytics beschäftigt haben, lernen Sie nun, wie Sie mit SAP Analytics Cloud arbeiten und welche Voraussetzungen dazu erfüllt sein müssen.

Zunächst geben wir Ihnen einen Überblick über eine mögliche Systemlandschaft mit SAP Analytics Cloud (siehe Abschnitt 2.1, »Architektur der Systemlandschaft«) und zeigen Ihnen in Abschnitt 2.2, »Menüführung und wichtige Funktionen«, wie Sie sich in SAP Analytics Cloud zurechtfinden. In Abschnitt 2.3, »Datenintegration«, und Abschnitt 2.4, »Datenmodellierung«, erfahren Sie, wie Sie Daten integrieren und modellieren. Im Anschluss lernen Sie die Unterschiede zwischen einer Story und einer analytischen Applikation (siehe Abschnitt 2.5, »Unterscheidung zwischen Story und analytischer Applikation«) und die Entwicklungsumgebung, den Analytics Designer, kennen (siehe Abschnitt 2.6, »Entwicklungsumgebung«). In Abschnitt 2.7, »Berechtigung für die Entwicklung analytischer Applikationen«, erhalten Sie Einblick in die Berechtigungen und Voraussetzungen für die Entwicklung analytischer Applikationen. Zudem zeigen wir Ihnen, wie Sie die zur Verfügung stehenden Demo-Applikationen in Ihren Tenant integrieren können.

2.1 Architektur der Systemlandschaft

Wenn sich Unternehmen dafür entscheiden, ihre Cloud-Lösungen nach dem Software-as-a-Service-Modell (SaaS) bei externen Anbietern wie etwa SAP betreiben zu lassen, sind sie nicht mehr für den Betrieb der Infrastruktur der Anwendung verantwortlich. Denn auch diese Aufgabe wurde im Zuge dessen an den externen Dienstleister ausgelagert. Dies hat weitreichende Auswirkungen auf die Architektur der Systemlandschaft. In diesem Kapitel erklären wir Ihnen, wie sich die Systemlandschaft diesbezüglich verändert.

2.1.1 Dreisystemlandschaft

Der Betrieb und die Instandhaltung der IT-Infrastruktur gehörten früher zu den wichtigsten Aufgaben von IT-Abteilungen. Aufgrund verschiedener Anforderungen wurden mehrere Instanzen desselben Produkts parallel betrieben – es handelte sich also um eine *Mehrsystemlandschaft*. Hierbei hat sich eine Systemlandschaft aus drei Instanzen etabliert, wie Sie es aus Abbildung 2.1 ersehen können.

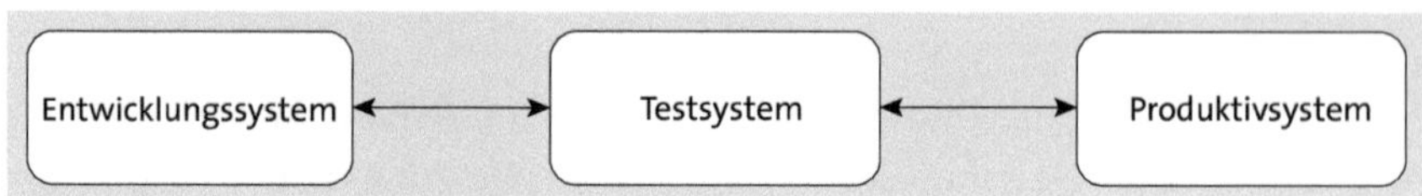

Abbildung 2.1 Darstellung einer Dreisystemlandschaft

Dreisystemlandschaft

Schon der Name deutet darauf hin, dass das *Entwicklungssystem* eine Instanz ist, in der neue Objekte entwickelt werden können. Auf dieses System haben die meisten Anwenderinnen und Anwender eines Unternehmens keinen Zugriff; dieser ist meist nur der entsprechenden IT-Abteilung vorbehalten. Im *Testsystem* wird Software getestet, bevor sie im *Produktivsystem* ausgeführt wird. Im Testsystem werden die erstellten Objekte auf Fehler hin untersucht. Bei On-Premise-Installationen müssen beispielsweise regelmäßig System-Updates oder Releasewechsel von der IT eingespielt werden. Da zwischen den Neuerungen ein längerer Zeitraum vergehen kann, können diese größere Auswirkungen auf die Funktionstüchtigkeit der Objekte haben. Daher werden diese zuerst auf dem Testsystem installiert und überprüft, bevor neue Funktionen auf dem Produktivsystem ausgerollt werden. Aus diesem Grund wird im Entwicklungs- und Testsystem in der Regel nicht mit Produktivdaten gearbeitet.

Da die Mehrsystemlandschaft ein allgemeingültiges Paradigma ist, wurden nicht nur analytische Systeme, sondern alle von der IT verwalteten Systeme danach aufgesetzt. Dementsprechend existieren auch das Data Warehouse oder das ERP-System in mehreren Instanzen. Dies hat zur Folge, dass Instanzen aus der gleichen Klasse miteinander verbunden werden. So ist z. B. das Testsystem des analytischen Systems mit dem Testsystem des Data Warehouse verbunden und kann dessen Daten nutzen.

2.1.2 Wechsel zur Zweisystemlandschaft

Durch die verbreitete Nutzung von Cloud-Lösungen fallen ursprünglich von der IT zu bewältigende Aufgaben weg. Dies lässt sich dadurch erklären, dass man früher selbst für den reibungslosen Betrieb und die Verfügbarkeit der Infrastruktur und der Anwendungen verantwortlich war. Cloud-Lösungen werden jedoch meist als Infrastructure-as-a-Service- oder Software-as-a-Service-Lösungen angeboten. Das heißt für den Konsumenten, dass sich die Verantwortung für den Betrieb der Lösung vom Unternehmen zum Cloud-Anbieter hin verlagert hat. Dazu zählt auch das Installieren neuer Updates oder das Durchführen von Releasewechseln.

Da auch SAP Analytics Cloud nach diesem Modell bereitgestellt wird, werden die neuesten Funktionen immer automatisch ausgeliefert. Dennoch definiert SAP feste Zeitpunkte, an denen das System neue Updates erhält. Hier stehen Ihnen zwei Varianten zur Verfügung: Es gibt einen zweiwöchentlichen und einen vierteljährlichen Update-Zyklus. Standardmäßig wird der vierteljährliche Update-Zyklus empfohlen. Das heißt für Sie, dass Sie einmal im Quartal neue Innovationen erhalten.

Zweisystemlandschaft

Mit Blick auf die Anforderungen an die Systemlandschaft entfallen nun für Sie oder Ihre IT-Abteilung Aufgaben, wie z. B. die Betreuung eines Releasewechsels. Aufgrund der verminderten Arbeitslast ergibt sich eine Empfehlung für eine *Zweisystemlandschaft*. Das Produktivsystem bleibt bestehen. Hinzu kommt eine weitere Instanz für Entwicklungs- und Testzwecke (siehe Abbildung 2.2).

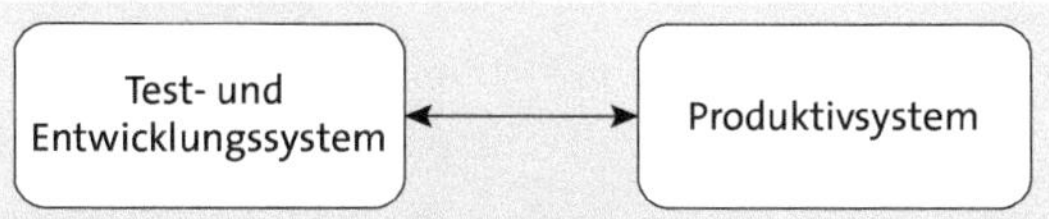

Abbildung 2.2 Darstellung einer Zweisystemlandschaft

2.2 Menüführung und wichtige Funktionen

Nachdem Sie sich in SAP Analytics Cloud angemeldet haben, öffnet sich der Startbildschirm (siehe Abbildung 2.3). Die Seite ist in drei Bereiche unterteilt:

- **Shell-Leiste**
  Der obere horizontale Bereich wird *Shell-Leiste* genannt. Sie ermöglicht eine direkte Navigation zu den wichtigen Funktionen von SAP Analytics Cloud.

- **Seitennavigation**
  Der vertikale Bereich auf der linken Seite des Bildschirms ist die *Navigationsleiste*. Hier befindet sich das Hauptmenü, von dem aus Sie in die verschiedenen Bereiche von SAP Analytics Cloud springen können.
- **Arbeitsbereich**
  Der Rest des Bildschirms bildet den *Arbeitsbereich*. Hier werden die verschiedenen Funktionsbereiche von SAP Analytics Cloud dargestellt, und Sie als Nutzerinnen und Nutzer können hier arbeiten.

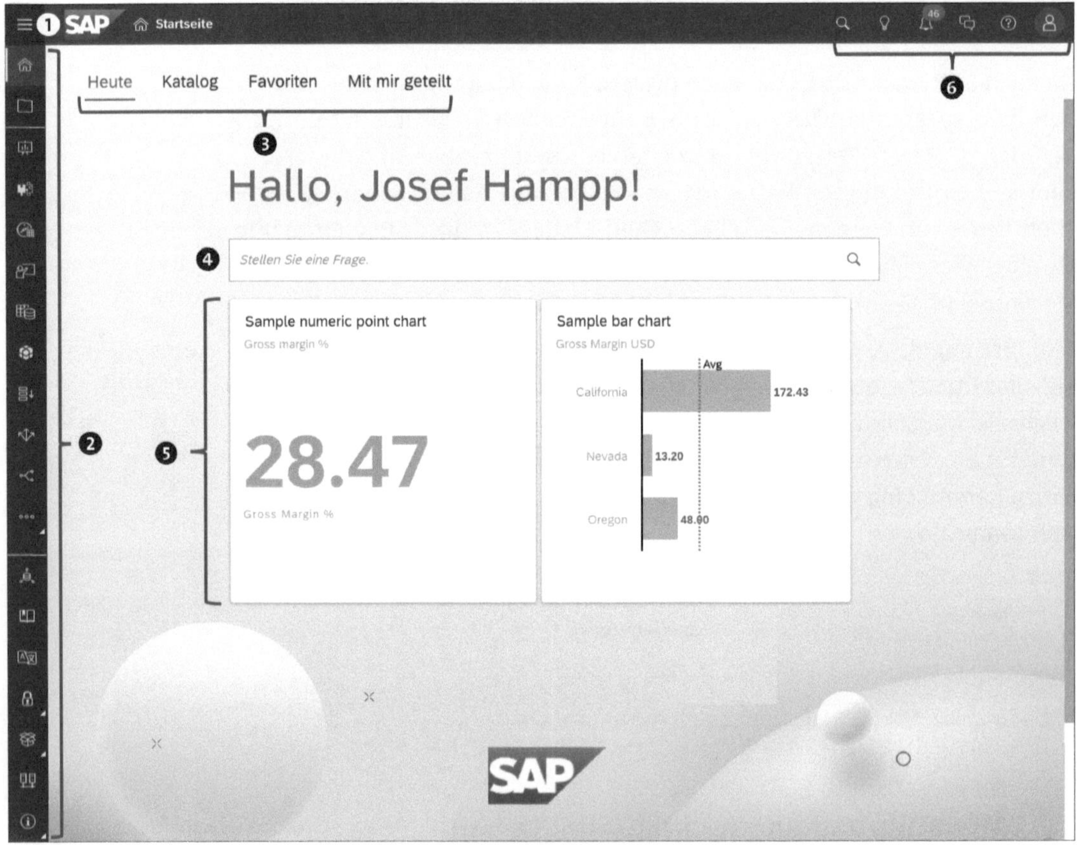

Abbildung 2.3 Startseite von SAP Analytics Cloud

Seitenleiste Werfen wir nun noch einmal einen genaueren Blick auf die einzelnen Elemente des Startbildschirms. Wir beginnen von links nach rechts mit der Seitenleiste. Die Seitenleiste ❶ ist normalerweise eingeklappt. Die einzelnen Menüpunkte werden nur als Icons dargestellt. Wenn Sie auf das Icon (☰) klicken, klappt die Navigationsleiste auf (siehe Abbildung 2.4).

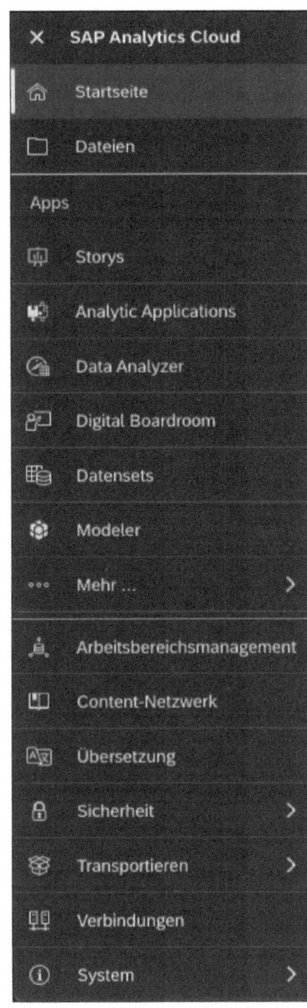

Abbildung 2.4 Aufgeklappte Navigationsleiste

Navigationsleiste

- Die Navigationsleiste ❷ besteht aus drei Bereichen:
  - Der erste Bereich richtet sich an alle Anwender und Anwenderinnen. Über diesen Bereich gelangen Sie zurück auf die Startseite sowie auf die Seite **Dateien**.
  - Der zweite Bereich **Apps** unterscheidet sich je nach Benutzer. Die Navigationsmöglichkeiten ergeben sich hier aus den dem Benutzer zugeordneten Berechtigungen und Rollen.
  - Ähnlich verhält es sich mit dem untersten Bereich. Dieser bündelt alle Menüpunkte rundum die administrativen Funktionen. Diese sind auch nur für den Nutzerkreis sichtbar, der über die entsprechenden Berechtigungen verfügt.

Responsives Layout der Navigationsleiste

Die Navigationsleiste passt sich der vertikalen Höhe des Bildschirms an. Es kann also sein, dass Ihnen andere Elemente angezeigt werden als in Abbildung 2.4. Menüpunkte, die aufgrund von geringer Höhe nicht angezeigt werden können, werden im Untermenü **Mehr** gesammelt.

Registerkarten auf der Startseite

Die Startseite besteht aus mehreren Registerkarten ❸, die Sie über diese Navigation öffnen können. Insgesamt gibt es vier Registerkarten. **Heute** ist eine Registerkarte, auf der Sie individuelle Anpassungen vornehmen können. Über die Registerkarte **Katalog** öffnet sich der Katalog (mehr dazu in Kapitel 6, »Bereitstellung und Betrieb analytischer Applikationen«). Die Registerkarte **Favoriten** zeigt einen Bereich, in dem Ihre Favoriten direkt als Kartendarstellung aufgelistet sind. Die Registerkarte **Mit mir geteilt** öffnet eine ähnliche Auflistung. Hier werden nur Objekte angezeigt, die andere Anwender oder andere Anwenderinnen mit Ihnen geteilt haben. Welche Registerkarte standardmäßig beim Login angezeigt wird, kann durch die Administratoren festlegen werden. Zusätzlich haben jedoch Anwender und Anwenderinnen die Möglichkeit, über die Profileinstellungen die Standardeinstellungen des Administrators zu überschreiben und ihre eigene Ansicht auszuwählen.

Über diese Inhaltssuche ❹ sowie auch über das Glühbirnen-Icon in der Shell-Leiste, öffnen Sie die Funktion *Search to Insight*. Hierbei handelt es sich um eine Suchfunktion, bei der Sie in natürlicher Sprache Fragen formulieren können – SAP Analytics Cloud gibt Ihnen auf der Grundlage Ihres Datenmodells eine Antwort.

Startseite anpassen

Den Bereich des Startbildschirms ❺ können Sie als Anwender und Anwenderin individualisieren. Es handelt sich hierbei um einen persönlichen Bereich, den nur Sie sehen können. Sie können sich anzeigen lassen, welche Stories oder analytischen Applikationen Sie als Letztes geöffnet haben und haben dementsprechend Schnellzugriff auf diese Objekte. Des Weiteren können Sie hier auch einzelne Widgets als Kacheln hinterlegen. Somit können Sie Ihre wichtigsten Kennzahlen schon während des Starts von SAP Analytics Cloud überprüfen.

Individualisierung der Startseite

Ihre Startseite ist privat. Von Ihnen vorgenommene Änderungen betreffen nur Ihre persönliche Startseite. Sie können Ihre Startseite nicht mit anderen Benutzern teilen.

Der rechte Bereich der Shell-Leiste ❻ steht Ihnen immer zur Verfügung. Über die dort enthaltenen Icons können Sie zentrale Funktionen nutzen, wie z. B. die Suche nach Objekten, die Anzeige von Benachrichtigungen oder das Öffnen von Kollaborationsmöglichkeiten. Zusätzlich haben Sie hier auch die Möglichkeit, Ihr Profil über das Benutzer-Icon ( ) zu öffnen. Hierüber können Sie beispielsweise die Profileinstellungen verwalten.

2.3 Datenintegration

Varianten der Datenintegration

Um in SAP Analytics Cloud effektiv arbeiten zu können, müssen Sie zunächst die Datenintegration einrichten. Die Lösung bietet Ihnen zwei Möglichkeiten, um mit Daten zu arbeiten:

- über eine Live-Datenverbindung
- über eine Datenimportverbindung

2.3.1 Live-Datenverbindung

Live-Datenverbindungen ermöglichen es Ihnen live, also in Echtzeit auf Daten zuzugreifen. Beim Aufrufen einer analytischen Applikation wird eine Anfrage an die Datenquelle gesendet, und Ihnen wird der aktuelle Datenbestand angezeigt. Dies ist ein besonderer Vorteil, wenn Sie Analysen auf der Grundlage von sich oft ändernden Daten durchführen. Dabei entfällt der Schritt der Datenreplikation. Diese Tatsache ist auch aus Datenschutz- und Sicherheitsgründen interessant, da Sie die Daten nicht außerhalb des Unternehmensnetzwerks persistieren müssen.

Live-Datenverbindung

Live-Datenverbindungen sind sowohl bei Cloud- als auch On-Premise-Datenquellen möglich. Abbildung 2.5 gibt Ihnen eine Übersicht, welche Datenquellen Sie als Live-Datenquellen nutzen können. Haben Sie die Verbindung entsprechend konfiguriert, können Sie auf der Grundlage dieser Verbindung Live-Datenmodelle erstellen. In diesen Modellen werden keine Daten gespeichert. Es handelt sich um ein Speicherobjekt für die Metadaten Ihres Datenmodells (Beschreibung der Kennzahlen, Beschreibung der Dimensionen, Hierarchien usw.). Diese Informationen werden zur Modellierung von Stories und zur Erstellung analytischer Applikationen benötigt.

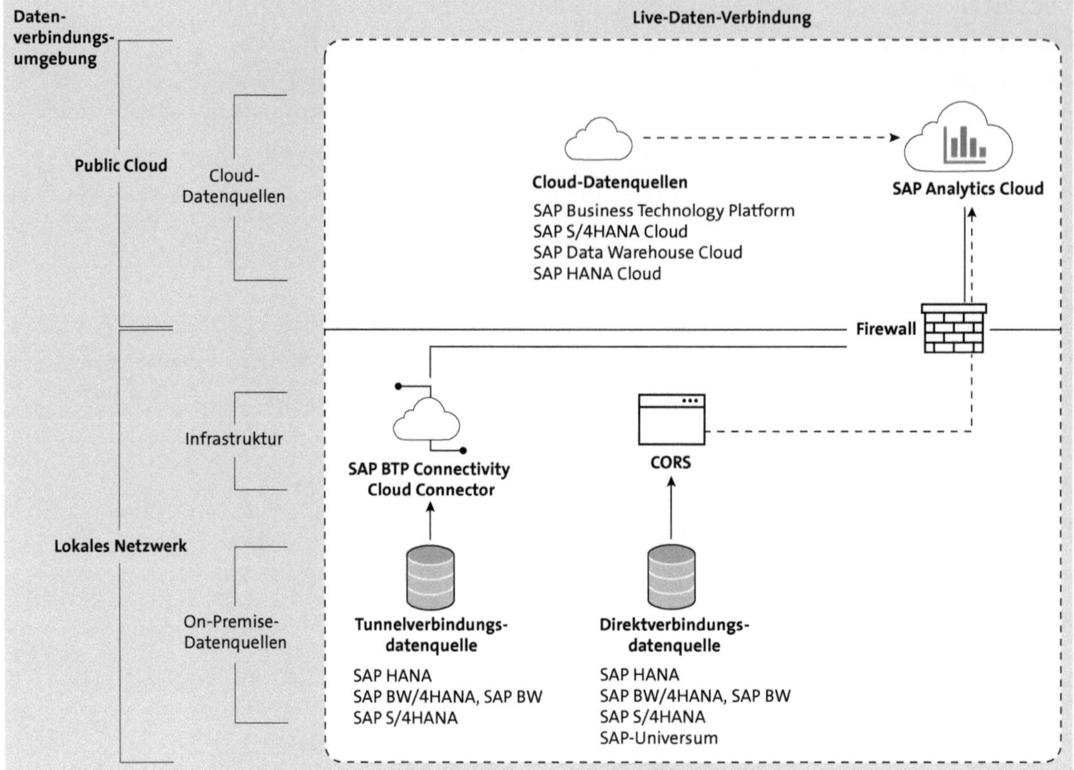

Abbildung 2.5 Übersichtsdiagramm für Live-Datenverbindungen

2.3.2 Datenimportverbindung

Dem Ansatz der Live-Datenverbindung steht der Ansatz der *Datenimportverbindung* gegenüber. Der größte Unterschied ist, dass die Daten aus der Datenquelle in SAP Analytics Cloud repliziert werden. Warum also dieser Aufwand, wenn man die Daten auch über den direkten Weg einer Live-Datenverbindung konsumieren könnte?

Datenimportverbindung

Haben Sie Daten in SAP Analytics Cloud importiert, stehen Ihnen Funktionen zur Verfügung, die Sie bei einem Live-Datenmodell nicht nutzen könnten. Hinsichtlich der Datenmodellierung können Sie Ihr Modell noch mit weiterer Semantik anreichern. So können Sie z. B. Geo-Informationen anreichern, Hierarchien hinzufügen usw. Des Weiteren sind ganze Funktionsbereiche von SAP Analytics Cloud nur mit Importdatenmodellen möglich. Hierunter fällt der gesamte Bereich der Unternehmensplanung.

Ein weiterer Vorteil der Datenimportverbindung wird in Abbildung 2.6 ersichtlich. Für den Datenimport nutzt SAP Analytics Cloud eine Vielzahl an

Schnittstellen. Auf diese Weise können deutlich mehr Datenquellen als bei der Live-Datenverbindung mit SAP Analytics Cloud verbunden werden.

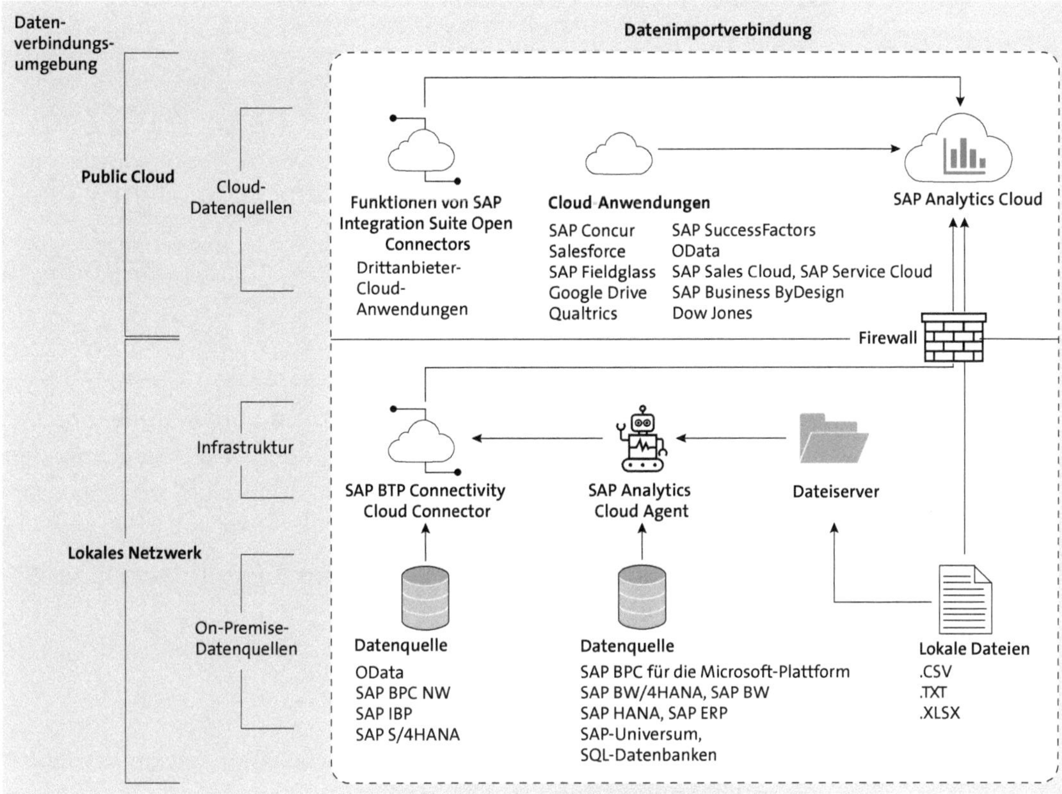

Abbildung 2.6 Übersichtsdiagramm für Importverbindungen

[«]

Datenimportverbindung oder Live-Datenverbindung

Ob Live-Datenverbindung oder Datenimportverbindung, beide Ansätze haben Vor- und Nachteile und daraus resultierend ihre Daseinsberechtigung. Welche Art des Datenzugriffs für Sie der richtige ist, muss meistens individuell nach den Anforderungen Ihrer Analyse entschieden werden.

2.3.3 Anlegen einer neuen Verbindung

Datenverbindung erstellen

Sobald Sie wissen, welche Art der Datenverbindung Sie anlegen möchten, klicken Sie in der Navigationsleiste auf die Schaltfläche **Verbindungen**. Nun öffnet sich der Arbeitsbereich, indem Sie neue Verbindungen anlegen können.

In diesem Menü sehen Sie eine Auflistung aller bestehenden Verbindungen. Durch die Selektion einzelner Datenimportverbindungen können Sie diese mit anderen Benutzern teilen. Zur Erstellung einer neuen Verbindung klicken Sie auf das Icon mit dem Pluszeichen. Je nach zu erstellendem Verbindungstyp müssen Sie eventuell vorbereitende Schritte tätigen.

Anlegen von Datenverbindungen

Je nach Datenquelle unterscheiden sich die im Vorfeld zur Etablierung einer sicheren Datenverbindung zu tätigenden Schritte. Alle Informationen, ob On-Premise- oder Cloud-Datenquelle, finden Sie im SAP Help Portal im Bereich **Datenverbindungen**: *http://s-prs.de/v910901*

2.4 Datenmodellierung

Datenhaltung

Die Datenmodellierung ist ein wichtiger Schritt zur Vorbereitung Ihrer Datenanalyse. Während der Datenmodellierung können Sie Berechnungen hinzufügen, Hierarchien anlegen oder auch Ihr Datenmodell mit Geo-Informationen anreichern.

SAP Analytics Cloud stellt Ihnen zwei Möglichkeiten zur Datenmodellierung zur Verfügung:

- Modelle
- Datensets

Modelle und *Datensets* sind zwei unterschiedliche Datenobjekte, die Sie zur Datenhaltung nutzen können. Abhängig davon sind auch die Funktionen, die Ihnen während der Datenvorbereitung und des Data Wranglings zur Verfügung stehen. Im Folgenden werden die beiden Optionen erklärt sowie deren Stärken und Schwächen aufgezeigt. Ob Sie ein Modell oder ein Datenset nutzen, sollten Sie immer von Ihrem Anwendungsfall abhängig machen.

2.4.1 Datensets

Daten in Tabellen

Datensets eignen sich besonders, wenn Sie Daten auf der Grundlage von CSV- oder Excel-Dateien analysieren möchten. Sie eignen sich somit für die Ad-hoc-Analyse von Daten. Bei Datensets werden die Daten in Tabellenform gespeichert; Metadaten werden separat definiert. Mit diesem Aufbau können Änderungen im Datenset schnell vorgenommen werden. Neben Ad-hoc-Analysen können Datensets auch als Grundlage für Smart Predict verwendet werden.

2.4.2 Modelle

Modelle

Modelle eigenen sich besonders für den Umgang mit gesteuerten Daten, also Daten aus einem Quellsystem. Hierbei verwenden Modelle entweder importierte Daten oder Live-Daten:

- **Importierte Daten**
  Nutzen Sie Importmodelle, werden die Daten nach SAP Analytics Cloud repliziert. Änderungen des Datenbestands der Datenquelle haben keine Auswirkungen auf die Daten des Modells.
- **Live-Daten**
  Bei der Nutzung eines Live-Modells werden nur beschreibende Daten in SAP Analytics Cloud gespeichert. Der eigentliche Datenbestand wird bei jeder Datennutzung in Echtzeit aus dem Quellsystem abgefragt. Somit sind Änderungen der Daten der Datenquelle auch direkt in SAP Analytics Cloud sichtbar.

Vorteile des Modells

Im Gegensatz zu Datensets werden die Daten in Modellen in einem Sternschema gespeichert. Über die Datenverwaltung eines mit importieren Daten erstellten Datenmodells können Sie neue Daten in das Datenmodell laden. Diesen Vorgang können Sie entweder manuell starten oder auch einplanen – dann geschieht der Daten-Upload automatisch. Ein weiterer Vorteil des Modells ist, dass Sie Zeilensicherheit implementieren können. Dadurch können Sie auf der Zeilenebene definieren, welche Nutzerinnen und Nutzer mit den Daten arbeiten können. Somit können Sie auch komplexere Szenarien von Zugriffsberechtigungen aufbauen.

Anforderungen bei Planungsszenarien

Möchten Sie mit SAP Analytics Cloud Planungsfunktionen nutzen, müssen Sie mit importierten Daten arbeiten. Mit Live-Daten können keine Planungsszenarien realisiert werden.

2.5 Unterscheidung zwischen Story und analytischer Applikation

Story vs. Analytic Application

Wie wir es bereits in Abschnitt 1.3.2, »Vorstellung von SAP Analytics Cloud«, vorgestellt haben, gibt es in SAP Analytics Cloud unterschiedliche Darstellungsformen, von denen Stories und analytische Applikationen am wichtigsten sind (engl. Analytic Applications). Ihre Aufgabe ist es, Informationen und Daten anschaulich zu visualisieren. Jedoch gibt es einige Unterschiede zwischen Stories und analytischen Applikationen in SAP Analytics Cloud.

Welche Form der Visualisierung für Sie die richtige ist, hängt davon ab, ob Sie SAP Analytics Cloud nur konsumierend verwenden oder selbst Visualisierungen erstellen. Je nach Betrachtungswinkel fallen Ihnen mehr oder weniger Unterschiede auf.

Der wesentliche Unterschied zwischen einer analytischen Applikation und einer Story besteht darin, dass eine Applikation meist eine benutzerdefinierte Logik enthält, die der Applikation in Form von Skripten hinzugefügt wird. Diese Möglichkeit steht Ihnen bei Stories nicht zur Verfügung.

2.5.1 Unterschiede für Konsumentinnen und Konsumenten

Aus Sicht des Datenkonsumenten

Wenn Sie die App in Ihrer täglichen Arbeit lediglich konsumieren, sollte Ihnen gar nicht auffallen, ob Sie mit einer Story oder mit einer analytischen Applikation arbeiten und Ihre Daten auswerten. Die verwendeten Widgets, das Erscheinungsbild sowie das Verhalten sind nämlich identisch. In analytischen Applikationen stehen Ihnen hingegen weitere Widgets zur Verfügung, die in Stories nicht verwendet werden können. Zudem besteht in einer Applikation die Möglichkeit, Code zu hinterlegen und so eine interaktive Anwendung zur Verfügung zu stellen. Nur erfahrene Anwenderinnen und Anwender könnten anhand dieser Merkmale gegebenenfalls einen Unterschied zwischen Story und analytischer Applikation feststellen.

2.5.2 Unterschiede für Erstellerinnen und Ersteller

Wenn Sie als Entwicklerinnen und Entwickler mit SAP Analytics Cloud arbeiten, gibt es deutlich größere Unterschiede zwischen der Erstellung einer Story und der Entwicklung einer analytischen Applikation.

Eigenschaften einer Story

Wenn Sie eine Story erstellen, haben Sie wahrscheinlich völlig andere Erwartungen als beim Entwickeln einer Applikation. Stories legen starken Fokus auf den Self-Service-Aspekt und sind dementsprechend einfach gehalten; sie nehmen die Anwenderinnen und Anwender bei der Erstellung quasi an die Hand. Dadurch ist es praktisch unmöglich, eine nicht funktionierende Story zu erstellen.

Eigenschaften einer analytischen Applikation

Bei einer analytischen Applikation verhält es sich anders. Denn durch das Hinzufügen von Skripten und die dadurch entstehenden Logiken sind Applikationen vollständig individualisierbar und anpassbar. Genau das macht sie aber auch anfälliger für Fehler. Im Gegensatz zu Stories kann das Ausführen einer analytischen Applikation durchaus ganz oder teilweise fehlschlagen.

Sie sollten also schon zu Beginn prüfen, ob eher eine Story oder eine analytische Applikation für Ihren Anwendungsfall verwendet werden sollte. Im

Gegensatz zu einer analytischen Applikation kann eine Story schon in relativ kurzer Zeit entwickelt werden, wobei hier aber die Möglichkeiten zur Individualisierung deutlich geringer sind. Daher sollten Sie von Anwendungsfall zu Anwendungsfall entscheiden, welches Element Sie verwenden.

2.6 Entwicklungsumgebung

Die in SAP Analytics Cloud enthaltene Entwicklungsumgebung nennt sich *Analytics Designer*. Diese schauen wir uns nun im Detail an.

Analytische Applikation erstellen

In Abschnitt 2.2 haben Sie bereits die Menüführung von SAP Analytics Cloud kennengelernt. Innerhalb dieses Menüs gibt es zwei Möglichkeiten, um eine analytische Applikation anzulegen oder zu öffnen:

- über das Menü
- über das Dateisystem

Sie können eine neue analytische Applikation über das Menü **Apps** im Bereich **Analytic Applications** anlegen Hier haben Sie die Möglichkeit, über die Schaltfläche **Neu anlegen** eine neue Applikation anzulegen. Darunter werden Ihnen außerdem im Bereich **Letzte Dateien** Ihre zuletzt aufgerufenen Applikationen angezeigt, die Sie aus dieser Ansicht heraus aufrufen können (siehe Abbildung 2.7).

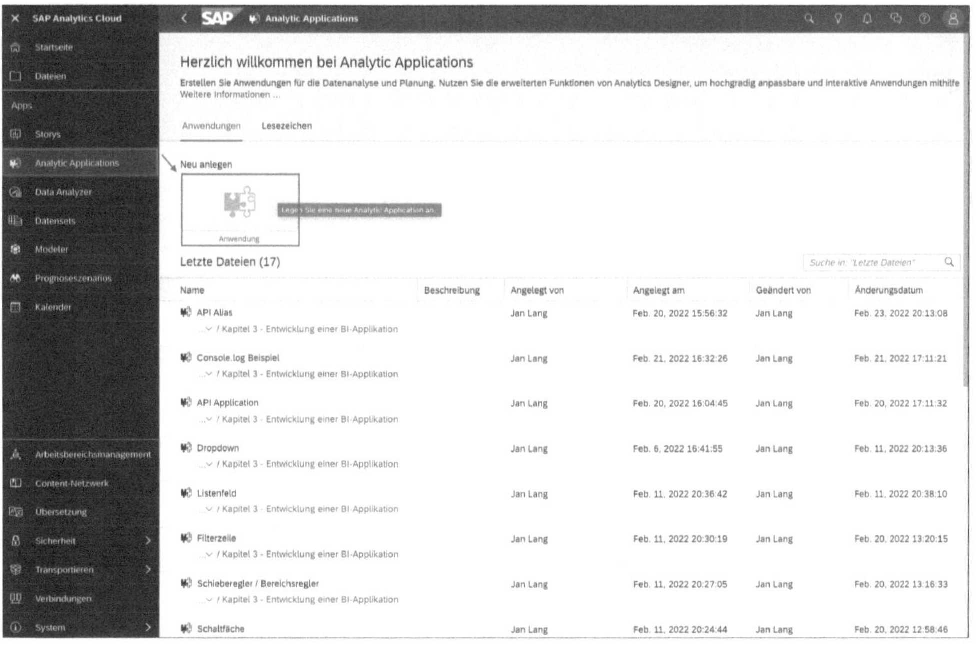

Abbildung 2.7 Analytische Applikation über das Menü anlegen

In den Bearbeitungsmodus wechseln

Wenn Sie eine Applikation geöffnet haben, wird sie Ihnen zunächst im Ansichtsmodus angezeigt. Um die Applikation zu bearbeiten, müssen Sie, wie Sie es vielleicht aus der Story kennen, rechts oben in den Bearbeitungsmodus wechseln.

Die zweite Möglichkeit zur Anlage einer analytischen Applikation erfolgt direkt in Ihrem Dateisystem, das Sie aufrufen, indem Sie in der Navigationsleiste den Bereich **Dateien** auswählen (siehe Abbildung 2.8). Hier klicken Sie auf das Plus-Icon und wählen im Menü die Option **Analytic Application**. Nun werden Sie direkt in das zuvor beschriebene Menü weitergeleitet. Zudem haben Sie hier nun auch die Möglichkeit, in Ihrem Dateisystem nach analytischen Applikationen zu filtern.

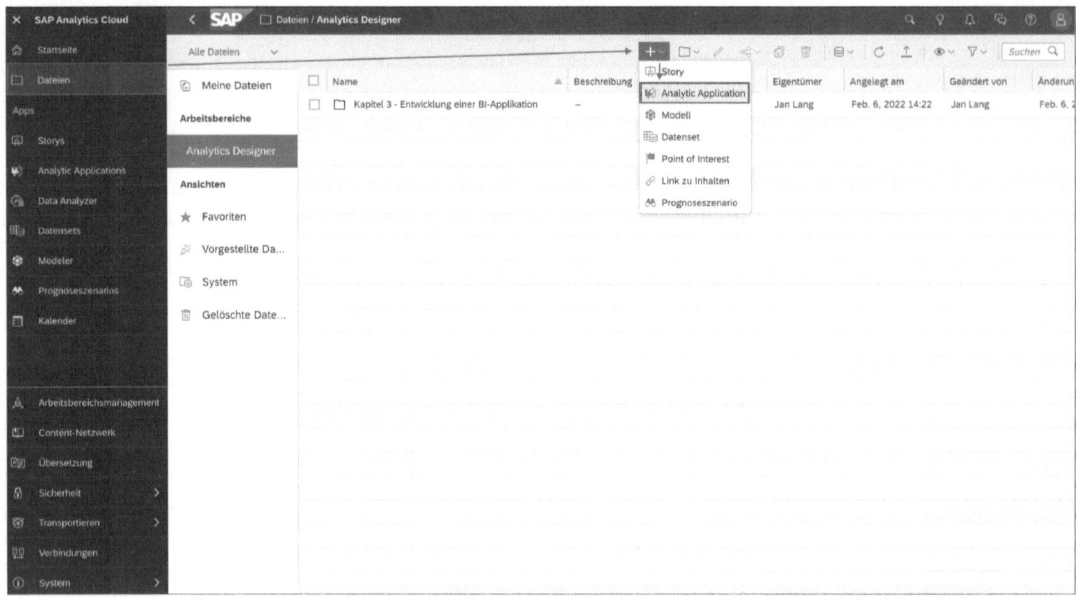

Abbildung 2.8 Analytische Applikation über das Dateisystem anlegen

Analytic Applications in Dateien

Das Öffnen Ihrer analytischen Applikation über das Dateisystem erfolgt direkt im Bearbeitungsmodus oder auch im Ansichtsmodus. Für das Öffnen im Bearbeitungsmodus wählen Sie die gewünschte analytische Applikation mit einem Klick auf den Namen aus und werden direkt in die Entwicklungsumgebung weitergeleitet. Möchten Sie Ihre Applikation jedoch im Ansichtsmodus öffnen, können Sie per Mouseover über den Namen der Applikation gehen, sodass Ihnen das Drei-Punkte-Menü mit weiteren Aktionen angezeigt wird. Hierüber können Sie Ihre analytische Applikation im Ansichtsmodus öffnen.

2.6.1 Allgemeiner Aufbau

Nachdem Sie gelernt haben, wie Sie eine analytische Applikation anlegen oder öffnen können, schauen wir uns nun die Entwicklungsumgebung im Detail an.

Skriptsprache im Analytics Designer

Im Analytics Designer in SAP Analytics Cloud wird als Skriptsprache *JavaScript* verwendet. Dabei werden die Skripte ohne vorherige Umwandlung vom Webbrowser in der Skriptausführungs-Engine ausgeführt. Dabei stellt SAP in der Entwicklungsumgebung auch die Validierung der Skripte sicher. Es wird nicht nur eine statische Prüfung durchgeführt, sondern auch das zugrundeliegende Modell einbezogen. Dadurch ist auch das Nutzen einer Eingabehilfe für die im Modell vorhandenen Dimensionen und Kennzahlen möglich.

Entwicklungsumgebung

Wenn Sie eine neue analytische Applikation anlegen oder eine bestehende Applikation im Bearbeitungsmodus öffnen, werden Sie direkt in die Entwicklungsumgebung weitergeleitet (siehe Abbildung 2.9). Diese teilt sich in unterschiedliche Bereiche auf, die wir uns nun anschauen.

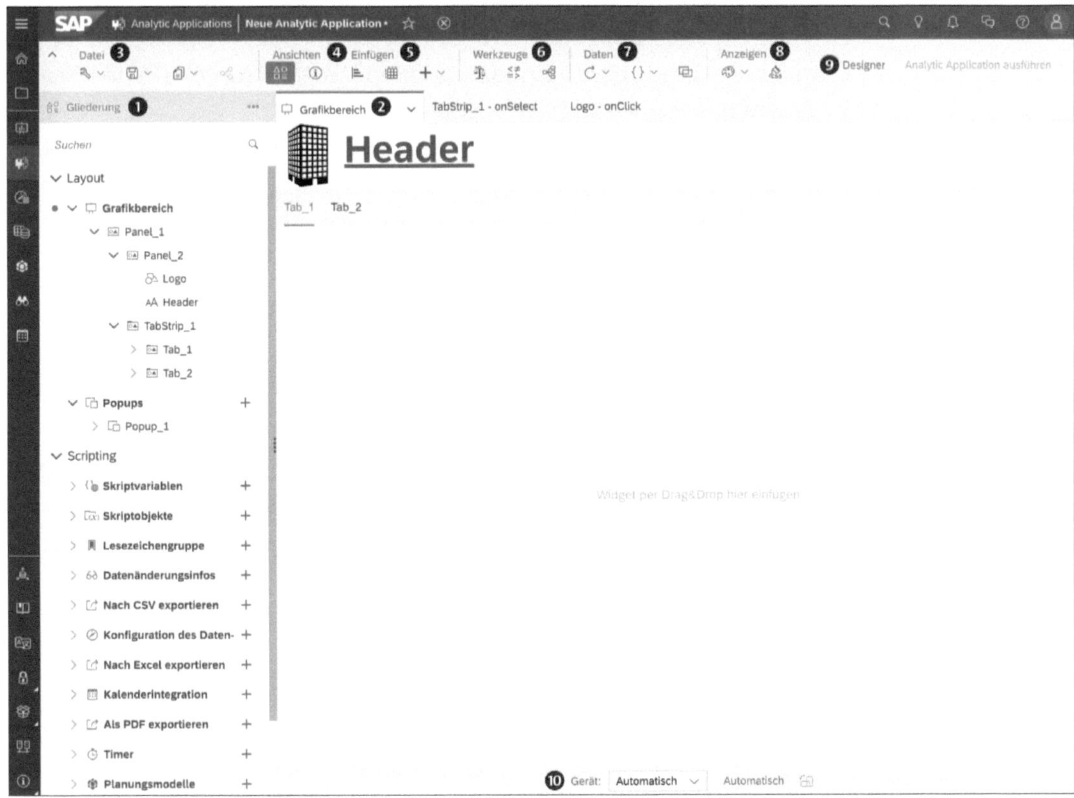

Abbildung 2.9 Übersicht der Entwicklungsumgebung

Im Bereich **Gliederung** ❶ sehen Sie eine Übersicht der in Ihrer Applikation verwendeten Elemente. Im Unterpunkt **Layout** sehen Sie die verwendeten Widgets sowie die erstellten Popups. Die in ein anderes Element eingebauten Elemente werden zur besseren Übersichtlichkeit eingerückt angezeigt.

Zudem haben Sie hier die Möglichkeit, einzelne Objekte umzubenennen oder auch ein- und auszublenden. Dies hilft Ihnen vor allem bei komplexeren Applikationen, eine bessere Übersicht zu behalten. Außerdem können Sie sich hier Referenzen Ihres Objekts anzeigen lassen, um Abhängigkeiten besser einschätzen zu können. Über die Schaltfläche **fx** haben Sie die Möglichkeit, zum jeweiligen Event des Widgets Code zu hinterlegen. Dabei müssen Sie zunächst auswählen, zu welchem Event Sie Code hinterlegen möchten. Im Anschluss wird dafür im Grafikbereich ein neuer Tab geöffnet, in dem der Code hinterlegt wird.

Im Unterpunkt **Scripting** finden Sie alle Skriptelemente, die Sie innerhalb Ihrer Applikation erstellen können. Diese werden immer angezeigt, unabhängig davon, ob ein Element der Kategorie erstellt wurde oder nicht.

Über die drei Punkte neben **Gliederung** können Sie alle Knoten komprimieren oder expandieren. Alternativ können Sie über das Pfeil-Icon vor einem Element die Unterobjekte ein- und ausblenden. Über das Plus-Icon können Sie neue Popups oder Skriptelemente anlegen.

Der Grafikbereich ❷ ist Ihr Arbeitsbereich für das Erstellen einer Applikation. Über die Formateinstellungen im Bereich **Designer** können Sie den Grafikbereich anpassen. Er kann dynamisch oder in einer festen Größe erstellt werden. Zudem haben Sie hier die Möglichkeit, einen standardmäßigen Ladeindikator zu aktivieren, der immer aufkommt, wenn eine definierte Ladezeit überschritten wird.

Im oberen Teil des Grafikbereichs können Sie zudem über das Icon ⌵ zwischen dem Grafikbereich und den Popups wechseln. Außerdem können Sie hier auch den Code Ihrer Funktionen schreiben; hierzu wird ein Tab innerhalb des Grafikbereichs geöffnet. Zum leichteren Schreiben eines Codes gibt es die Möglichkeit, einen Eingabehilfedialog aufzurufen. Diesen können Sie mit der Tastenkombination `Strg` + `Leertaste` aufrufen. Somit erhalten Sie eine Liste an vorgeschlagenen APIs, aus der Sie auswählen können.

Im Bereich **Datei** ❸ haben Sie die Möglichkeit, grundsätzliche Einstellungen vorzunehmen wie das Laden von unsichtbaren Widgets oder Abfrageeinstellungen für SAP HANA und SAP Business Warehouse. Zudem können Sie Ihre Applikation hier speichern und teilen sowie Elemente Ihrer Applikation kopieren und einfügen.

Im Bereich **Ansichten** ❹ können Sie zum einen den Gliederungsbereich ein- und ausblenden, aber zum anderen auch den Informationsbereich, in dem Ihnen Fehlermeldungen und eine Referenzliste angezeigt werden. Dabei weist der Zähler auf die Anzahl der Fehler hin. Wenn Sie im Fehlerbereich einen Fehler auswählen, gelangen Sie zum dazugehörigen fehlerhaften Skript. Mit der Referenzliste können Sie hingegen schnell prüfen, an welchen Stellen ein Element verwendet wird. Dies erleichtert Ihnen das Verstehen einer bestehenden Applikation oder hilft Ihnen bei der Prüfung, wenn Sie ein Element löschen möchten.

Im Bereich **Einfügen** ❺ haben Sie die Möglichkeit, alle Widgets, die Sie bereits aus der Story kennen und zusätzlich alle in der Applikation zur Verfügung stehenden Widgets einzufügen. Ein *Widget* ist ein Element, mit dem Sie Ihre Daten visualisieren können.

Im Bereich **Werkzeuge** ❻ können Sie Skalierungen und bedingte Formatierungen einfügen und sich ein Diagramm der verlinkten Widgets einblenden lassen.

Im Bereich **Daten** ❼ können Sie die Daten aus der Datenquelle aktualisieren oder auch eine automatische Aktualisierung einstellen. Zudem können Sie hier die Variablen Ihrer Datenquelle aufrufen und verknüpfte Dimensionen festgelegen.

Im Bereich **Anzeigen** ❽ haben Sie die Möglichkeit, ein bereits erstelltes Design auszuwählen (siehe Abschnitt 2.6.2, »Design einer Applikation«) oder auch ein Design anzulegen. Zudem können Sie ein CSS-Skript erstellen.

Den Bereich **Designer** ❾ kennen Sie bereits aus Stories in SAP Analytics Cloud; in einer analytischen Applikation ist der Aufbau dieses Bereichs analog zur Story. Hier stehen Ihnen allerdings einige applikationsspezifische Möglichkeiten zur Verfügung wie das Einstellen der Größe und Position eines Elements. Auch können Sie hier den Namen des Widgets anpassen. Der Designer ist zudem analog zur Story in zwei Bereiche unterteilt:

- Builder
- Format

Über die Schaltfläche **Analytic Application ausführen** ❿ können Sie Ihre analytische Applikation ausführen. Dabei wird Ihre Applikation in einem neuen Browserfenster geöffnet. Dazu müssen Sie Ihre Applikation mindestens einmal gespeichert haben, denn ansonsten ist die Schaltfläche ausgegraut. Haben Sie nach dem letzten Speichervorgang Veränderungen vorgenommen, wird der zuletzt gespeicherte Zustand ausgeführt. Ist an der

Applikation eine nicht gespeicherte Änderung vorgenommen worden, wird der Name der Applikation mit einem Sternchen markiert.

Refactoring

Die Entwicklungsumgebung von SAP Analytics Cloud verfügt über ein automatisches Refactoring. Dies bedeutet, dass bei der Umbenennung einer Entität alle Verweise auf diese Entität wie Skripte, dynamische Texte oder berechnete Kennzahlen automatisch mit umbenannt werden. Dadurch bleibt die Anwendung auch nach einer Umbenennung intakt, und Sie müssen nicht alle Entitäten manuell anpassen.

2.6.2 Design einer Applikation

In diesem Abschnitt schauen wir uns gemeinsam mit Ihnen die möglichen Designeinstellungen einer analytischen Applikation an.

Vorlagen

Während es bei der Erstellung von Stories möglich ist, eine Story als Vorlage abzuspeichern, gibt es diese Möglichkeit bei Applikationen nicht. Hier empfehlen wir Ihnen, sich ein Grundgerüst einer analytischen Applikation zu bauen und dieses als Vorlage für neue Applikationen zu nutzen.

Optische Gestaltung einer Applikation

Bei der optischen Gestaltung einer Story haben Sie die Möglichkeit, in den Story-Einstellungen Farben, Schriftgrößen und vieles mehr festzulegen. Für die analytischen Applikationen wurde dieser Ansatz erweitert und um die Option ergänzt, ganze eigene Designs anzulegen. Dieses Design können Sie im Anschluss auf Ihre Applikation anwenden oder auch durch die entsprechende API anpassen.

Um ein neues Design anzulegen, gehen Sie in den Bearbeitungsmodus einer bestehenden analytischen Applikation oder legen eine neue an. Im Bereich **Anzeigen** haben Sie nun die Möglichkeit, über das Farbpaletten-Icon ein neues Design anzulegen, ein bestehendes Design auszuwählen und zu bearbeiten oder Ihren Tenant nach weiteren Designs zu durchsuchen, wie Sie es in Abbildung 2.10 sehen können.

Abbildung 2.10 Neues Design anlegen

Design anlegen und anpassen

Nachdem Sie die Option **Design anlegen ...** ausgewählt haben, wird Ihnen ein neues Fenster angezeigt. In diesem können Sie nun Ihre Designeinstellungen für die verschiedenen Widgets festlegen (siehe Abbildung 2.11). Dort können Sie den Namen des Designs eintragen und die Hintergrundfarbe für den Grafikbereich und die Popups festlegen. Im Anschluss speichern Sie Ihr Design über die Schaltfläche **Sichern unter** an der gewünschten Stelle im SAP-Analytics-Cloud-Dateisystem ab.

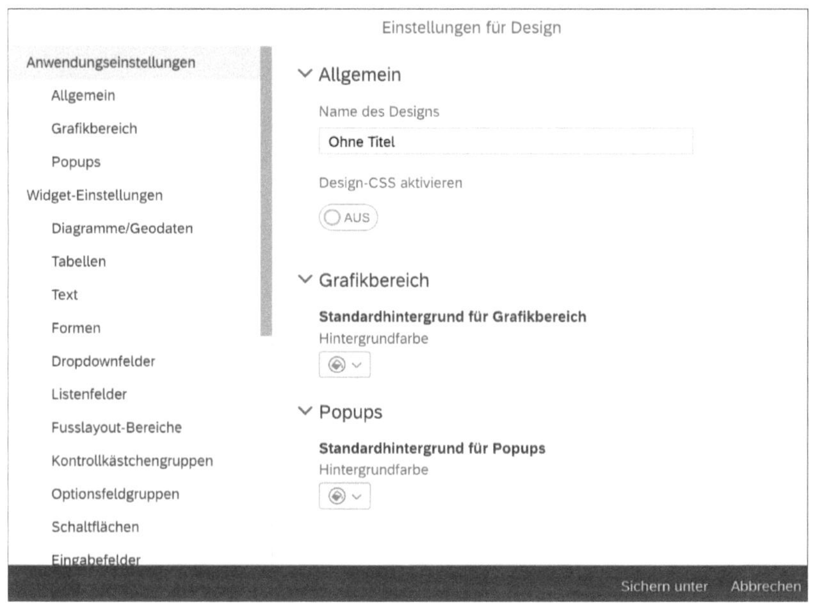

Abbildung 2.11 Einstellungsmöglichkeiten für Ihr Design

Dieses Design können Sie nun auch in anderen Applikationen verwenden, und Änderungen an diesem Design werden auch in die angewendeten Applikationen übertragen.

CSS-Skripte verwenden

Zusätzlich zu den grundlegenden Designeinstellungen haben Sie ebenso die Möglichkeit, CSS-Skripte zu Ihren Widgets zu hinterlegen. Dabei sind die CSS-Skript-Möglichkeiten aktuell noch sehr eingeschränkt, und es stehen nicht alle CSS-Eigenschaften zur Verfügung. Mit einem CSS-Skript haben Sie die Möglichkeit, Ihre Widgets individueller zu gestalten.

Um CSS-Skript zu Ihrer Applikation hinzufügen, gehen Sie auf das Pinsel-Icon (CSS) neben dem Farbpaletten-Icon, das Sie zum Erstellen des Designs angeklickt haben. Es öffnet sich eine Registerkarte, auf der Sie Ihr CSS-Skript in den gewünschten Widgets hinterlegen können. Auch finden Sie immer eine Information dazu, welche Eigenschaften verfügbar sind (siehe Abbildung 2.12).

Abbildung 2.12 CSS-Skript anlegen

Die geskripteten CSS-Klassen können Sie nun über den Designer in Ihrem Widget hinterlegen (siehe Abbildung 2.13).

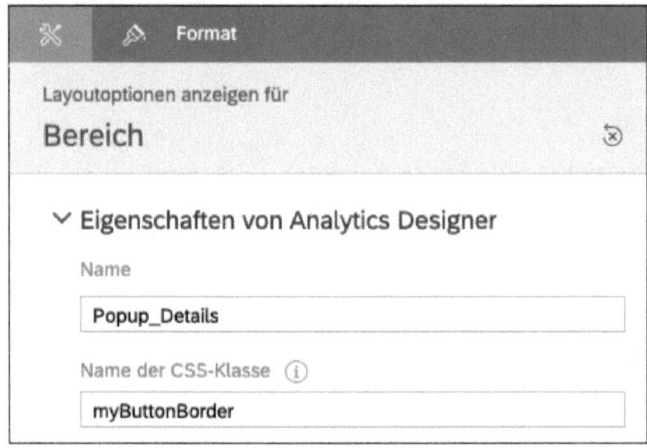

Abbildung 2.13 CSS-Skript anwenden

2.6.3 Tastenkombinationen zur Eingabehilfe

Wichtige Shortcuts

Der Skripteditor von SAP Analytics Cloud stellt Ihnen einige hilfreiche Tastenkombination zur Verfügung, die Ihre tägliche Arbeit erleichtern. Diese erläutern wir Ihnen in Tabelle 2.1.

Tastenkombination	Beschreibung
Strg + Leertaste	Mit dieser Tastenkombination öffnen Sie die Eingabehilfe im Skripteditor mit Vorschlägen.
Strg + A	Mit dieser Tastenkombination markieren Sie den gesamten Inhalt des Editors.

Tabelle 2.1 Darstellung der wichtigsten Shortcuts im Analytics Designer

Tastenkombination	Beschreibung
Strg + D	Mit dieser Tastenkombination löschen Sie die komplette Zeile, in der sich der Cursor befindet, einschließlich Zeilenumbruchzeichen am Ende.
Strg + S	Mit dieser Tastenkombination sichern Sie die gesamte Anwendung.
Esc	Mit dieser Taste heben Sie die Auswahl aller Selektionen außer der letzten Selektion auf, wenn eine Mehrfachselektion vorliegt.
Strg + Z	Mit dieser Tastenkombination machen Sie die letzte Änderung rückgängig.
Strg + Y	Mit dieser Tastenkombination führen Sie die zuletzt rückgängig gemachte Änderung wieder aus.
Strg + U	Mit dieser Tastenkombination machen Sie die letzte Änderung an der Selektion bzw. die letzte Änderung rückgängig, falls die Historie keine Änderungen an der Selektion enthält.
Alt + U	Mit dieser Tastenkombination führen Sie die zuletzt rückgängig gemachte Änderung an der Selektion bzw. die letzte Änderung am Text wieder aus, falls es keine Änderungen an der Selektion gab.
Strg + Pos1	Mit dieser Tastenkombination setzen Sie den Cursor auf den Anfang des Dokuments.
Strg + Ende	Mit dieser Tastenkombination setzen Sie den Cursor auf das Ende des Dokuments.
Alt + ←	Mit dieser Tastenkombination setzen Sie den Cursor auf den Anfang der Zeile.
Pos1	Mit dieser Taste setzen Sie den Cursor auf den Beginn des Textes in der Zeile, und falls er bereits dort steht, auf den tatsächlichen Beginn der Zeile (einschließlich Leerzeichen).
Alt + →	Mit dieser Tastenkombination setzen Sie den Cursor auf das Ende der Zeile.

Tabelle 2.1 Darstellung der wichtigsten Shortcuts im Analytics Designer (Forts.)

Tastenkombination	Beschreibung
Strg + ←	Mit dieser Tastenkombination springen Sie vom Cursor aus einer Gruppe nach links; eine Gruppe ist eine Zeichenfolge, eine Folge von Satzzeichen, eine neue Zeile oder eine Folge von mindestens zwei Leerzeichen.
Strg + →	Mit dieser Tastenkombination springen Sie vom Cursor aus um eine Gruppe nach rechts. Eine Gruppe ist eine Zeichenfolge, eine Folge von Satzzeichen, eine neue Zeile oder eine Folge von mindestens zwei Leerzeichen.
⇧ + ←Backspace	Mit dieser Tastenkombination löschen Sie das Zeichen vor dem Cursor.
Entf	Mit dieser Tastenkombination löschen Sie das Zeichen nach dem Cursor.
Strg + ←Backspace	Mit dieser Tastenkombination löschen Sie die Gruppe links vom Cursor.
Strg + Entf	Mit dieser Tastenkombination löschen Sie die Gruppe rechts vom Cursor.
⇧ + ⇆	Mit dieser Tastenkombination können Sie die aktuelle Zeile oder Auswahl automatisch einrücken.
Strg + F	Mit dieser Tastenkombination können Sie suchen.
Strg + G	Mit dieser Tastenkombination können Sie weitersuchen.
⇧ + Strg + G	Mit dieser Tastenkombination können Sie Vorheriges suchen.
Strg + /	Mit dieser Tastenkombination wechseln Sie zwischen dem Kommentieren und Entfernen von Kommentaren der ausgewählten Zeilen.

Tabelle 2.1 Darstellung der wichtigsten Shortcuts im Analytics Designer (Forts.)

2.7 Berechtigung für die Entwicklung analytischer Applikationen

Alle Lizenzen von SAP Analytics Cloud umfassen die Erstellung und Nutzung von analytischen Applikationen. Bei Planungsapplikationen ist jedoch beispielsweise zu beachten, dass zusätzlich die entsprechende Planungslizenz aktiv sein muss.

Notwendige Berechtigungen

Um eine Applikation in SAP Analytics Cloud öffnen zu können, benötigen Sie die Leseberechtigung auf diese Applikation und mindestens eine der Standard-BI-Rollen. Für das Erstellen einer analytischen Applikation benötigen Sie zusätzlich noch die Rolle **Application Creator**. Möchten Sie eine analytische Applikation bearbeiten, benötigen Sie neben der Rolle **Application Creator** eine Berechtigung, um die entsprechende Applikation zu bearbeiten.

Eigene Rollen erstellen

Natürlich können Sie diese Berechtigungen auch in Ihre eigenen Berechtigungen integrieren. Hierzu legen Sie eine eigene Rolle in Ihrem SAP-Analytics-Cloud-Tenant an. Dabei können Sie für Ihre eigene Rolle festlegen, zu welchem Lizenztyp diese gehören soll. Ein Beispiel zur Anlage einer neuen Rolle sehen Sie in Abbildung 2.14.

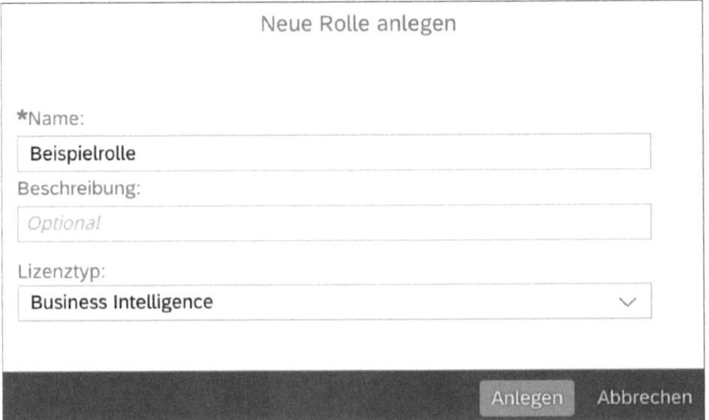

Abbildung 2.14 Eigene Rolle vom Typ »Business Intelligence« anlegen

Im nächsten Schritt können Sie eine der bestehenden Rollen als Vorlage für die neu angelegte Rolle nehmen oder auch mit einer leeren Vorlage starten und diese an Ihre Bedürfnisse anpassen.

Um die Beispiele in diesem Buch ausführen zu können, ist die Standardrolle von SAP ausreichend. Möchten Sie die Rolle hingegen detaillierter ausarbeiten, z. B. wenn gewisse Benutzergruppen nur Applikationen, aber keine oder nur bestimmte Widgets anlegen sollen, müssen Sie der betreffenden Rolle auch Berechtigungen für Anwendungen und benutzerdefinierte Widgets zuordnen. Bei benutzerdefinierten Widgets kann diese Berechtigung auf der Ebene der Widgets erfolgen.

Rolle konfigurieren

Dabei können Sie festlegen, ob ein Objekt von der entsprechenden Rolle angelegt, gelesen, aktualisiert, gelöscht oder geteilt werden können soll. In Abbildung 2.15 haben wir die Zeilen für Anwendungen und benutzerdefinierte Widgets farblich markiert. Wählen Sie hier für Ihre Rolle die entsprechenden Einstellungen aus.

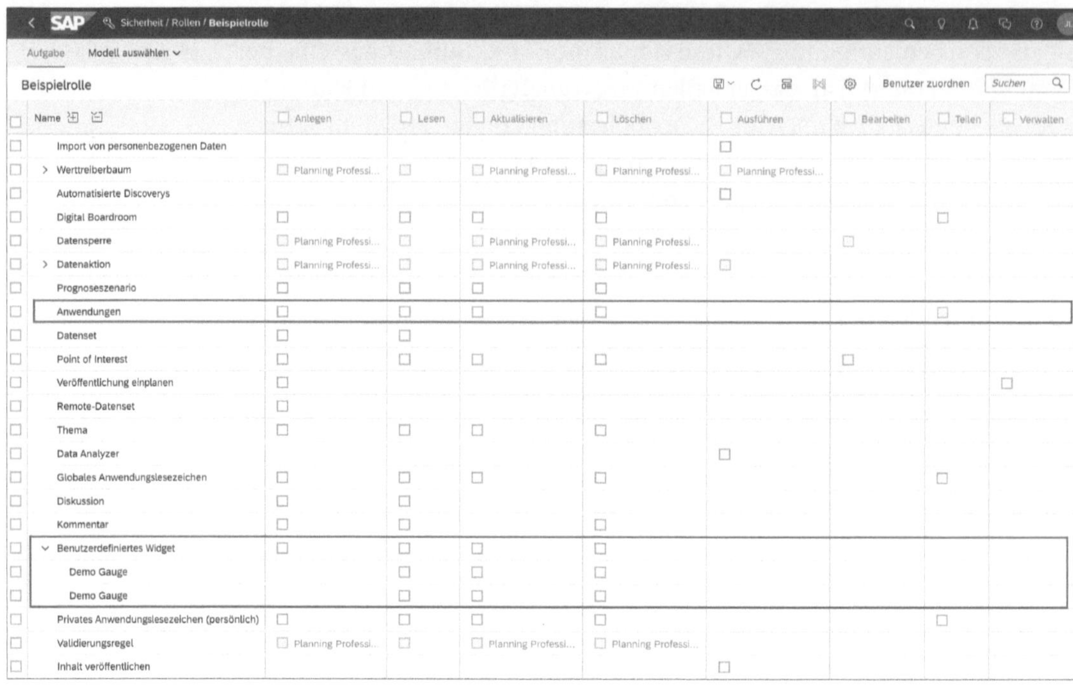

Abbildung 2.15 Einstellungsmöglichkeiten einer Rolle

Import von Demo-Applikationen

Für einen ersten Start mit analytischen Applikationen stellt SAP Ihnen verschiedene Demo-Applikationen zur Verfügung. Diese sind nicht von Anfang an in Ihrem SAP-Analytics-Cloud-Tenant vorhanden, sondern müssen importiert werden.

Im Folgenden zeigen wir Ihnen, welche Schritte Sie hierzu durchführen müssen.

1. **Content-Netzwerk**
   Öffnen Sie Ihren SAP-Analytics-Cloud-Tenant, und wechseln Sie in den Bereich **Content-Netzwerk** (siehe Abbildung 2.16).

Unterschiede der Demo-Inhalte

2. **Inhalte des Content-Netzwerks**
   Im Content-Netzwerk finden Sie verschiedene Inhalte, die Sie in Ihren SAP-Analytics-Cloud-Tenant importieren können. Diese sind in drei Bereiche unterteilt (siehe Abbildung 2.17):
   - **Beispiele**
     Im Bereich **Beispiele** finden Sie Beispielinhalte zu den verschiedenen Komponenten von SAP Analytics Cloud. Unter anderem finden Sie hier Vorlagen oder auch die bekannten Best-Run-Beispiele. Aber auch Beispiele zum Analytics Designer sind hier zu finden.

- **Business Content**
  Der Business Content wird ebenfalls von SAP zur Verfügung gestellt und bietet für unterschiedliche Branchen und Sparten vorgefertigte Dashboards, auf die Sie Ihre Dashboards aufsetzen können.
- **Drittanbieter-Business-Content**
  Der Drittanbieter-Business-Content ist analog zum Business Content zu sehen, nur dass dieser nicht von SAP erstellt wurde. Hier haben SAP-Partner die Möglichkeit, ihren entwickelten Content zur Verfügung zu stellen.

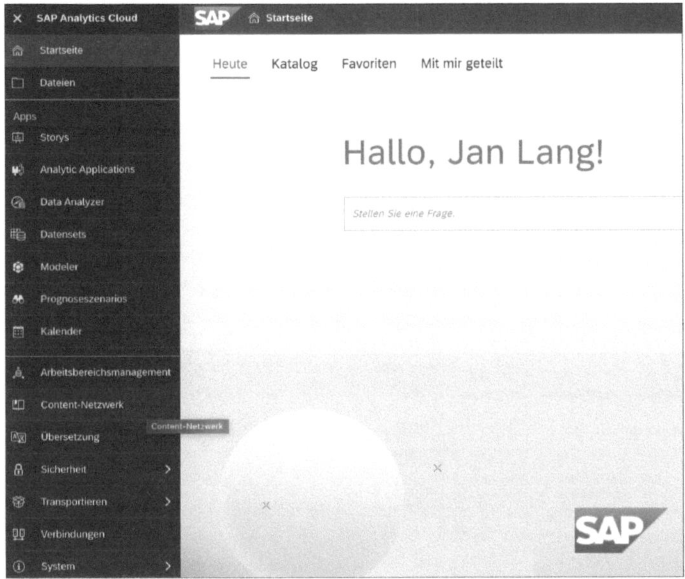

Abbildung 2.16 Content-Netzwerk öffnen

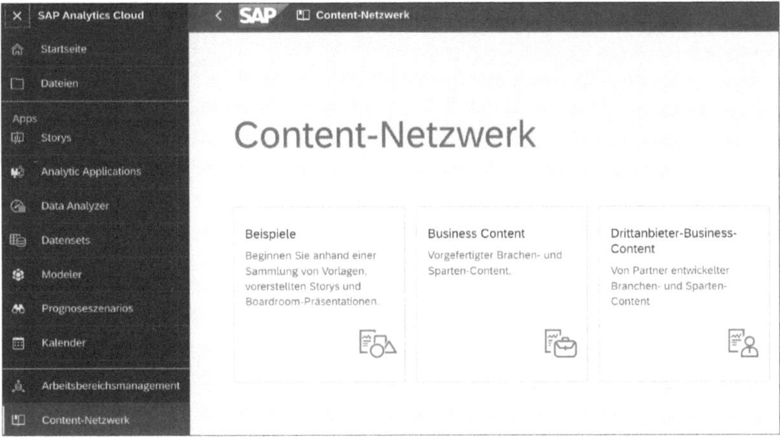

Abbildung 2.17 Bereiche des Content-Netzwerks

3. Zum Herunterladen der von SAP zur Verfügung gestellten Demo-Applikationen für den Analytics Designer gehen wir nun in den Bereich **Beispiele**. In diesem Bereich finden Sie verschiedenen Content mit Bezug auf den Analytics Designer:
   - **SAP Sample Analytic Application for Mobile**
     Dieses Paket zeigt, wie Applikationen für mobile Geräte designt werden können.
   - **Analytic Designer – Custom Widgets**
     Dieses Paket liefert Ihnen ein Beispiel, wie Sie ein benutzerdefiniertes Widget verwenden können.
   - **Analytics Designer**
     Dieses Paket liefert Ihnen eine Demo-Applikation, in der Sie die Layout-API verwenden können. Zudem stehen hier zu verschiedenen API-Funktionen konkrete Beispiele zur Verfügung.
   - **Analytics Designer – Ready-to-Run Applications**
     Dieses Paket stellt Ihnen vollständige Applikationen zur Verfügung.

   In Abbildung 2.18 sehen Sie einen Überblick des zur Verfügung stehenden Contents.

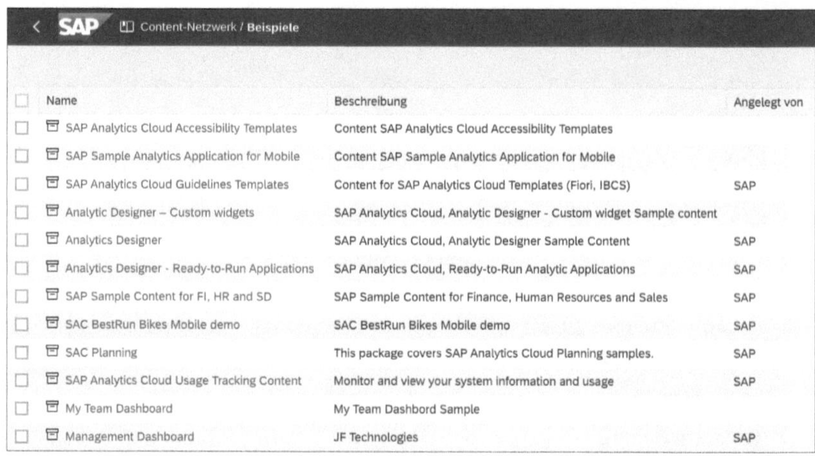

SAP Content-Netzwerk / Beispiele

Name	Beschreibung	Angelegt von
SAP Analytics Cloud Accessibility Templates	Content SAP Analytics Cloud Accessibility Templates	
SAP Sample Analytics Application for Mobile	Content SAP Sample Analytics Application for Mobile	
SAP Analytics Cloud Guidelines Templates	Content for SAP Analytics Cloud Templates (Fiori, IBCS)	SAP
Analytic Designer – Custom widgets	SAP Analytics Cloud, Analytic Designer - Custom widget Sample content	
Analytics Designer	SAP Analytics Cloud, Analytic Designer Sample Content	SAP
Analytics Designer - Ready-to-Run Applications	SAP Analytics Cloud, Ready-to-Run Analytic Applications	SAP
SAP Sample Content for FI, HR and SD	SAP Sample Content for Finance, Human Resources and Sales	SAP
SAC BestRun Bikes Mobile demo	SAC BestRun Bikes Mobile demo	SAP
SAC Planning	This package covers SAP Analytics Cloud Planning samples.	SAP
SAP Analytics Cloud Usage Tracking Content	Monitor and view your system information and usage	SAP
My Team Dashboard	My Team Dashbord Sample	
Management Dashboard	JF Technologies	SAP

Abbildung 2.18 Übersicht der Beispiele des Content-Netzwerks

4. **Import aus dem Content-Netzwerk**
   Um ein Paket aus dem Content-Netzwerk herunterzuladen, wählen Sie zunächst das gewünschte Paket aus. Wir importieren in unserem Beispiel das Paket **Analytics Designer**.

Nach der Auswahl des Pakets öffnet sich ein Popup, das die beiden Registerkarten **Übersicht** und **Importübersicht** beinhaltet. Die Registerkarte **Übersicht** teilt sich wiederum in die folgenden Bereiche auf (siehe Abbildung 2.19):

- **Importübersicht**
  In der Importübersicht sehen Sie, welche Einstellungen Sie in den Importoptionen für Ihren Import vorgenommen haben.
- **Beschreibung**
  Die Beschreibung bietet Ihnen eine Übersicht dazu, um was es in diesem Paket geht.
- **Details**
  Der Bereich **Details** listet Ihnen detailliert auf, welche Inhalte in diesem Paket enthalten sind; in unserem Beispiel sind die einzelnen Features aufgelistet.
- **Angelegt von**
  In dieser Spalte sehen Sie, von wem dieses Paket angelegt wurde. Dies ist vor allem im Bereich des Drittanbieter-Contents relevant.

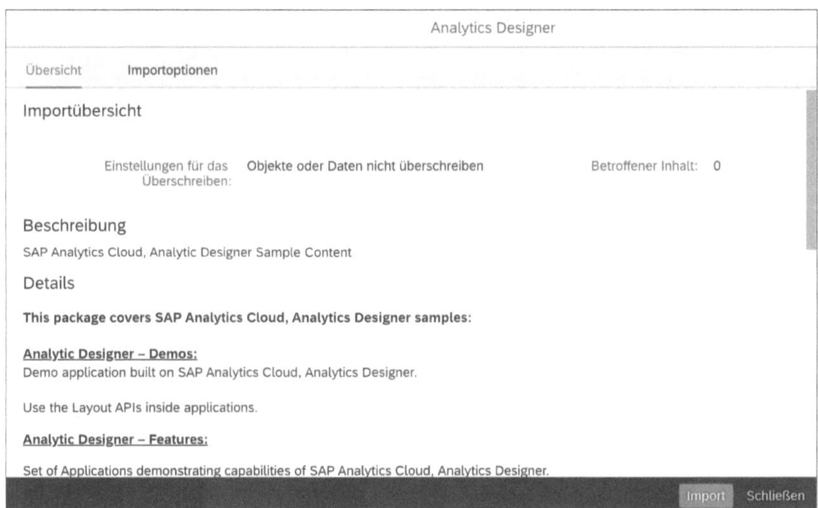

Abbildung 2.19 Übersicht des Pakets

Die zweite Registerkarte **Importoptionen** ist wiederum in drei Bereiche aufgeteilt (siehe Abbildung 2.20):

- **Importzeitplan**
  In diesem Bereich können Sie Ihren eigenen Zeitplan einstellen. Diese Option muss allerdings vom Content-Ersteller angeboten werden.

- **Einstellungen für das Überschreiben**
  In diesem Bereich können Sie festlegen, ob das ausgewählte Paket Objekte und Daten überschreiben darf oder bereits bestehenden Inhalte nicht überschrieben werden sollen.
- **Content**
  Der Bereich **Content** liefert Ihnen sehr detaillierte Informationen dazu, welche Objekte bei diesem Import in Ihren SAP-Analytics-Cloud-Tenant importiert werden.

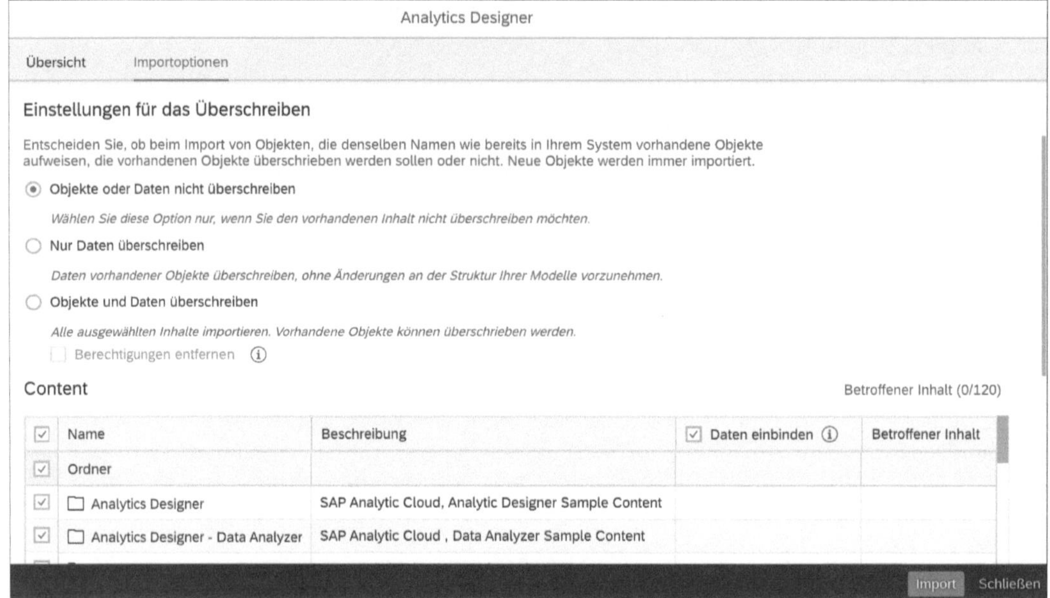

Abbildung 2.20 Importübersicht eines Pakets

5. **Import des Pakets**
   Mit einem Klick auf die Schaltfläche **Import** können Sie nun den Import anstoßen. Dieser wird im Anschluss im Hintergrund ausgeführt. Sobald der Import erfolgreich durchgeführt worden ist, erhalten Sie eine Benachrichtigung in Ihrem Benachrichtigungsbereich. Hier können Sie auch jederzeit den aktuellen Status des Imports nachverfolgen.

Kapitel 3
Entwicklung von BI-Applikationen

In diesem Kapitel lernen Sie die verschiedenen Widgets und APIs kennen, die Sie in einer analytischen Applikation in SAP Analytics Cloud verwenden können. Dabei werden wir die typischen Elemente einer BI-Applikation betrachten.

Was Sie erwartet

Nachdem Sie in den letzten Kapiteln die Grundlagen von SAP Analytics Cloud kennengelernt haben und wir uns mit der darin integrierten Entwicklungsumgebung, dem Analytics Designer, beschäftigt haben, zeigen wir Ihnen nun in Abschnitt 3.1, »Widgets«, die zusätzlich zur Verfügung stehenden Widgets und erklären in Abschnitt 3.2, »Application Programming Interfaces«, die wichtigsten APIs. Im Anschluss zeigen wir Ihnen Beispielapplikationen, sodass der Lifecycle einer analytischen Applikation nachvollziehbar wird (siehe Abschnitt 3.3, »Entwicklung einer analytischen BI-Applikation für das Reporting«). Dazu gehen wir in Abschnitt 3.4, »Integration von Predictive-Analytics-Funktionen«, auf die Predictive-Funktionalitäten ein, die Sie in Ihrer Applikation verwenden können. Zum Abschluss werden in Abschnitt 3.5, »Best Practices«, einige Best Practices für das Applikationsdesign vorgestellt.

3.1 Widgets

Widgets in einer Applikation

Im Analytics Designer gibt es einige zusätzliche *Widgets*, die Sie in einer Story nicht verwenden können. Dadurch lassen sich Ihre Applikationen im Vergleich zu Stories interaktiver gestalten. Sie werden sehen, dass einige unterschiedliche Widgets zur Verfügung stehen, mit denen Sie ähnliche Anwendungsfälle abbilden können. Hier ist es eine Frage des Designs, welches Widget Sie verwenden.

[«]

Auswahl der verwendeten Widgets

Welches Widget am besten geeignet ist, hängt häufig auch von Ihrem Corporate Design und anderen Softwarelösungen ab, die in Ihrem Unternehmen verwendet werden. So sollten Sie z. B. in Ihren BI-Applikationen nicht nur Checkboxen verwenden, wenn in allen anderen Softwarelösungen Dropdowns verwendet werden. Versuchen Sie, sich in die Welt der Endanwenderinnen und Endanwender hineinzuversetzen, um ihnen eine bestmögliche Nutzererfahrung zu ermöglichen. Dies erhört zeitgleich auch die Akzeptanz Ihrer BI-Applikationen.

Um ein Widget in Ihre Applikation einzufügen, erstellen Sie eine neue oder öffnen eine bestehende Applikation. In der Entwicklungsumgebung finden Sie im Bereich **Einfügen** ein Plus-Icon (+ ˅), über das Sie dem Grafikbereich unterschiedliche Widgets hinzufügen können (siehe Abbildung 3.1). Diese Widgets schauen wir uns nun gemeinsam an.

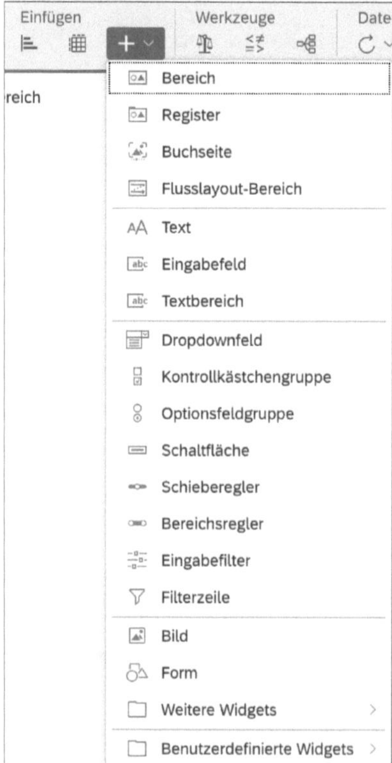

Abbildung 3.1 Widget einfügen

3.1.1 Bereich

In Bereiche unterteilen

Das Widget **Bereich** hilft vor allem bei der Gliederung und Strukturierung Ihrer Anwendung. Mit diesem Element können unterschiedliche Elemente gruppiert und auch mehrere Elemente ineinander verschachtelt werden. Dadurch können Sie Ihre Applikation in unterschiedliche Bereiche unterteilen und diesen über den Designer einen gewissen Platz der Bildschirmgröße zuteilen. Den Elementen innerhalb des Bereichs wird wiederum auch eine definierte Größe zugeordnet. So können Sie schnell und einfach Bereiche verschieben, ein- und ausblenden sowie Ihre Applikation schnell an neue Bildschirmgrößen anpassen.

Zum Beispiel können Sie in Ihrer Anwendung einen Bereich für einen Header ❶ anlegen, der immer 10 % der Bildschirmgröße einnimmt (siehe Abbildung 3.2). Dazu gibt es einen Hauptbereich ❷, der die restlichen 90 % des Bildschirms einnimmt. Diesen Hauptbereich können Sie nun noch in einen Filterbereich ❸ und in einen Anzeigebereich ❹ mit weiteren Bereichselementen unterteilen.

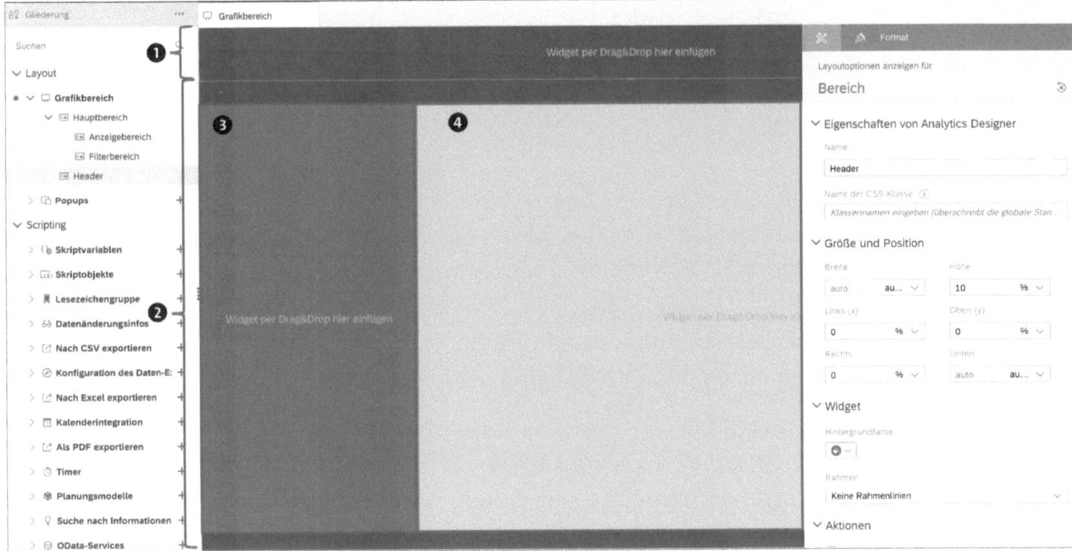

Abbildung 3.2 Verschachtelte Bereiche

Vorausgehende Überlegungen

Überlegen Sie sich möglichst früh, wie Ihre Applikation am Ende aussehen soll und welche Bereiche Sie hierzu benötigen. Widgets können Sie zwar auch später von einem Bereich in einen anderen Bereich verschieben, allerdings gehen dabei häufig die Größen und Positionseinstellungen verloren.

3.1.2 Register

Unterteilung mit Registern

Mithilfe eines *Registers* können Sie Ihre Anwendung in verschiedene Registerkarten unterteilen. Dies hilft Ihnen dabei, die Inhalte der Anwendung thematisch voneinander abzugrenzen. Im Standard enthält das Register initial zwei Karten. Über den Builder im Designer-Bereich können Sie weitere Registerkarten hinzufügen und eine Standardregisterkarte auswählen, die zuerst angezeigt werden soll. Zudem können Sie hier die Benennungen der Tabs anpassen und einen technischen Namen mit einem weiteren Anzeigetext vergeben, der in den einzelnen Tabs angezeigt wird. Wie dies in SAP Analytics Cloud aussieht, sehen Sie in Abbildung 3.3.

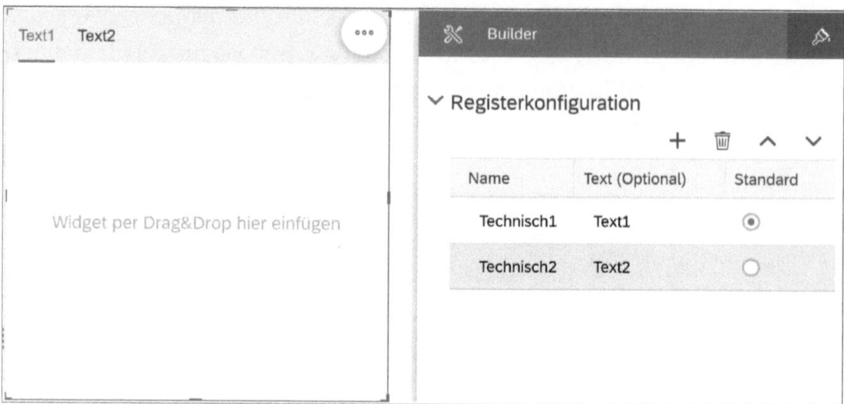

Abbildung 3.3 Einstellungen für das Register vornehmen

Im Bereich **Format** können Sie zusätzlich noch in Abhängigkeit des jeweiligen Zustands den Stil für das Register anpassen:

- **Ausgewählt**
  In diesem Bereich können Sie die Farbe des Selektionsbalkens und der Schrift des aktuell ausgewählten Tabs festlegen.
- **Mauszeiger über Tab**
  In diesem Bereich können Sie die Farbe festlegen, die erscheint, wenn ein Anwender oder eine Anwenderin mit der Maus über einen Tab fährt. Dabei wird der Text in der festgelegten Farbe eingefärbt.
- **Hintergrund Kopfzeile**
  In diesem Bereich können Sie die Hintergrundfarbe des kompletten Registers bestimmen.

3.1.3 Buchseite

Buchseiten in einer Applikation

Mit einer *Buchseite* können Sie, ähnlich wie mit einem Register, Inhalte in verschiedene Bereiche unterteilen. Der Unterschied dieser beiden Elemente liegt in der Optik. Sie haben hier keine Register im oberen Bereich des Elements, sondern kleine Punkte im unteren Bereich, ähnlich wie Sie es vielleicht von Ihrem E-Book-Reader her kennen (siehe Abbildung 3.4). Über diese Punkte kann zwischen den verschiedenen Buchseiten hin- und hergewechselt werden.

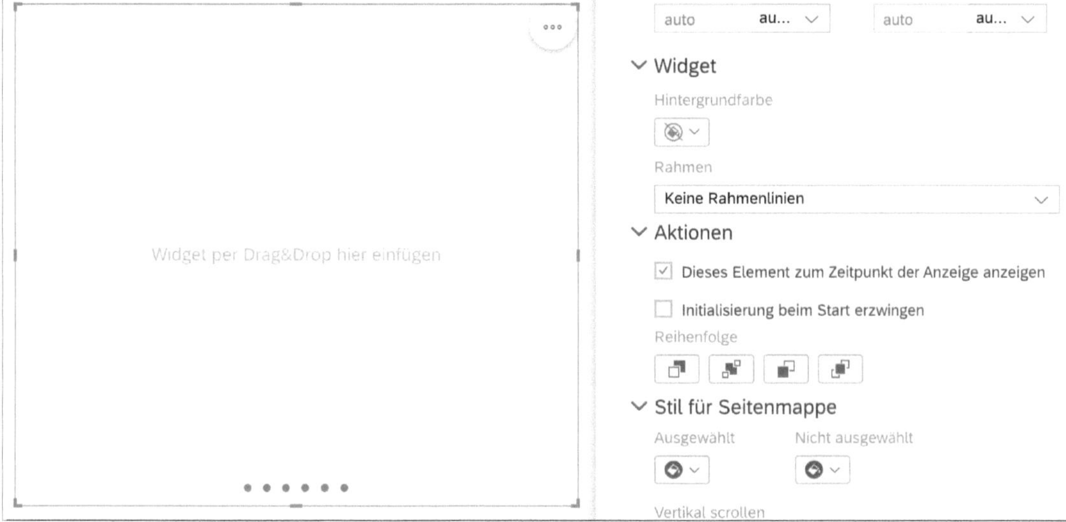

Abbildung 3.4 Farben einer Buchseite einstellen

Im Standard besteht auch dieses Element aus zwei Buchseiten. Über den Builder können Sie weitere Seiten hinzufügen und eine Standardseite angeben. Da hier kein Name im Element angezeigt wird, können Sie keinen Text vergeben. Im Bereich **Format** können Sie z. B. die Farben des Buchseiten-Selektionsbereichs anpassen.

3.1.4 Flusslayout-Bereich

Flexible Applikationen mit dem Flusslayout

Das Widget **Flusslayout-Bereich** sorgt dafür, dass alle beinhalteten Elemente an ihrer optimalen Stelle angezeigt werden, egal in welcher Bildschirmgröße oder auf welchem Gerät (siehe Abbildung 3.5). Ist der Bildschirm z. B. zu klein, um zwei beinhaltete Elemente nebeneinander anzuzeigen, wird das zweite Element in die nächste Zeile verschoben.

Zusätzlich haben Sie über den Builder die Möglichkeit, Regeln in Form von Break Points anzulegen. Damit können Sie bestimmen, wie die Applikation reagieren soll, wenn bestimmte Bildschirmgrößen unterschritten werden. So können Sie beinhaltete Widgets verkleinern oder ausblenden.

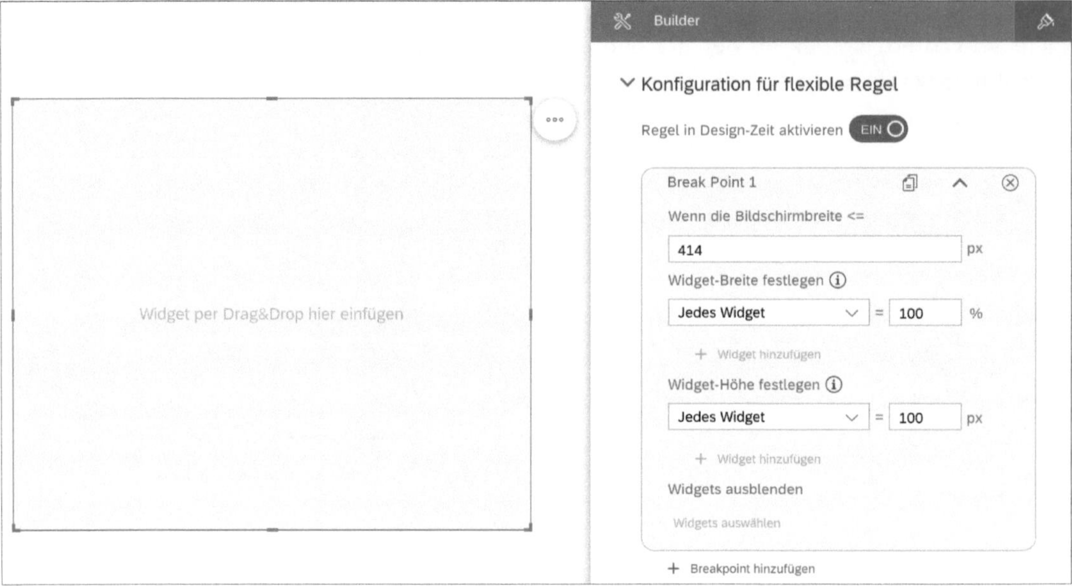

Abbildung 3.5 Flexible Regeln in einem Flusslayout-Bereich konfigurieren

Das richtige Look-and-Feel erzeugen

Durch die Kombination des Flusslayout-Bereichs und eines einfachen Bereichs können Sie sehr schnell und einfach das Look-and-Feel des SAP Fiori Launchpads nachahmen. Ein Beispiel dazu finden Sie im Demo-Content. Darauf gehen wir in Abschnitt 3.3.2 detaillierter ein.

3.1.5 Eingabefeld und Textbereich

Texteingabe möglich machen

Da die Widgets **Eingabefeld** und **Textbereich** in ihrer Funktion sehr ähnlich sind und nur einen minimalen Unterschied haben, stellen wir diese hier zusammen vor.

Mit beiden Elementen geben Sie Ihrem Endanwender und Ihrer Endanwenderin die Möglichkeit, einen eigenen Wert einzugeben, z. B. eine Auftragsnummer. Diesen Wert können Sie anschließend in Ihrer Applikation weiterverarbeiten. Im Builder können zudem Standardwerte festgelegt werden, die beim ersten Aufruf angezeigt werden. Hier gibt es vier verschiedene Möglichkeiten:

- **Manuelle Eingabe**
  Bei der manuellen Eingabe können Sie selbst einen Wert hinterlegen. Hier können Sie beispielsweise eine Aufforderung an die User übermitteln, wie »Bitte geben Sie eine Auftragsnummer ein.«
- **Skriptvariablen**
  Bei der Skriptvariable können Sie den Wert einer definierten Variablen verwenden, die Sie in Ihrer Applikation angelegt haben.
- **Modellvariablen**
  Bei der Modellvariable können Sie eine Variable eines verwendeten Modells auswählen.
- **Kachelfilter und Variablen**
  Hier können Sie einen gesetzten Filter einer Kachel auswählen, die Sie in Ihrer Applikation verwenden.
- **Eigenschaften der Analytic Application**
  Sie können zwischen verschiedenen Eigenschaften der analytischen Applikation wählen:
  - aktueller Benutzer oder Benutzerin
  - aktuelle Uhrzeit
  - aktuelles Datum
  - Datum der letzten Änderung
  - Datum und Uhrzeit der letzten Änderung
  - zuletzt geändert von
  - Ersteller oder Erstellerin

Zusätzlich können Sie festlegen, ob der vom Anwender oder von der Anwenderin eingegebene Wert in eine Variable der Applikation zurückgeschrieben werden soll.

[«]

Unterschied zwischen Eingabefeld und Textbereich

Der Unterschied zwischen den beiden Elemente **Eingabefeld** und **Textbereich** besteht im Layout der eingefügten Zeichen. In einem Eingabefeld wird Ihnen der Text immer in einer Zeile angezeigt. Dies bedeutet, dass, wenn ein eingegebener Text zu lang für die Anzeige ist, dieser abgeschnitten wird. Daher sollten Sie für längere Text einen Textbereich verwenden. Hier wird automatisch ein Zeilenumbruch durchgeführt, und der Text bleibt lesbar. Zudem können Sie schon bei der Eingabe Zeilenumbrüche manuell einfügen. Dies haben wir Ihnen in Abbildung 3.6 dargestellt.

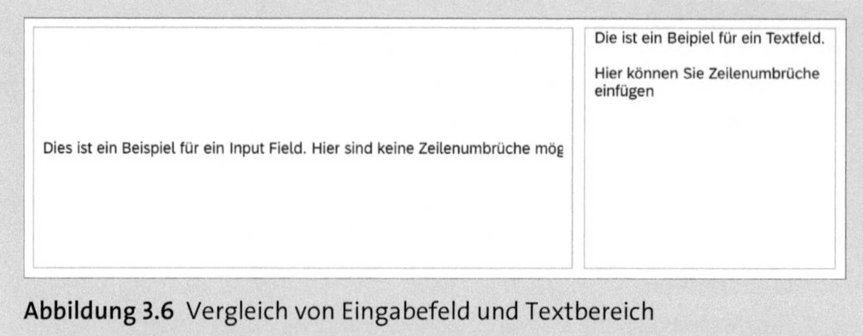

Abbildung 3.6 Vergleich von Eingabefeld und Textbereich

3.1.6 Dropdown-Feld

Auswahl mit Dropdowns

Mit einem *Dropdown-Feld* können Sie Ihre Applikation dynamischer gestalten, indem Sie den Anwenderinnen und Anwendern die Möglichkeit geben, selbst einen Wert zu selektieren (siehe Abbildung 3.7). Sie können sich dann z. B. eine Kennzahl anzeigen lassen oder über einen Filter nach einem bestimmten Jahr suchen.

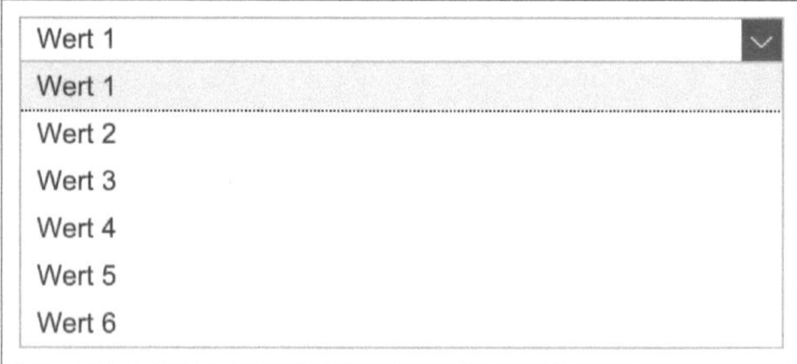

Abbildung 3.7 Selektion in einem Dropdown-Feld

Die Werte, die im Dropdown-Feld angezeigt werden, können manuell festgelegt oder über verschiedene Variablen eingelesen werden. Diese Variablen kennen Sie bereits aus dem Eingabefeld-Widget. Lediglich die Eigenschaften der Applikation können hier nicht ausgewählt werden. Zudem können Sie das Format anpassen und verschiedene Farben für das Dropdown-Menü festlegen. Hier können Rahmen und Hintergrund des Dropdown-Feldes festlegen werden und, wie Sie es aus dem Register kennen, unterschiedliche Farben für das ausgewählte Feld, ein Mouseover oder das Gedrückthalten einer Maustaste gewählt werden.

3.1.7 Kontrollkästchengruppe und Optionsfeld

Verschiedene Auswahlmöglichkeiten

Sowohl die *Kontrollkästchengruppe* als auch das *Optionsfeld* eignen sich sehr gut dazu, Endanwendern und Endanwenderinnen die Option zu geben, einen oder mehrere Werte zu selektieren. Dies ist auch der große Unterschied zwischen diesen beiden Widgets. Mit der Kontrollkästchengruppe hat der Endanwender oder die Endanwenderin die Wahl, mehrere Werte aus der definierten Menge auszuwählen. Mit dem Optionsfeld kann hingegen nur ein Wert ausgewählt werden. Daher hat dieses Widget auch Ähnlichkeit zu dem zuvor kennengelernten Widget des Dropdown-Feldes. Die unterschiedliche Darstellung der beiden Widgets sehen Sie in Abbildung 3.8.

Wert 1 Wert 1
Wert 2 Wert 2
Wert 3 Wert 3
Wert 4 Wert 4
Wert 5 Wert 5

Abbildung 3.8 Unterscheidung einer Kontrollkästchengruppe und eines Optionsfeldes

3.1.8 Schaltfläche

Aktionen mit den Schaltflächen auslösen

Die *Schaltfläche* ist ein sehr variables Element, das Sie für viele verschiedenen Einsatzzwecke verwenden können. Grundsätzlich kann so später in der Applikation über eine Schaltfläche eine Aktion ausgelöst werden. Diese Aktion können Sie als Text in die Schaltfläche eingeben, damit klar ist, was durch den Klick bewirkt wird (siehe Abbildung 3.9). Hier können Sie neben der Textform auch ein Icon hochladen und dieses zusätzlich zum Text einblenden lassen. Auch ein Mouseover-Text kann hier eingebunden werden.

Abbildung 3.9 Ansicht einer Schaltfläche

Mögliche Einsatzszenarien für eine Schaltfläche sind u. a.:

- Popups aufrufen
- zwischen verschiedenen Widgets wechseln
- den Inhalt bestimmter Felder exportieren
- E-Mail senden

Die farbliche Gestaltung Ihrer Schaltfläche können Sie je nach Zustand der Schaltfläche anpassen. Hier können Rahmen und Hintergrund verändert werden, je nachdem, ob die Schaltfläche gedrückt ist oder eine Maustaste darüber gehalten wird. Zudem werden Ihnen auch fünf vordefinierte Typen zur Verfügung gestellt, z. B. eine positive Schaltfläche, die als Annahmeschaltfläche gedacht ist.

3.1.9 Schieberegler und Bereichsregler

Flexibilität mit Reglern

Sowohl mit dem einfachen *Schieberegler* als auch mit dem *Bereichsregler* können in der App flexibel Werte eingegeben werden. Dies können z. B. Monate oder auch Geldbeträge in EUR sein – aber auch viele andere Anwendungsfälle sind damit abdeckbar.

Mit dem Schieberegler kann ein fester Wert selektiert werden, wie z. B. 10 % Rabatt. Nun kann der Endanwender oder die Endanwenderin mithilfe dieses Schiebereglers simulieren, welche Auswirkungen ein höherer oder niedriger Rabatt hätte.

Mit dem Bereichsregler wird hingegen ein Wertebereich ausgewählt. Beispielsweise sollen nur die Produkte mit einem Rabatt von 30 bis 70 % angezeigt werden (siehe Abbildung 3.10).

Abbildung 3.10 Unterscheidung zwischen Schieberegler und Bereichsregler

Die Werte der beiden Regler können Sie wie beim Dropdown-Feld im Designer manuell oder über unterschiedliche Variablen einlesen. Zudem können Sie festlegen, ob die Bezeichner angezeigt werden oder auch wie die Werte verändert werden können sollen (Drag & Drop und/oder Eingabe) und optional eine Schrittgröße festlegen. Des Weiteren können die Farben von Fortschrittbalken und Hintergrundbalken angepasst werden.

3.1.10 Filterzeile

Nach wichtigen Daten filtern

Die *Filterzeile* in einer Applikation ist sehr ähnlich zu den bekannten Filtern aus der Story – nur dass Sie hier wählen können, welche Widgets betroffen sind.

Die Quelle der Filterzeile kann auf zwei unterschiedlichen Wegen festgelegt werden:

- **Gruppenfilter**
  In diesem Modus können Sie eine Datenquelle auswählen, die Sie in Ihrer Applikation verwenden und aus dieser eine Dimensionsauswahl und bereits vordefinierte Filter festlegen. Diese können auf die gesamte Datenquelle oder nur auf bestimmte Widgets angewendet werden.
- **Individueller Widget-Filter**
  In diesem Modus wählen Sie ein Widget, das Ihnen als Quelle dient. Aus diesem Quell-Widget können Sie nun eine Dimensionsauswahl definieren.

Zudem können Sie im Designer die farbliche Gestaltung der Filterzeile im entsprechenden Firmendesign anpassen. In Abbildung 3.11 sehen Sie, wie eine Filterleiste dargestellt wird.

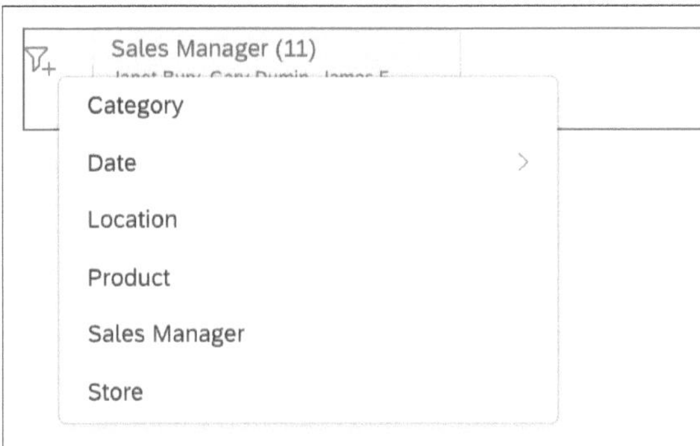

Abbildung 3.11 Filterzeile im Gruppenfiltermodus einsetzen

3.1.11 Listenfeld

Listen in einer Applikation

Das *Listenfeld* ähnelt dem Dropdown-Feld, dem Kontrollkästchenfeld oder auch dem Optionsfeld und wird in ähnlichen Einsatzszenarien verwendet. In Listenfeldern können Sie entweder manuelle Werte hinterlegen oder diese über eine Variable einlesen. Dabei können Sie eine technische ID sowie den anzuzeigenden Namen vergeben. Zudem können Sie festlegen, wie mit einem Textüberlauf umgegangen werden soll. Stellen Sie hier auch ein, ob Sie eine Mehrfachselektion ermöglichen, HTML-Tags aktivieren oder ob Sie die selektieren Werte in eine Variable zur Laufzeit zurückschreiben möchten.

In der farblichen Gestaltung haben Sie die gleichen Auswahlmöglichkeiten, wie Sie es bereits aus dem Widget **Dropdown-Feld** kennen. Die Umsetzung eines beispielhaften Listenfeldes sehen Sie in Abbildung 3.12.

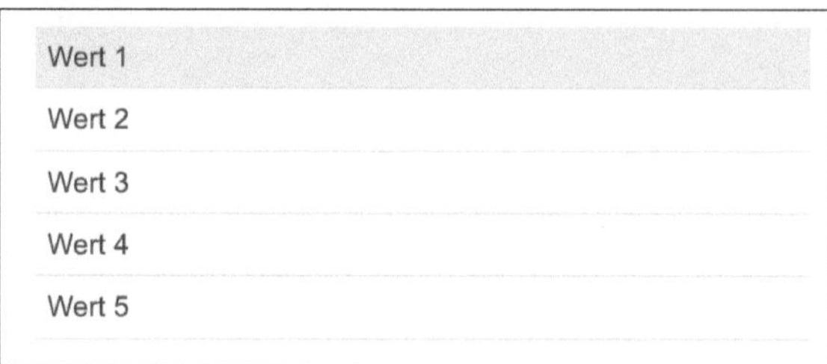

Abbildung 3.12 Anzeige eines Listenfeldes

3.1.12 Schalter

Zustand mit einem Schalter ändern

Das Widget **Schalter** ist mit einem Lichtschalter vergleichbar. Es kann entweder den Zustand »an« oder »aus« annehmen (siehe Abbildung 3.13). Sie legen fest, welche Aktion bei welchem Zustand ausgeführt werden soll. Wird der Schalter in der App an- oder ausgeschaltet, wird die von Ihnen eingestellte Funktion ausgeführt. Dies kann z. B. das Umschalten von Kennzahlen sein. Im Zustand »an« werden die Sekunden als Kennzahl angezeigt. Setzt nun der Anwender oder die Anwenderin den Zustand auf »aus«, werden anstatt der Sekunden die Millisekunden angezeigt. Dieses Beispiel können Sie auf viele verschiedene Einsatzszenarien übertragen und erweitern. Auch können Sie einstellen, dass während des Umschaltens mehrere Aktionen ausgeführt werden sollen.

Abbildung 3.13 Anzeige eines Schalters

3.1.13 Popups

Zusätzliche Flächen mit Popups schaffen

Zuletzt schauen wir uns in diesem Kapitel die *Popups* an. Ein Popup ist an sich kein eigenes Widget, da es im Layout-Bereich in Ihrer analytischen Applikation angelegt wird. Aus unserer Sicht passt es allerdings sehr gut in diesen Abschnitt des Buches, da es sich ebenso um ein Element zum Anzeigen von Daten handelt.

Ein Popup ist ein Element, das Sie innerhalb Ihrer Applikation aufrufen können. Dabei zeigt Ihnen die Applikation während des Aufrufs das Popup an und blendet den Grafikbereich aus. Um ein neues Popup anzulegen, gehen Sie in der **Gliederung** Ihrer Applikation in den Bereich **Layout**. Hier finden Sie den Bereich **Popups**. In diesem Bereich werden alle Elemente vom Typ **Popup** in Ihrer Applikation aufgelistet (siehe Abbildung 3.14).

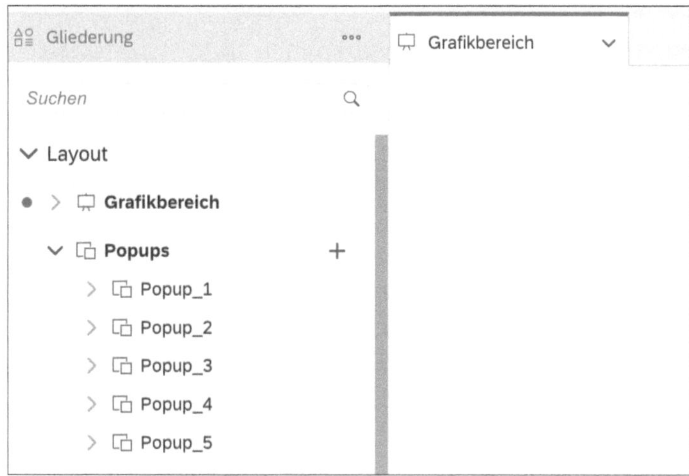

Abbildung 3.14 Gliederung mehrerer Popups

Über das Plus-Icon erstellen Sie ein neues Popup. Dabei öffnet die Entwicklungsumgebung automatisch das soeben erstellte Popup. In diesem Popup können Sie nun weitere Elemente einfügen, wie Sie es aus dem Grafikbereich kennen. Sobald Sie mindestens ein Popup erstellt haben, können Sie zwischen dem Grafikbereich und den verschiedenen Popups wechseln. Dafür gibt es zwei Optionen (siehe Abbildung 3.15):

- Auswahl in der Gliederung: Im Bereich **Gliederung** wird dieses Element durch einen Klick auf das gewünschte Popup oder den Grafikbereich automatisch im Arbeitsbereich angezeigt.

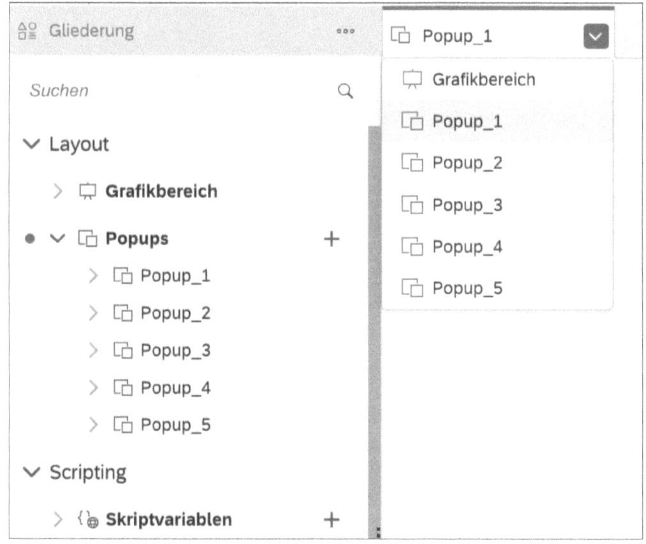

Abbildung 3.15 Popup über das Dropdown-Menü auswählen

- Auswahl über Dropdown im Arbeitsbereich: Sobald Sie mindestens ein Popup in Ihrer Applikation erstellt haben, können Sie im Arbeitsbereich über ein Dropdown-Menü zwischen den verschiedenen Popups und dem Grafikbereich wechseln.

Haben Sie ein Popup in Ihrer Applikation eingefügt, können Sie zu diesem verschiedene Einstellungen über den Designer vornehmen. Im Bereich des Builders haben Sie die Option, für Ihr Popup eine Kopf- und eine Fußzeile zu erstellen. Wenn Sie diese Option nicht aktivieren, werden Ihnen keine weiteren Einstellungsmöglichkeiten angezeigt. Ist diese Option allerdings über den Schalter aktiviert, erstellt Ihnen die Entwicklungsumgebung automatisch eine Kopf- und Fußzeile in Ihrem selektierten Popup, und die Einstellungsmöglichkeiten im Builder werden erweitert (siehe Abbildung 3.16).

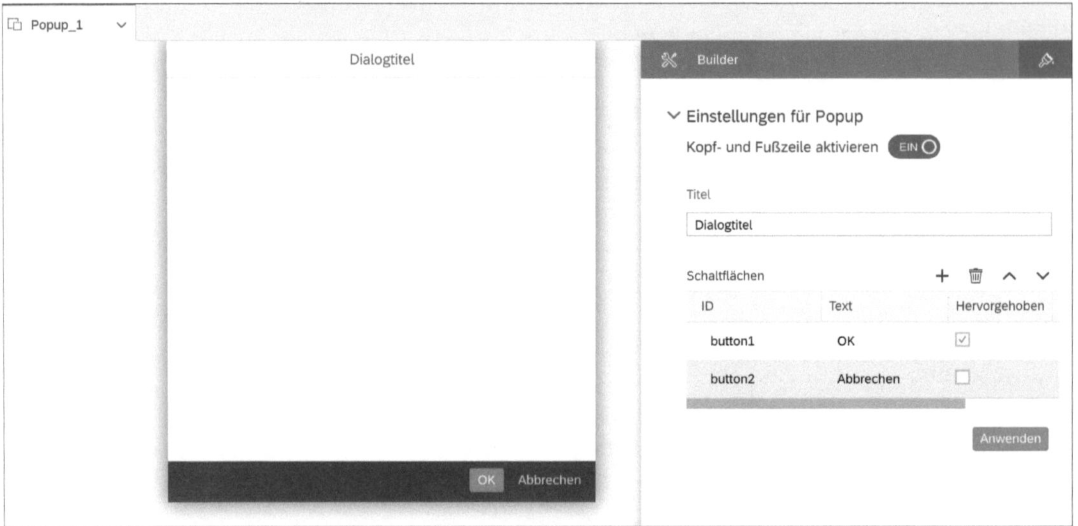

Abbildung 3.16 Popup-Einstellungen des Builders

Vergeben Sie im Feld **Titel** einen Namen für Ihr Popup, der in der Kopfzeile zu sehen ist. Im Bereich **Schaltflächen** bearbeiten Sie die Schalflächen, die sich in der Fußzeile befinden, in unserem Beispiel **OK** und **Abbrechen**. Sie können an dieser Stelle auch neue Schaltflächen erstellen, bestehende Schaltflächen entfernen oder die Reihenfolge der Schaltflächen anpassen. Des Weiteren können Sie für jede Schaltfläche eine ID und einen Text vergeben und entscheiden, ob die jeweilige Schaltfläche hervorgehoben erscheinen soll.

Sie haben nun ein Popup erstellt und festgelegt, welche Elemente dieses beinhalten soll. Im Bereich **Format** können Sie jetzt noch weitere Einstellungen vornehmen (siehe Abbildung 3.17). Neben den klassischen Einstellungen, die Sie aus anderen Widgets kennen, wie z. B. dem Namen oder der Hintergrundfarbe, wird hier auch die Größe Ihres Popups festgelegt. Dabei stehen Ihnen verschiedene Vorschläge zur Verfügung, oder Sie legen die Breite und Höhe des Popups selbst fest.

Abbildung 3.17 Formateinstellungen eines Popups

Größe eines Popups

Die Größe eines Popups ist nicht dynamisch. Beachten Sie daher bei der Erstellung, auf welchen Bildschirmen Ihre Applikation später angezeigt werden soll.

3.2 Application Programming Interfaces

Logik mit APIs entwickeln

In Abschnitt 3.1 haben Sie die verschiedenen Widgets kennengelernt, die in einer analytischen Applikation zusätzlich zur Verfügung stehen. Durch zusätzliche Widgets entsteht aber noch keine Applikation. Für den Aufbau einer Applikation benötigen Sie noch Application Programming Interfaces (APIs), also Funktionen, die bei definierten Events ausgeführt werden. Bei APIs in SAP Analytics Cloud handelt es sich nicht um APIs im klassischen Sinn (als Schnittstelle zu anderen Anwendungen), sondern es werden hierunter Funktionen bzw. Klassen verstanden, die verschiedene Methoden beinhalten.

Diese stellen wir Ihnen nun vor. Zur besseren Übersicht sind die einzelnen APIs in verschiedene Gruppierungen, sogenannte *Bibliotheken*, unterteilt. Dabei wird hier immer der englische Name verwendet, da Sie diesen auch in Ihrem Code verwenden müssen. Zudem werden manche Funktionen von einer API an eine andere API vererbt und können auch dort verwendet werden. Auf diese gehen wir jeweils in den Beschreibungen der APIs noch einmal explizit ein. Zu einigen APIs zeigen wir Ihnen auch konkrete Beispiele.

Damit dieses Kapitel nicht zu umfangreich gestaltet wird, werden nur die aus unserer Sicht wichtigsten APIs detaillierter erläutert, aber nicht alle APIs werden bis in das letzte Detail erklärt. Alle weiteren Informationen zu den restlichen APIs und deren Funktionen finden Sie im Analytics Designer API Reference Guide (*http://s-prs.de/v910902*).

[!]

> **Funktionsumfang**
>
> Abhängig von der verwendeten Datenquelle könnten manche Funktionen nicht oder nur eingeschränkt zur Verfügung stehen.

Eine API kann drei verschiedene Elementtypen enthalten, wobei nicht jeder Elementtyp zwingend vorhanden sein muss:

- **Events**
  Hierunter sind Aktionen zu verstehen, die innerhalb Ihrer Applikation ausgeführt werden. Dabei kann es sich z. B. um einen Mausklick auf ein Element, aber auch um die Initialisierung Ihrer Applikation handeln. Innerhalb eines Events können Sie eine oder mehrere Methoden verwenden. Diese Events können Sie im Unterpunkt **Layout** im Bereich **Gliederung**, den Sie aus Abschnitt 2.6.1, »Allgemeiner Aufbau«, kennen, auswählen.

- **Methoden**
  Eine Methode kann innerhalb eines Events ausgeführt werden und beinhaltet die konkreten Anweisungen, die durchgeführt werden, wie z. B. das Ausblenden eines Charts oder das Hinzufügen einer Kennzahl.
- **Eigenschaften**
  Bei diesem Elementtyp handelt es sich um Eigenschaften, die eine Methode annehmen kann. Dabei kann es sich u. a. um den Message Type einer API handeln, wenn eine Warnung ausgespielt werden soll.

3.2.1 Standard

Grundlegende APIs

Starten wir mit den APIs der Typenbibliothek **Standard**. In dieser Bibliothek sind die grundlegenden APIs aufgeführt, die Sie in fast jeder Applikation benötigen.

Application

In der API `Application` finden Sie Events und Methoden, die Ihre Applikation im Allgemeinen betreffen. Die folgenden Events stehen in dieser API zur Verfügung:

- **onInitialization**
  Das Event `onInitialization` wird bei jedem Aufruf Ihrer Applikation aufgerufen, wenn der Ladevorgang der Applikation fertiggestellt ist.
- **onOrientationChange**
  Das Event `onOrientationChange` wird aufgerufen, wenn die Ausrichtung des Mobilgeräts geändert wird.
- **onPostMessageReceived**
  Das Event `onPostMessageReceived` wird aufgerufen, wenn Ihre Applikation von der Hosting-Seite oder von einer eingebetteten Seite eine Meldung erhält. Diese Meldung sollten Sie allerdings immer auf ihre Herkunft hin überprüfen, da sonst Ihre über die Postmeldung gesendeten Daten abgefangen werden könnten.
- **onResize**
  Das Event `onResize` wird aufgerufen, wenn während der Benutzung der App die Fenstergröße angepasst wird. Dabei wird dieses Event während des Anpassens der Fenstergröße in einem Intervall von 500 Millisekunden aufgerufen.

- **onShake**
  Das Event onShake wird aufgerufen, wenn der Endanwender oder die Endanwenderin das Mobilgerät schüttelt. Der Aufruf erfolgt während des Schüttelns nur einmal innerhalb von zwei Sekunden.

Außerdem stehen unterschiedliche Methoden in der API bereit (siehe Tabelle 3.1).

Methode	Beschreibung
getCssClass/ setCssClass	Mit dieser Methode lesen Sie die CSS-Klasse aus dem Grafikbereich aus bzw. setzen sie in Ihrer Applikation.
getGlobalCssClass/ setGlobalCssClass	Mit dieser Methode lesen Sie die globale CSS-Klasse aus bzw. setzen sie in Ihrer Applikation.
getInfo	Diese Methode sendet Ihnen Informationen zu Ihrer Applikation zurück. Diese sind vom Typ ApplicationInfo.
getInnerHeight/ getInnerWidth	Diese Methode meldet Ihnen die Höhe oder Breite des Grafikbereichs zurück.
getMode	Diese Methode gibt Ihnen den Modus Ihrer Applikation vom Typ ApplicationMode zurück.
getTheme/setTheme	Mit dieser Methode bekommen Sie die ID des aktuellen Themas zurück oder können ein Thema setzen.
getUserInfo	Mit dieser Methode bekommen Sie Informationen zum aktuellen SAP-Analytics-Cloud-Benutzer oder zur SAP-Analytics-Cloud-Benutzerin vom Typ UserInfo zurück.
hideBusyIndicator/ showBusyIndicator	Mit dieser Methode blenden Sie den applikationsübergreifenden Busy Indicator ein bzw. aus.
isCommentModeEnabled/ setCommentModeEnabled	Diese Methode gibt Ihnen einen booleschen Wert zurück, der besagt, ob der Kommentarmodus aktiv ist, oder setzt diesen entsprechend.
isMobile	Diese Methode meldet Ihnen zurück, ob sich Ihre Applikation im mobilen Modus befindet.
moveWidget	Mit dieser Methode können Sie ein Widget in Ihrer Applikation bewegen.

Tabelle 3.1 Methoden der Application-API

Methode	Beschreibung
openShareApplicationDialog	Mit dieser Methode können Sie für die aktuell geöffnete Applikation den Dialog zum Teilen einer Applikation öffnen.
postMessage	Mit dieser Methode können Sie eine Nachricht posten.
refreshData	In dieser Methode können Sie die Daten einer Datenquelle aktualisieren.
sendNotification	Mit dieser Methode können Sie Nachrichten versenden. Details dazu finden Sie in der API NotificationOptions.
setAutomaticBusyIndicatorEnabled	Mit dieser Methode können Sie den automatischen Busy Indicator aktivieren oder deaktivieren.
setMessageTypesToShow	Die Methode spezifiziert, welche Nachrichten gezeigt werden, abhängig von deren Nachrichtentyp.
setRefreshPaused	Mit dieser Methode können Sie die Aktualisierung einer Datenquelle aktivieren oder deaktivieren.
showMessage	Diese Methode zeigt eine Nachricht in der Applikation vom Nachrichtentyp ApplicationMessageType an.

Tabelle 3.1 Methoden der Application-API (Forts.)

Listing 3.1 zeigt Ihnen einige Beispiele, wie Sie die Methoden dieser API verwenden können:

```
// Zeigt eine Erfolgsmeldung in Ihrer Applikation an.
Application.showMessage(ApplicationMessageType.Success, "Dies ist
eine Erfolgsmeldung");
// Liest die User-Informationen in Ihrer Applikation aus.
Application.getUserInfo();
// Zeigt im Busy-Indicator Ihrer Applikation den Text "Dies ist
// ein Beispiel" an.
Application.showBusyIndicator("Dies ist ein Beispiel");
// Aktualisiert die Daten Ihrer Applikation.
Application.refreshData();
```

Listing 3.1 Beispiele für Methoden der Application-API

ApplicationInfo

Mit der API `ApplicationInfo` erhalten Sie die Beschreibung, ID oder den Namen Ihrer aktuellen Applikation zurück. Ein Beispiel für die API `ApplicationInfo` sehen Sie hier:

```
// Gibt die Beschreibung der Applikationsinfo aus.
Application.getInfo().description;
```

Console

Überprüfung in der Konsole

Mit der API `Console` ist es Ihnen möglich, Ihren Output in der Konsole Ihres Webbrowsers als Nachricht ausgeben zu lassen. Dies ist sehr hilfreich, um den aktuellen Wert von Variablen während der Verarbeitung zu überprüfen. Im Folgenden sehen Sie den Code für die Ausgabe von Applikationsinformationen und einer Beispielvariable:

```
// Nachrichtenausgabe von Applikationsinformationen und einer
// Variable im Konsolenlog
console.log(Application.getInfo().name);
console.log(Beispielvariable);
```

Dieses Log können Sie in der Konsole Ihres Browsers nachvollziehen (siehe Abbildung 3.18). Die erste Zeile des Logs zeigt Ihnen die ausgelesene Information des Namens, und in der zweiten Zeile sehen Sie den aktuellen Wert der Beispielvariable.

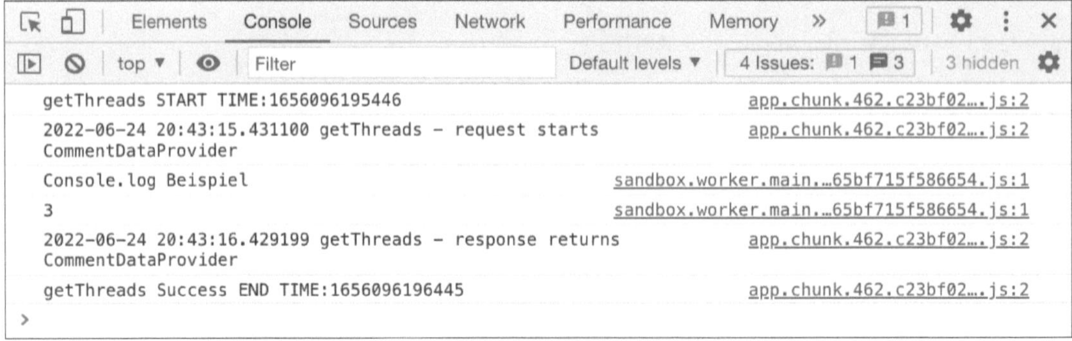

Abbildung 3.18 Konsolenlog ausgeben

Layout

Mit der API `Layout` können Sie entweder den Abstand zwischen Ihrem Widget und dessen übergeordneten Container auslesen oder diesen setzen. Hierbei können Sie auf die gleichen Werte zugreifen, wie Sie es aus dem Designer kennen. Hierbei steht jeweils eine `get`- und eine `set`-Methode für die

Höhe, die Breite, den linken und den rechten Rand rechts zur Verfügung. Mit folgendem Code können Sie beispielsweise die Höhe von Chart 1 auslesen:

```
//Auslesen der Höhe von Chart 1
Chart_1.getLayout().getHeight();
```

LayoutValue

Mit der API `LayoutValue` legen Sie die Einheit Ihres Layouts fest, so wie Sie es aus dem Designer kennen. Hier haben Sie die Wahl zwischen Auto, Prozent und Pixel.

NavigationUtils

Die API `NavigationUtils` ist sehr wertvoll, wenn Sie aus Ihrer Applikation andere Elemente in SAP Analytics Cloud aufrufen oder wenn Sie auf externe Seiten verlinken möchten.

Dabei stehen Ihnen mehrere Methoden zur Verfügung:

- **createApplicationUrl/createStoryURL**
  Mit der Methode `createApplicationUrl/createStoryURL` erstellen Sie eine URL für eine Applikation oder Story und haben die Möglichkeit, URL-Parameter mitzugeben.
- **openApplication/openStory**
  Mit der Methode `openApplication/openStory` öffnen Sie eine Applikation mit gewünschten URL-Parametern. Zusätzlich können Sie entscheiden, ob diese in einem neuen Tab geöffnet werden soll.
- **openDataAnalyzer**
  Mit der Methode `openDataAnalyzer` können Sie innerhalb Ihrer Applikation auf den Data Analyzer zugreifen und dabei Ihre gewünschte Verbindung und die URL-Parameter mitgeben. Zudem kann der Data Analyzer im gleichen oder in einem neuen Tab geöffnet werden.
- **openUrl**
  Mit der Methode `openUrl` können Sie eine URL im gleichen oder in einem neuen Tab öffnen.

Im folgenden Code sehen Sie ein Beispiel, wie eine dieser Methoden verwendet werden kann:

```
// Öffnet die Applikation mit der gewählten ID.
NavigationUtils.openApplication("5E4B6A0F0E3BFA470DD2BA56044670E9");
```

NotificationOptions

Benachrichtigungen erstellen

Mit der API `NotificationOptions` können Sie den Inhalt einer Benachrichtigung aus SAP Analytics Cloud definieren. Diese können Sie über die Methode `sendNotification` der Application-API versenden.

Hierbei können Sie die folgenden Werte definieren:

- **content**
  Mit der Property `content` können Sie den Content Ihrer Nachricht definieren.
- **isSendEmail**
  Die Property `isSendEmail` gibt zurück, ob die Benachrichtigung per E-Mail und/oder per Mobile-Benachrichtigung versendet wird.
- **mode**
  Die Property `mode` gibt den Modus an, in dem die Applikation dargestellt wird, wenn diese über die Benachrichtigung geöffnet wird.
- **parameters**
  Mit der Property `parameters` können URL-Parameter mitgeben werden, die beim Öffnen der Applikation gesetzt werden sollen.
- **receivers**
  Mit der Property `receivers` geben Sie die Anwender oder Anwenderin an, die die Benachrichtigung erhalten sollen.
- **title**
  Mit der Property `title` geben Sie den Titel der Benachrichtigung an.

[»]

Benachrichtigungen per E-Mail

Um Benachrichtigungen aus SAP Analytics Cloud per E-Mail zu versenden, müssen Sie einen benutzerdefinierten E-Mail-Server in den Einstellungen Ihres SAP-Analytics-Cloud-Tenants konfigurieren. Diesen finden Sie über den Pfad **System • Administration • Benachrichtigungen**.

Dazu müssen Sie in der Konfiguration des E-Mail-Servers die notwendigen Informationen eintragen (siehe Abbildung 3.19). Im Anschluss können Sie die vorgenommene Konfiguration durch SAP Analytics Cloud prüfen lassen und die Einstellungen bei Erfolg speichern.

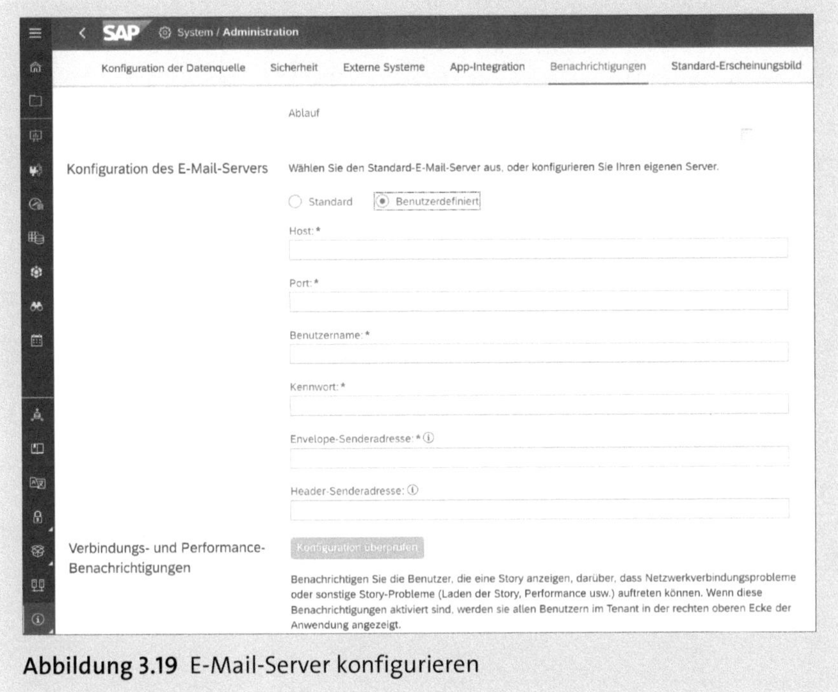

Abbildung 3.19 E-Mail-Server konfigurieren

Scheduling

Veröffentlichungen

Die API `Scheduling` hilft Ihnen dabei, die Funktion der Veröffentlichung aus SAP Analytics Cloud noch detaillierter zu verwenden. Im Standard nutzen Sie das Scheduling, um den Endanwenderinnen und Endanwendern eine Story in einem bestimmten Format zu senden. Mithilfe dieser API können Sie u. a. prüfen, ob die Applikation über eine Veröffentlichung aufgerufen wird. Dabei stehen Ihnen die folgenden Methoden zur Verfügung:

- **isRunBySchulePublication**
  Die Methode `isRunBySchulePublication` prüft, ob die Applikation über eine Veröffentlichung aufgerufen wird.
- **logMessage**
  Mit der Methode `logMessage` können Sie Nachrichten in den Details der Veröffentlichung loggen.
- **openSubscriptionDialog**
  Die Methode `openSubscriptionDialog` öffnet Ihnen in Ihrer Applikation den Dialog zum Erstellen eine Veröffentlichung. Diese Funktion ist allerdings nicht auf mobilen Geräten verfügbar.
- **publish**
  Die Methode `publish` triggert die Veröffentlichung manuell.

Ein Beispiel, wie diese Methoden verwendet werden können, sehen Sie im folgenden Code:

```
// Gibt in der Konsole einen true- oder false-Wert zurück, ob
// die Applikation über eine Veröffentlichung aufgerufen wurde.
console.log(Scheduling.isRunBySchedulePublication());
```

[»]

Automatisierte Benachrichtigungen

Durch die Kombination der Methoden `isRunByPublication` und `SendNotification` können Sie automatisierte Benachrichtigungen versenden.

URLParameter

Mit der `create`-Methode der API `URLParameter` können Sie einen neuen URL-Parameter innerhalb Ihrer Applikation definieren. Dabei können Sie einen Namen und einen Inhalt mitgeben.

UserInfo

Die API `UserInfo` gibt Informationen zum aktuell eingeloggten SAP-Analytics-Cloud-Anwender oder zur -Anwenderin zurück. Dabei können Sie auf den Display-Namen und die ID zugreifen.

Timer

Mit der API `Timer` können Sie einen in Ihrer Applikation definierten *Timer* steuern. Dabei können Sie prüfen, ob der Timer aktuell läuft, aber ihn auch starten und beenden. Zudem kann hier ein Event aufgerufen werden, wenn der Timer abgelaufen ist.

Ein Beispiel hierzu sehen Sie im Folgenden:

```
// Startet den Timer mit einer Sekunde Verzögerung.
Timer_1.start(1);
// Loggt in der Konsole, ob der Timer läuft oder nicht.
console.log(Timer_1.isRunning());
```

[»]

Animationen erzeugen

Wenn Sie in Ihrer Applikation ein optisches Highlight setzen möchten, lassen Sie doch mithilfe der `Timer`-API Ihre Kennzahlen durch die Applikation laufen. Ein Beispiel finden Sie im Content-Netzwerk in den Beispielen zum Analytics Designer.

Widget

Die Methoden der API `Widget` werden an die Widgets weitervererbt und können so bei Dropdowns, Filterlinien und anderen Widgets verwendet werden. Dabei ist es u. a. möglich, die CSS-Klasse eines Widgets herauszufinden oder zu setzen oder auch ein Widget ein- und auszublenden oder zu prüfen, ob dieses aktuell sichtbar ist.

Diese Methoden werden auch an die Unterklassen vererbt und können in den APIs zu den verschiedenen Widgets ebenso verwendet werden. Mit dem folgenden Befehl können Sie z. B. Chart 1 aus Ihrer Applikation ausblenden:

```
Chart_1.setVisible(false);
```

Generic Widget

Die API `Generic Widget` können Sie nutzen, um alle Widgets eines bestimmten Typs wie z. B. eines Charts oder einer Tabelle zu erhalten. Optional können Sie hier zusätzlich einen Suchbegriff mitgeben. In diesem Fall werden nur die Widgets zurückgegeben, die diesen Begriff in ihrem Namen beinhalten.

[!]

Case Sensitive

Der Suchbegriff ist dabei Case Sensitive, das heißt, dass Ihnen eine Suchanfrage mit dem Stichwort »Verkaufsdetails« keine Widgets mit der Benennung »VerkaufsDetails« anzeigen würde.

Das folgende Beispiel in Listing 3.2 zeigt Ihnen, wie Sie diese API anwenden können:

```
// Liefert ein Array aller Chart-Widgets.
var charts = Application.getWidgets({ type: WidgetType.Chart });
// Liefert ein Array von allen Charts, deren
// Namen den Text "Verkauf" beinhalten.
var charts = Application.getWidgets({ type: WidgetType.Chart,
searchPattern: "Verkauf"});
```

Listing 3.2 Beispiel für die Anwendung der Generic-Widget-API

3.2.2 Container

APIs zu den verschiedenen Containern

Neben den APIs der Typenbibliothek **Standard** gibt es in den analytischen Applikationen außerdem verschiedene Container-Objekte. Diese dienen meist dazu, einzelne Objekte zu gruppieren bzw. zusammenzuhalten. Die Methoden der Container-APIs stehen oftmals bei verschiedenen Container-Widgets zur Verfügung und werden daher im Folgenden nicht bei jedem Widget erklärt.

Flow Panel

Eine Art von Container-Objekt ist das *Flow Panel*. Die Funktionen des Flow Panels beziehen sich auf das in Abschnitt 3.1.4 vorgestellte Widget **Flusslayout-Bereich**. Dabei kann ein Busy Indicator mit den Methoden `hideBusyIndicator` und `showBusyIndicator` ein- und ausgeblendet oder mit der Methode `moveWidget` auch Widgets bewegt werden.

Wie Sie diese Methoden in Ihrer Applikation anwenden können, sehen Sie in folgendem Beispiel in Listing 3.3.

```
// Es wird ein Busy Indicator anzeigt. Im Anschluss wird
// Chart_1 verschoben, und der Busy Indicator wird wieder
// ausgeblendet.
FlowLayoutPanel_1.showBusyIndicator("Bitte warten");
FlowLayoutPanel_1.moveWidget(Chart_1);
FlowLayoutPanel_1.hideBusyIndicator();
```

Listing 3.3 Beispiel für die Anwendung der Flow-Panel-API

Dieses Beispiel zeigt, wie das Flow Panel eingesetzt werden kann. Wir haben diesen Code im `onInitialization`-Event verwendet. Hierbei wird zum Start der Initialisierung der Applikation ein Busy Indicator mit dem Hinweis »Bitte warten« angezeigt. Danach wird das Chart 1 aus dem Bereich außerhalb des Flow Panels in das Flow Panel verschoben. Zum Schluss wird der Busy Indicator wieder ausgeblendet.

PageBook

Mit der API `PageBook` können Sie auf das Buchseiten-Widget zugreifen. Neben den APIs, die Sie bereits von anderen Widgets her kennen, z. B. `MoveWidget`, oder dem Busy Indicator stehen hier auch eigene Methoden zur Verfügung. Sie können z. B. die aktuell ausgewählte Buchseite auslesen oder auch den ausgewählten Schlüssel festlegen.

Das folgende Beispiel zeigt Ihnen, wie Sie dies umsetzen können:

```
// Schreibt die Seite in eine Variable und gibt sie in der
// Konsole aus.
var Page = PageBook_1.getPage("Page_1");
console.log(Page);
```

Panel

Für das Bereichs-Widget **Panel** stehen die bekannten Methoden zur Verfügung, die wir aus der Widget-API kennen. So kann mit diesen Methoden ein Bereich u. a. verschoben oder auch ein Busy Indicator eingeblendet werden.

Popup

Die API für das Popup-Widget bietet neben den vererbten Methoden aus dem Widget einige eigene Methoden, um das Widget genauer zu steuern. So können Sie zum einen das Popup öffnen und schließen, aber auch den Titel auslesen und setzen sowie die Buttons in der Fußleiste einzeln ansteuern und diese ein- und ausblenden, sie aber auch aktivieren und deaktivieren.

Dabei stehen Ihnen u. a. die folgenden Methoden zur Verfügung:

- **close**
  Die Methode `close` schließt das Popup.
- **getTitle bzw. setTiltle**
  Die Methode `getTitle` gibt den Titel des Popups zurück oder setzt diesen.
- **isButtonEnabled bzw. setButtonEnabled**
  Die Methode `isButtonEnabled` gibt zurück, ob ein bestimmter Button in der Fußzeile des Popups aktiviert ist. Mit der `set`-Methode kann dieser Button auch aktiviert oder deaktiviert werden.
- **isButtonVisible bzw. setButtonVisible**
  Die Methode `isButtonVisible` gibt zurück, ob ein bestimmter Button in der Fußzeile des Popups sichtbar ist. Mit der `setButtonVisible`-Methode kann ein Button sichtbar gemacht oder ausgeblendet werden.
- **open**
  Die Methode `open` öffnet das Popup.

Sie können ein Popup z. B. mit dem folgendem Code öffnen:

```
// Öffnet das gewünschte Popup.
Popup_1.open();
```

TabStrip/Tab

Auch die API `TabStrip` für die Registerkartenleiste bzw. die API `Tab` für die einzelnen Registerkarten erben Funktionen aus dem Widget. Zusätzlich stehen allerdings Methoden zur Verfügung, um den ausgewählten Schlüssel auszulesen oder zu setzen, den Text auszulesen und zu setzen oder auch den ausgewählten Tab auszulesen.

Zudem enthält diese API auch ein `onSelect`-Event, das ausgeführt wird, wenn der Anwender oder die Anwenderin einen Tab selektiert.

Hier stehen u. a. die folgenden Methoden zur Verfügung:

- **MoveWidget**
  Die Methode `MoveWidget` bewegt ein Widget in den definierten Tab des Tabstrips.
- **getSelectedKey bzw. setSelectedKey**
  Die Methode `getSelectedKey` gibt den Schlüssel des selektierten Tabs zurück, und die Methode `setSelectedKey` setzt diesen.
- **getTab**
  Die Methode `getTab` gibt einen Tab des Tabstrips zurück.

3.2.3 Chart

Diagramme mit APIs verändern

Eine weitere Typenbibliothek ist *Chart*. Für die Diagramme, die Sie in Ihrer Applikation verwenden, stehen die verschiedensten APIs zur Verfügung. Da diese für alle Diagramme zur Verfügung stehen, erläutern wir sie Ihnen im Folgenden genauer.

Chart

Die API `Chart` beinhaltet die grundlegenden Methoden, die für Diagramme zur Verfügung stehen. Die zwei wichtigsten Events sind hierbei das Event `onSelect`, das aufgerufen wird, wenn der Endanwender oder die Endanwenderin mit der Maus auf das Diagramm klickt, und das Event `onResultChanged`, das aufgerufen wird, wenn sich das Ergebnis des Diagramms ändert.

Zudem stehen eine Menge Methoden zur Verfügung, über die Sie die Diagramme in Ihrer Applikation anpassen oder Informationen auslesen können. So haben Sie die Möglichkeit, in Ihrer Applikation weitere Dimensionen hinzuzufügen oder zu entfernen, die Datenquelle des Diagramms auszulesen oder auch das Diagramm zu aktivieren und zu deaktivieren. Zudem können Sie eine neue Story öffnen oder auch das Kontextmenü ein- und ausblenden sowie Einfluss auf das Schnellaktionenmenü nehmen.

Hier stehen u. a. die folgenden Methoden zur Verfügung:

- **addDimension, getDimensions bzw. removeDimension**
  Mit diesen Methoden können Sie Dimensionen auf einer Achse in Ihrem Diagramm ergänzen oder entfernen oder auslesen, welche Dimensionen sich auf dieser Achse befinden. Dies ist ebenfalls mit den Typen `Member` und `Selections` sowie mit weiteren Typen möglich.
- **getDataChangeInsights**
  Die Methode `getDataChangeInsights` gibt die Data Change Insights des Diagramms zurück.
- **getDataSource**
  Die Methode `getDataSource` gibt die Datenquelle des Diagramms zurück.
- **openInNewStory**
  Die Methode `openInNewStory` erstellt eine neue Story mit dem Diagramm.
- **setEnabled bzw. isEnabled**
  Die Methode `setEnabled` aktiviert und die Methode `isEnabled` deaktiviert die Interaktion mit dem Diagramm. Zudem können Sie überprüfen, ob das Diagramm aktiv oder nicht aktiv ist.
- **setQuickActionsVisibility**
  Die Methode `setQuickActionsVisibility` zeigt die Quick Actions, wie sie in der Komponente `ChartQuickActionsVisibility` definiert sind.
- **setContextMenuVisible**
  Über die Methode `setContextMenuVisible` können Sie einstellen, ob das Menü **Mehr Aktionen** oder das Rechtsklickmenü angezeigt werden soll.

  Beispielsweise können Sie damit die Dimension aus Ihrem Diagramm auslesen:

  ```
  // Liest die Dimensionen des Charts aus dem Trellis aus.
  Chart_1.getDimensions(Feed.Trellis);
  ```

ChartNumberFormat

Mit der API `ChartNumberFormat` haben Sie die Möglichkeit, das Zahlenformat Ihrer Kennzahlen innerhalb der Applikation anzupassen. Dies ist vor allem bei der Skalierung oder der Anpassung von Dezimalzahlen sinnvoll.

ChartQuickActionsVisibility

Die API `ChartQuickActionsVisibility` bietet Ihnen die Möglichkeit, das Quick-Menü Ihrer Applikation anzupassen. So können Sie individuell entscheiden, in welcher Situation welche Menüoption zur Verfügung steht und müssen dies nicht fest über den Designer für das Chart festlegen.

Feed

Über die API Feed können Sie die verschiedenen Feeds Ihres Charts anpassen. Diese Möglichkeit benötigen Sie z. B., wenn Sie eine weitere Kennzahl innerhalb Ihrer Applikation hinzufügen möchten. Dabei müssen Sie festlegen, wo diese angezeigt werden soll.

3.2.4 Datasource

Zugriff auf die Datenquelle mit APIs

Für den Zugriff auf Ihrer Datenquelle stehen Ihnen verschiedene APIs aus der Typenbibliothek **Datasource** zur Verfügung. Mit diesen unterschiedlichen APIs haben Sie die Möglichkeit, auf Ihre Datenquelle zuzugreifen und hier Filter zu setzen oder Details zu Ihren Daten abzufragen.

DataExplorer

Mit der API DataExplorer können Sie den *Data Explorer* zum einen schließen und öffnen, diesem aber auch zusätzliche Dimensionen hinzufügen, die Sortierung der Dimensionen anpassen oder zusätzliche Dimensionen ein- und ausblenden.

DataSource

Mit der API DataSource haben Sie die Möglichkeit, Informationen aus Ihrer Datenquelle auszulesen. Dies ist besonders hilfreich, um verschiedene Informationen in der Konsole mitzuloggen und so bei der Ausführung der Applikation die Ergebnisse und die Veränderung zu überprüfen. So können Sie mit dieser API verschiedene Informationen auslesen wie z. B. Dimensionsfilter, Dimensionswerte, Dimensionen, Kennzahlen, Informationen zu Ihrer Datenquelle und vieles mehr. Diese Informationen können in dieser API nicht nur ausgelesen, sondern auch gesetzt werden.

Zugriffsmöglichkeiten

Wenn Sie die API DataSource verwenden, können Sie sowohl auf die ID als auch auf die Beschreibung der jeweiligen Datenquelle zugreifen.

Zudem können Sie hier überprüfen, ob der Pausenmodus gesetzt ist, oder diesen deaktivieren oder aktivieren.

Eine weitere hilfreiche Methode ist die Aktualisierung der Daten oder das Öffnen des Prompt-Dialogs, was Sie mit folgendem Befehl ausführen:

```
// Aktualisiert die Daten der Datenquelle von Chart 1.
Chart_1.getDataSource().refreshData();
```


DataSourceInfo

Mit der API DataSourceInfo können verschiedene Informationen aus der Datenquelle gezogen werden, wie z. B. Informationen zum verwendeten Modell.

Haben Sie ein Business Warehouse als Datenquelle in Verwendung, können Sie sich noch weitere Informationen holen wie den Namen oder die Beschreibung der Quelle oder auch das letzte Änderungsdatum.

PauseMode

Mit der API PauseMode können Sie in Ihrer Applikation die Einstellung zum Pausenmodus anpassen. Hier stehen Ihnen analog zum Designer die Optionen **Auto**, **An** und **Aus** zur Verfügung.

3.2.5 Visualization Controls

API-Zugriff auf weitere Widgets

Neben den APIs für die Charts, stehen Ihnen auch für die sogenannten Visualization-Controls-APIs zur Verfügung. Dabei gibt es unterschiedliche Events, die sich mehrere Visualization Controls teilen. Daher erläutern wir diese in der Einleitung dieses Abschnitts.

Das Event onClick wird aufgerufen, wenn der Anwender oder die Anwenderin auf das Visualization Control klickt. Das zweite Event onLongPress wird aufgerufen, wenn ein Anwender oder eine Anwenderin das Visualization Control drückt und hält. Diese beiden Events teilen sich die Visualization Controls Image, Shape und Text (nur onClick).

Image

Zusätzlich zu den beiden bereits erwähnten Events besitzt die API Image auch zwei Methoden. Mit diesen Methoden können Sie in Ihrem Image Widget ein gewünschtes Bild setzen oder einen Hyperlink hinterlegen, der bei einem Klick aufgerufen werden soll.

RssReader

Mit der API RssReader können Sie Ihren RSS-Reader steuern. So haben Sie die Möglichkeit, neue Feeds hinzuzufügen oder bestehende Feeds zu entfernen. Zudem können Sie über diese API alle Feeds oder den aktuell ausgewählten Feed auslesen.

Shape

Zusätzlich zu den beiden bereits erwähnten Events haben Sie die Möglichkeit, einen Hyperlink auf das Shape-Widget zu setzen, der die gewünschte URL mit einem Klick öffnet. Zudem können Sie einen Style auf das Shape-Widget anwenden – den sogenannten Shape Style – dieser bestimmt die Füll -und Linienfarbe.

Text

Mit der API `Text` können Sie bestehenden Text ersetzen oder den Reintext ohne Formatierung auslesen. Zudem haben Sie die Möglichkeit, über die API `TextStyle` die Hintergrundfarbe und die Farbe der Schrift anzupassen.

WebPage

Mit der API `WebPage` haben Sie die Möglichkeit, eine Adresse zu setzen, auf die die Webpage navigieren soll. Zudem kann über die `post`-Methode eine Nachricht an die Webpage geschickt werden.

3.2.6 Advanced Controls

APIs für Geo Maps und R-Visualisierungen

Über die APIs der Typenbibliothek **Advanced Controls** finden Sie u. a. die Möglichkeit, auf Geo Maps und auf R-Visualisierungen in Ihrer Applikation zuzugreifen.

GeoMap

Die `GeoMap`-APIs erweitern die Widget-API. Insgesamt gibt es zum `GeoMap`-Widget drei verschiedene APIs:

- Mit der `GeoMap`-API haben Sie die Möglichkeit, sich die Layer Ihrer Geo Map zu holen oder die `GeoMap`-Quick Actions ein -und auszublenden.
- Mit der `GeoMapLayer`-API prüfen Sie, ob ein bestimmter Layer aktuell sichtbar ist, und können diesen ausblenden oder einblenden.
- Über die `GeoMapQuickActionsVisibility`-API können Sie das Quick-Menü der Geo Map anpassen und so z. B. die Funktion, auf Vollbild umzuschalten, deaktivieren.

RVisualisation

Mit dieser API haben Sie die Möglichkeit, auf Ihr R-Visualisierungs-Widget zugreifen. Damit stehen Ihnen neben dem bereits bekannten `onResultChanged`-Event verschiedene Methoden zur Auswahl.

Zum einen können so spezifische R-Visualisierungselemente wie Data Frame oder die Enviroment Values ausgelesen werden. Zudem können Sie die enthaltenen Input-Parameter oder auch den Status oder Nachrichten aus der Konsole der R-Visualisierung auslesen. Des Weiteren sind bereits bekannte Methoden, um das Kontextmenü oder Quick-Action-Menüs oder Hyperlinks zu setzen, verfügbar.

3.2.7 Input Controls

APIs für Input Controls

Auch für die verschiedenen Input Controls, mit denen Sie Einfluss auf Ihre Applikation nehmen können, stehen Ihnen verschiedene APIs zur Verfügung. Dadurch haben Sie die Möglichkeit, auf Widgets zuzugreifen, mit denen Sie Input verarbeiten können.

Button

Mit der API `Button` stehen Ihnen neben den beiden Events `onClick` und `onLongPress` noch vier Methoden zur Auswahl: `getText`, `getToolTip`, `setText` und `setTooltip`. Mit diesen können Sie den Text der Schaltfläche bzw. des Tooltips auslesen oder setzen.

CheckboxGroup, RadioButtonGroup, Dropdown und ListBox

Da die vier APIs `CheckboxGroup`, `RadioButtonGroup`, `Dropdown` und `ListBox` jeweils die gleichen APIs für Ihre Widgets anbieten, fassen wir diese hier zusammen.

Mit diesen APIs können Sie weitere Items zu Ihrem Widget hinzufügen bzw. entfernen, den ausgewählten Schlüssel oder Text auslesen oder aber auch den ausgewählten Schlüssel setzen. Bei der List Box ist es zusätzlich auch möglich, mehrere Elemente auszulesen oder zu setzen.

InputField und TextArea

Die APIs zu den beiden Widgets InputField und TextArea sind ebenfalls gleich, weshalb wir diese hier zusammenfassen. Mit diesen APIs können Sie den aktuellen Wert auslesen oder setzen oder auch den Style anpassen. Zudem können Sie prüfen, ob Ihr Widget aktiviert oder veränderbar ist und dies auch entsprechend setzen.

Slider und RangeSlider

Mit den APIs für die Widgets **Schieberegler** (API `Slider`) und **Bereichsregler** (API `RangeSlider`) haben Sie die Möglichkeit, die minimalen und maximalen

Werte auszulesen und zu setzen. Außerdem können Sie die Range oder den Wert auslesen und setzen. Zudem wird Ihnen das Event `OnChange` zur Verfügung gestellt.

Switch

Die API `Switch` für das Schalter-Widget erlaubt Ihnen zum einen, Ihren Schalter zu aktivieren und zu deaktivieren, und zum anderen auch zu prüfen, ob dieser aktiv ist. Zudem können Sie prüfen, ob der Schalter Status an oder aus ist und diesen entsprechend setzen.

FilterLine

Die API `FilterLine` zur Filterzeile bietet Ihnen die Möglichkeit, das bestehende Modell gegen ein neues Modell auszutauschen.

3.2.8 Table

Die APIs in der Typenbibliothek **Table** bietet Ihnen sehr viele verschiedene Möglichkeiten zur Anpassung von Tabellen. Eine sehr umfangreiche Methode ist die Methode zum Öffnen und Schließen des *Navigation Panels* (siehe Abbildung 3.20).

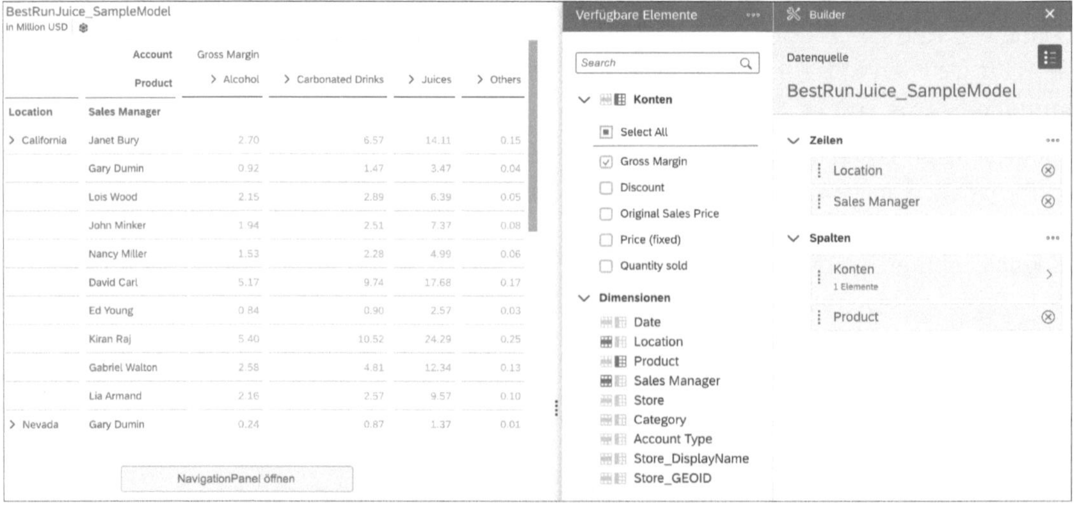

Abbildung 3.20 Navigation Panel öffnen

Dieses Panel bietet Ihnen bzw. Ihren Endanwenderinnen und Endanwendern die Möglichkeit, weitere Zeilen oder Spalten zu Ihrer Tabelle hinzuzufügen oder zu entfernen, ohne dies manuell programmieren zu müssen.

Außerdem gibt es auch Methoden, um Ihren Zeilen oder Spalten Dimensionen hinzuzufügen. Des Weiteren können Sie ebenso die Datenquelle Ihrer Tabelle auslesen und austauschen oder auch die Null-Unterdrückung prüfen und anpassen. Zudem können Sie Ihr Widget mit weiteren Methoden in einer neuen Story öffnen und das Ranking sowie die Sortierung oder das Kontextmenü anpassen. Auch stehen Ihnen die Events `onResultchanged` und `onSelect` zur Verfügung.

3.2.9 Export

Export-APIs

Für den Export stehen Ihnen verschiedene APIs in den Typenbibliotheken **Exportcsv** und **Exportpdf** zur Verfügung, um Daten aus Ihren Applikationen in verschiedenen Formaten zu exportieren.

ExportCSV und ExportExcel

Mit den APIs `ExportCSV` und `ExportExcel` können Ihre Daten in Form einer CSV- oder Excel-Datei exportiert werden. Dabei haben Sie die Möglichkeit, den Dateinamen oder auch den Scope anzupassen (nur bei CSV-Dateien), der in Ihrer Datei enthalten sein soll.

ExportPDF

Mit der API `ExportPDF` können Sie Ihre Applikation in ein PDF-Dokument exportieren. Dabei können Sie neben dem Dateinamen auch Einfluss auf Header und Footer Ihrer Datei nehmen, sowie auf die Größe der Seite. Zudem können Sie weitere Widgets oder Popups hinzufügen und den Export im Hintergrund durchführen.

3.2.10 Bookmark

Individuelle Bookmark-Logik entwickeln

Um Ihre Filtereinstellungen in Ihrer Applikation abspeichern und diese auch wieder aufrufen zu können, stehen Ihnen über die APIs der Typenbibliothek **Bookmark** verschiedenen Möglichkeiten zur Verfügung.

Die wichtigste API ist hier die API `BookmarkSet`. Mit dieser können Sie Lesezeichen in Ihrer Applikation zuweisen, löschen oder auch speichern. Zudem können Sie sich über Methoden alle Lesezeichen ausgeben lassen oder nur die Lesezeichen der Applikation freigeben. Auch das Auslesen der Version ist hierüber möglich. Außerdem können Sie prüfen, ob der aktuelle Stand der Applikation bereits im Lesezeichen abgespeichert ist oder den Dialog zum Teilen von Lesezeichen öffnen.

Dabei können Sie beispielhaft die folgenden Informationen in einem Lesezeichen speichern:

- Breite und Höhe aller Widgets
- Sichtbarkeit eines Widgets
- Dimensionen und Kennzahlen, die einem Widget hinzugefügt wurden
- ausgewählte Werte in einer Dropdown-Liste
- Höchstwerte und Mindestwerte und den aktuellen Wert eines Schiebereglers oder Bereichschiebereglers

3.3 Entwicklung einer analytischen BI-Applikation für das Reporting

In Abschnitt 3.1 und Abschnitt 3.2 haben wir Ihnen gezeigt, welche Widgets und APIs Ihnen für die Entwicklung einer Applikation in SAP Analytics Cloud zur Verfügung stehen. Mithilfe dieser Elemente möchten wir Ihnen nun zeigen, wie Sie Ihre eigene Applikation entwickeln können. Dazu stellen wir Ihnen zunächst vor, welche Fragen Sie sich vor der Entwicklung einer Applikation stellen sollten, damit Sie Ihre Applikation von Anfang an gut strukturiert aufbauen können. Natürlich können sich dennoch im Laufe der Entwicklung immer wieder Änderungen durch neue Anforderungen ergeben. Im Anschluss zeigen wir Ihnen wie Sie Ihre Applikation am besten aufbauen und nehmen Beispielapplikationen von SAP unter die Lupe.

3.3.1 Welche Fragen stelle ich mir vor der Entwicklung?

Fragestellungen vor der Entwicklung

Bevor Sie mit der Entwicklung einer neuen Applikation beginnen, sollten Sie sich Gedanken dazu machen, wie die Vision Ihrer Applikation aussehen sollte. Dadurch ersparen Sie sich unnötige Änderungen und Mehraufwände im Entwicklungsprozess.

Zunächst sollten Sie sich überlegen, wie Ihre Applikation aussehen soll. Möchten Sie eine Kopf -und Fußzeile haben, sollten diese von Anfang an miteingebaut werden, damit sich nachträglich nicht das ganze Layout Ihrer Applikation verschiebt. Zudem sollten Sie auch zwischen Ihrer Kopf- und Fußzeile einen Bereich für den Hauptbereich einbauen, damit Sie die Elemente hier besser anordnen können.

Fügen Sie z. B. eine Kopf- und Fußzeile ein, und haben Sie für den Zwischenraum keinen Bereich eingebaut, bemisst sich die Größe eines eingefügten

Widgets mit einer Höhe von 50 % an der Größe der gesamten Applikation. Verwenden Sie allerdings einen Bereich für diesen Zwischenraum, beziehen sich die 50 % auf die Größe des Bereichs.

Neben dem Aussehen soll Ihre Applikation höchstwahrscheinlich auch einige Funktionen beinhalten wie z. B. eine Filterfunktion. Auch hier sollten Sie sich frühzeitig Gedanken machen, in welcher Form Sie diese Funktion ermöglichen möchten, also z. B. über eine Filterzeile oder auch über ein `onSelect`-Event eines Buttons. Auch hierzu sollten Sie genügend Platz einplanen.

Verschiedene Endgeräte

Eine weitere wichtige Fragestellung sind die verwendeten Endgeräte, mit denen auf Ihre Applikation zugegriffen werden soll. So müssen u. a. für den Zugriff über ein Smartphone mehrere Dinge beachtet werden, da hier deutlich weniger Platz zur Verfügung steht und bestimmte Elemente ab einer gewissen Displaygröße ausgeblendet werden. Wissen Sie jedoch, dass Ihre Applikation nur auf großen Bildschirmen aufgerufen wird, können Sie den Aufwand für diese Entwicklungsarbeiten einsparen.

Zudem sollten Sie auch wie bei jedem Dashboard bereits eine Idee haben, welche Daten Sie wie darstellen möchten. Verwenden Sie viele Kennzahlen, ist es sicherlich hilfreich, hierzu einen Key-Performance-Indicator-Bereich einzubauen. Arbeiten Sie jedoch mit vielen Charts, sollte auch hierzu genügend Platz eingeplant werden.

Dies waren nur einige Beispiele an Fragestellungen und Gedanken, die Sie vor Ihrer Applikationsentwicklung bedenken sollten. Diese können selbstverständlich in Ihrem Unternehmen aufgrund von bestimmten Richtlinien anders ausschauen oder bereits geklärt sein.

3.3.2 Wie baue ich eine Applikation auf?

Aufbau einer Applikation

Schauen wir uns nun also zunächst gemeinsam an, wie die Punkte aus Abschnitt 3.3.1 praktisch umgesetzt werden können. Legen Sie zunächst, wie in Abschnitt 2.6, »Entwicklungsumgebung«, beschrieben, eine neue analytische Applikation an. Wir nehmen nun grundsätzliche Einstellungen an der Applikation vor. Dazu klicken Sie in den weißen Bereich des Grafikbereichs und öffnen im Designer den Bereich **Format**. Hier können Sie nun das Layout des Grafikbereichs ändern. Neben klassischen Einstellungen wie zu Hintergrundfarbe und Raster können Sie hier auch die Größe des Grafikbereichs einstellen (siehe Abbildung 3.21).

Abbildung 3.21 Einstellungen eines festen Grafikbereichs

Dabei haben Sie die Optionen **Dynamisch** und **Fest**:

- **Dynamisch**
  Die dynamische Option lässt sich sehr gut mit der responsiven Story vergleichen. Hier können Sie zudem entscheiden, ob das Layout des Inhalts zentriert ausgerichtet werden oder an das Gerät angepasst werden soll. Entscheiden Sie sich für die an das Gerät angepasste Version, wird Ihnen im Grafikbereich eine Geräteauswahlleiste angezeigt (siehe Abbildung 3.22).
- **Fest**
  Die Option **Fest** ist vergleichbar mit der Grafikbereichsvariante aus der Story. Hier können Sie die Größe des Grafikbereichs bestimmen und die Ausrichtung des Geräts festlegen.

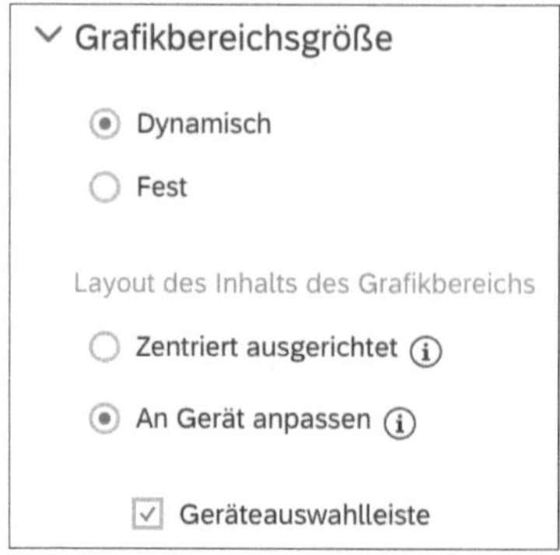

Abbildung 3.22 Einstellungen des dynamischen Grafikbereichs

In den Anwendungseinstellungen können Sie CSS-Klassen hinterlegen. Zudem kann hier der automatische Ladeindikator, der Text und die Verzögerung, mit der der Indikator angezeigt werden soll (siehe Abbildung 3.23) eingestellt werden. Wenn Sie einen PDF-Export in Ihrer Applikation verwenden möchten, können Sie hier zwischen der automatischen Option und der Option per API entscheiden.

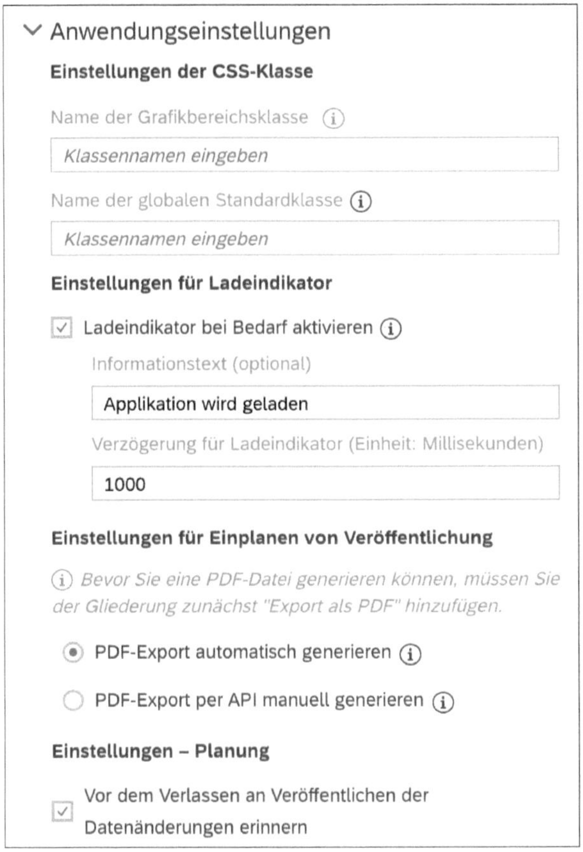

Abbildung 3.23 Anwendungseinstellungen der Applikation

Grundgerüst einer Applikation

Im zweiten Schritt bauen wir ein Grundgerüst, in dem wir unsere Bereiche definieren und diesen die gewünschte Größe zuordnen.

In unserem Beispiel haben wir einen Header, der 0 % Abstand nach oben und 95 % nach unten hält (siehe Abbildung 3.24). Nach links und rechts liegt der Abstand jeweils bei 0 %. Der Footer erstreckt sich ebenso über die komplette Breite und hat entgegengesetzt zur Kopfzeile nach oben einen Abstand von 95 %. Zwischen diesen beiden Bereichen haben wir einen Hauptbereich eingebaut, der sich über die komplette Bildschirmbreite erstreckt und nach oben und unten jeweils 5 % Abstand hält. In diesen Hauptbereich befinden sich wiederum ein Filterbereich und ein Anzeigebereich.

Der Filterbereich hat einen Abstand nach rechts von 75 % eingestellt und jeweils 5 % nach oben und unten zum Hauptbereich (nicht zur Größe der Applikation – daher rühren die verschiedenen Bereichselemente). Der Anzeigebereich nimmt die restliche Größe ein. Er hat einen Abstand nach links von 25 % und hält ansonsten keinen Abstand.

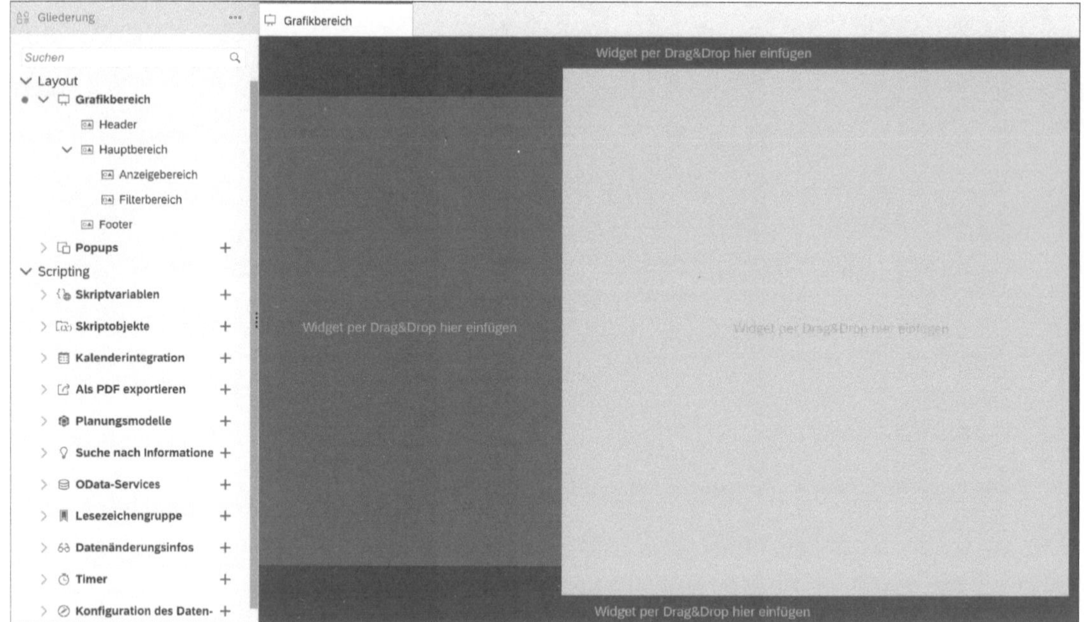

Abbildung 3.24 Beispielhaftes Grundgerüst einer Applikation

In dieses Grundgerüst können Sie nun Ihre Widgets einfügen und die verschiedenen APIs verwenden.

Um Ihnen weitere Eindrücke zu geben, wie eine Applikation aussehen kann, möchten wir nun zwei Applikationen aus dem Content-Netzwerk unter die Lupe nehmen.

Demo-Applikation »Best Run Sales«

Aufbau einer Demo-Applikation

Die erste Demo-Applikation **Best Run Sales** gibt einen Überblick über verschiedene Verkaufszahlen. Zunächst möchten wir Ihnen zeigen, wie die Applikation in der fertigen Ausführung aussieht und welche Funktionen zur Verfügung stehen, bevor wie in die technischen Details schauen.

Während des Aufrufs der Applikation wird Ihnen im Anzeigebereich der Applikation ein Ladeindikator angezeigt, der einem Bild in der Applikation entspricht. Nach dem erfolgreichen Ladevorgang landen Sie im Bereich **Overview**, und der Ladeindikator wird ausgeblendet. In diesem Bereich finden Sie mehrere Widgets, die nicht weiter gegliedert sind. Wenn Sie Ihre eigenen Applikationen entwickeln, würden wir Ihnen allerdings raten, wenn es möglich ist, immer eine Gliederung vorzunehmen.

Im oberen Teil der Applikation finden Sie ein Logo und den Namen der Applikation (siehe Abbildung 3.25). Daneben sehen Sie den selektierten Zeitraum. In dem nebenstehenden Dropdown-Feld können Sie diese Datumsselektion anpassen. Auf der rechten Seite finden Sie ein Textfeld mit dem aktuellen Anwender oder der aktuellen Anwenderin und dem aktuellen Datum. Über die Bilder auf der linken Seite habe Sie die Möglichkeit, zwischen den Bereichen **Overview** und **Analytics** zu wechseln.

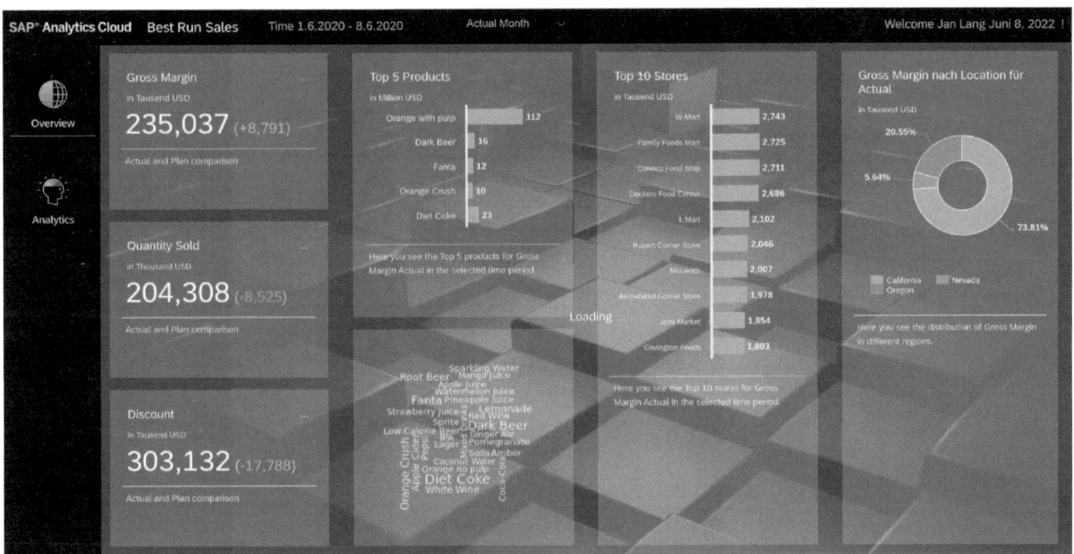

Abbildung 3.25 Best-Run-Sales-Demo-Applikation

Wenn Sie auf das Logo im Bereich **Analytics** klicken, wird Ihnen die Ansicht in Abbildung 3.26 angezeigt. Hier sehen Sie standardmäßig eine Tabelle. Über die Icon-Leiste auf der rechten Seite kann die Anzeige zu einem Chart angepasst werden. Über die Dropdown-Felder **Show**, **by**, und **as** und eine Filterleiste können Sie die angezeigten Daten anpassen. Wie Sie sehen, ist die Kopfzeile in der Analytics-Ansicht identisch mit der Ansicht im Overview.

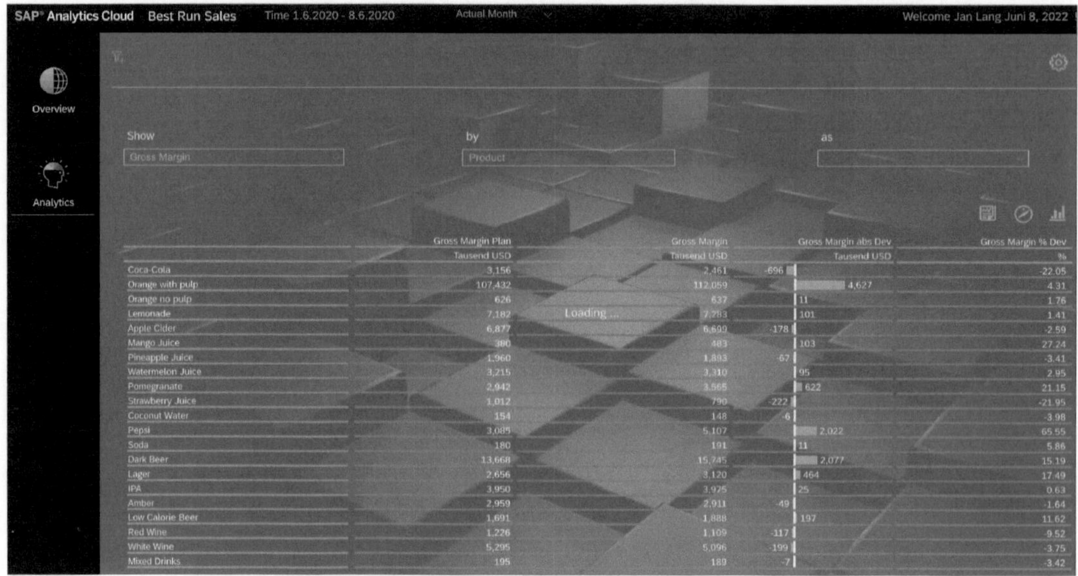

Abbildung 3.26 Analytics-Bereich der Best-Run-Sales-Demo-Applikation

Nachdem Sie die Oberfläche der fertigen Applikation gesehen haben, schauen wir uns nun an, wie die Applikation technisch aufgebaut ist. Dabei beginnen wir mit dem `onInitialization`-Event. Darin ist ein Konsolenlog eingebaut, das den Beginn und das Ende dieses Events protokolliert. Dazwischen werden u. a. die Kennzahlen für die Charts gesetzt. Dies wird über verschiedene Skriptobjekte gelöst, damit diese an einer zentralen Stelle modifiziert werden können. Nachdem diese Skriptobjekte durchlaufen worden sind, wird der Ladebildschirm ausgeblendet und über ein weiteres Skriptobjekt der Bereich **Overview** eingeblendet (siehe Listing 3.4).

onInitialization-Event

```
console.log("onInitialization - begin");

// set Measure for Chart
Util_Layout.setMeasures();
// set Chart or Table visible
A_DropDown_Dimensions.setSelectedKey(CurrentDimension);
// set Hierachy
Util_Layout.setHierarchies();
// set Time
Util_Layout.setTime();
// set URL for SmartDiscoverx
A_CurrentSelection.applyText(' ');
```

```
Loading.setVisible(false);
Util_Layout.showOverview();
console.log('onInitialization - end');
```

Listing 3.4 Code des onInitialization-Events

Beispielhaft für die verschiedenen verwendeten Skriptmethoden, die in diesem Event verwendet werden, schauen wir uns die Skriptfunktionen `Util_Layout.setMeasures` und `Util_Layout.showOverview` an. Beginnen wir mit dem `setMeasures`-Objekt.

Einstellungen für das Popup

Hierbei geht es vor allem um die Seite **Analytics**. Über das Objekt wird jeweils für das Chart und die Tabelle ausgelesen, welche Kennzahl in der Kontrollkästchengruppe oder in dem Optionsfeld ausgewählt wurde, die in einem Popup eingebaut wurden. Das entsprechende Popup wird mit einem Klick auf das Zahnrad-Icon () aufgerufen. Der Code im `onClick`-Event lautet:

```
Popup_Settings.open();
```

Die ausgewählten Kennzahlen werden in Variablen geschrieben und im Anschluss im Chart und in der Tabelle gesetzt bzw. entfernt. Dabei werden diese auch im Konsolenlog geloggt. Diese Skriptfunktionen sind unter dem Skriptobjekt `Util_Layout` mit dem Rückgabetyp `void` angelegt worden (siehe Abbildung 3.27).

Abbildung 3.27 Skriptfunktion setMeasures

Im Codebeispiel in Listing 3.5 werden neben temporären Variablen für dieses Event auch andere Daten in den Skriptvariablen zur Verfügung gestellt. Diese können mit Standardwerten belegt und über Events und Methoden innerhalb der Applikation überschrieben werden (siehe Abbildung 3.28).

```
// set Measure for Chart
var ChartMeasure = RadioButtonGroup_Measure_
Selection.getSelectedKey();
var ChartFilter = '[Account_BestRunJ_sold].[parentId].&[';
ChartFilter =
ChartFilter.concat(CurrentMeasureGroup.concat(ChartMeasure));
ChartFilter = ChartFilter.concat(']');
Popup_Table_Details_Chart_Measure.removeMeasure(ChartMeasureFilter,
Feed.ValueAxis);
Popup_Table_Details_Chart_Measure.addMeasure(ChartFilter,
Feed.ValueAxis);
ChartTableDetailsMeasureFilter = ChartFilter;
A_Chart.removeMeasure(ChartMeasureFilter, Feed.ValueAxis);
A_Chart.addMeasure(ChartFilter, Feed.ValueAxis);
ChartMeasureFilter = ChartFilter;
console.log("Chart Measure Filter: ");
console.log(ChartMeasureFilter);
// set Measures for Table
var TableMeasures = CheckboxGroup_Measure_
Selection.getSelectedKeys();
var TableFilter_Pattern_1 = "[Account_BestRunJ_sold].[parentId].&[";
var TableFilter_Pattern_2 = "]";
var TableFilter = ArrayUtils.create(Type.string);
for (var i=0; i<TableMeasures.length; i++){
     TableFilter.push(TableFilter_Pattern_1 + CurrentMeasureGroup +
TableMeasures[i] + TableFilter_Pattern_2);
}
A_Table.getDataSource().removeDimensionFilter("Account_BestRunJ_
sold");
A_Table.getDataSource().setDimensionFilter("Account_BestRunJ_sold",
TableFilter);
TableMeasureFilter = TableFilter;
console.log("Table Measure Filter: ");
console.log(TableMeasureFilter);
```

Listing 3.5 Code der setMeasures-Funktion

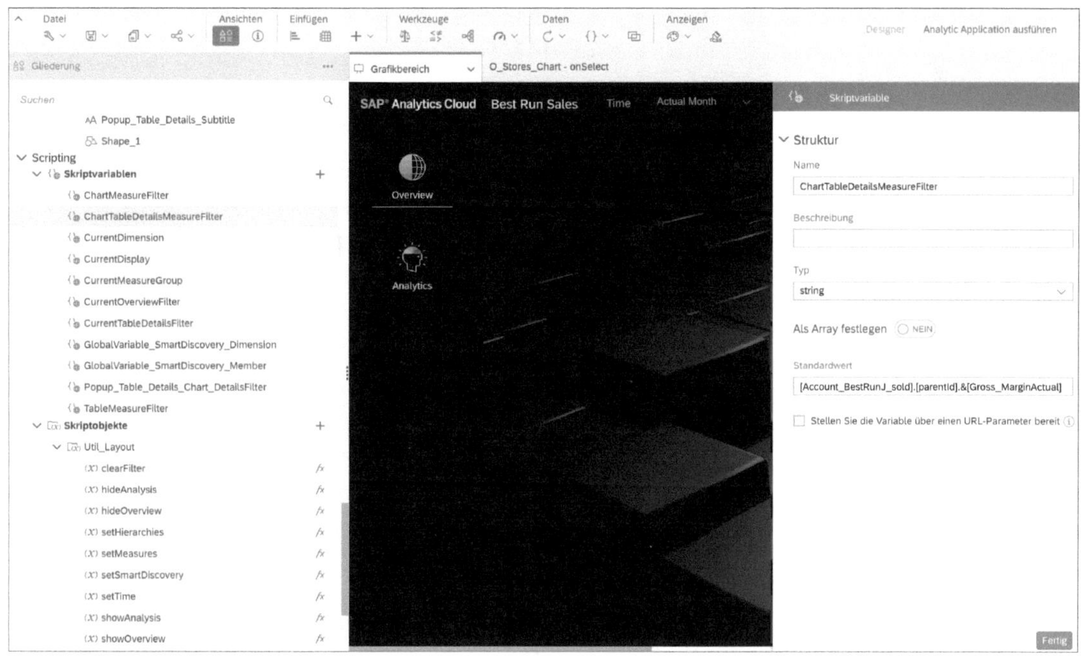

Abbildung 3.28 Die Skriptvariable ChartTableDetailsMeasureFilter

Bereiche ein- und ausblenden

Als Nächstes sehen wir uns die Funktion `showOverview` an. Die Funktion sorgt dafür, dass alle Objekte ausgeblendet werden, die nicht zum Bereich **Overview** gehören, und blendet im Gegenzug alle dazugehörigen Objekte ein. In der Funktion wurde ebenso ein Pardon für den Bereich Analytics angelegt. Diese Skriptobjekte wurden hierbei jeweils auf das `onClick`-Event des jeweiligen Icons gelegt (siehe Listing 3.6).

```
H_Menu_Overview.setVisible(false);
H_Menu_Overview_Clicked.setVisible(true);

O_Discount_Bg.setVisible(true);
O_Discount_Chart.setVisible(true);
O_Discount_Details.setVisible(true);
O_Discount_Text.setVisible(true);

O_GrossMargin_Bg.setVisible(true);
O_GrossMargin_Chart.setVisible(true);
O_GrossMargin_Details.setVisible(true);
O_GrossMargin_Text.setVisible(true);

O_Location_Bg.setVisible(true);
O_Location_Chart.setVisible(true);
```

```
O_Location_Text.setVisible(true);
O_Location_Border.setVisible(true);

O_Product_Bg.setVisible(true);
O_Product_Chart.setVisible(true);
O_Product_Text.setVisible(true);

O_Product_Cloud_Bg.setVisible(true);
O_Product_Cloud_RVis.setVisible(true);

O_Quantity_Bg.setVisible(true);
O_Quantity_Chart.setVisible(true);
O_Quantity_Details.setVisible(true);
O_Quantity_Text.setVisible(true);

O_Stores_Bg.setVisible(true);
O_Stores_Chart.setVisible(true);
O_Stores_Text.setVisible(true);
```

Listing 3.6 Code für die Funktion ShowOverview

Linked Analysis

Außerdem sind auch die onSelect-Events der einzelnen Charts mit Code hinterlegt wie z. B. das Chart O_Stores_Chart. Hierbei wird der selektierte Wert oder die selektierten Werte in einer Variable gespeichert. Diese Variable wird als Filter an die anderen Charts auf dieser Seite weitergegeben. Dadurch haben der Anwender und die Anwenderin die Möglichkeit, alle anderen Charts z. B. nach der Location Oregon zu filtern, indem er oder sie diese Location innerhalb der Charts auswählt. Den Code für das Event onSelect sehen Sie in Listing 3.7.

```
var sel = O_Stores_Chart.getSelections();
console.log( ['Chart Selection: ', sel, CurrentOverviewFilter ]);
if (sel.length > 0) {
    var selection = sel[0];
    for (var dimensionId in selection) {
        if (dimensionId === "Store_3z2g5g06m4") {
            var memberId = selection[dimensionId];
            console.log( ['Chart Selection Dimension: ', dimensionId]);
            console.log( ['Chart Selection Member: ', memberId]);

if (CurrentOverviewFilter !== '') {
    console.log( ['Chart Selection: ', "Clear Filter",
CurrentOverviewFilter ]);
```

```
O_GrossMargin_Chart.getDataSource().removeDimensionFilter(
CurrentOverviewFilter);

O_Discount_Chart.getDataSource().removeDimensionFilter(
CurrentOverviewFilter);

O_Quantity_Chart.getDataSource().removeDimensionFilter(
CurrentOverviewFilter);

Chart_Discount_Details.getDataSource().removeDimensionFilter(
CurrentOverviewFilter);

Chart_Gross_Margin_Details.getDataSource().removeDimensionFilter(
CurrentOverviewFilter);

Chart_Quantity_Sold_Details.getDataSource().removeDimensionFilter(
CurrentOverviewFilter);
CurrentOverviewFilter = '';
}

CurrentOverviewFilter = "Store_3z2g5g06m4";

O_GrossMargin_Chart.getDataSource().setDimensionFilter(
dimensionId, memberId);

O_Discount_Chart.getDataSource().setDimensionFilter(
dimensionId, memberId);

O_Quantity_Chart.getDataSource().setDimensionFilter(
dimensionId, memberId);

Chart_Discount_Details.getDataSource().setDimensionFilter(
dimensionId, memberId);

Chart_Gross_Margin_Details.getDataSource().setDimensionFilter(
dimensionId, memberId);

Chart_Quantity_Sold_Details.getDataSource().setDimensionFilter(
dimensionId, memberId);
        }
    }
}
```

Listing 3.7 onSelect eines Charts

Zusätzlich wurden in dieser Applikation verschiedene Popups angelegt. In diesen wurden nicht die Standard-Kopf- und Fußzeile verwendet, sondern diese wurden stattdessen über Textfelder und Buttons selbst erstellt. Die Popups beinhalten größtenteils ein Chart und einen Button, der das Popup wieder schließt.

Popup für die Einstellungen

Lediglich das Popup für die Einstellungen ist etwas aufwendiger aufgebaut. Diese Komplexität ist nicht auf den ersten Blick zu sehen. Das Popup beinhaltet, abhängig davon, ob aktuell das Chart oder die Tabelle in der Applikation angezeigt wird, entweder ein Optionsfeld oder eine Kontrollkästchengruppe. Hier können Werte selektiert werden. Klickt der Anwender oder die Anwenderin nun auf den Button **Cancel**, wird das Popup geschlossen, und nichts ändert sich. Wird jedoch der Button **OK** gewählt, werden die gewählten Selektionen ausgelesen und im Chart bzw. in der Tabelle gesetzt.

Hier wäre es sicherlich eine gute Überlegung, den Code in eine Skriptfunktion auszulagern und nach dieser das Popup zu schließen. Im Beispiel ist dazu jedoch keine Skriptfunktion hinterlegt, sondern der Code in Listing 3.8:

```
// set Measure for Chart
var ChartMeasure = RadioButtonGroup_Measure_
Selection.getSelectedKey();
var ChartFilter = '[Account_BestRunJ_sold].[parentId].&[';
ChartFilter =
ChartFilter.concat(CurrentMeasureGroup.concat(ChartMeasure));
ChartFilter = ChartFilter.concat(']');

A_Chart.removeMeasure(ChartMeasureFilter, Feed.ValueAxis);
A_Chart.addMeasure(ChartFilter, Feed.ValueAxis);

// set new Measure for Popup_Chart_Details_Chart_Details
Popup_Chart_Details_Chart_Details.removeMeasure(ChartMeasureFilter,
Feed.ValueAxis);
Popup_Chart_Details_Chart_Details.addMeasure(ChartFilter,
Feed.ValueAxis);

ChartMeasureFilter = ChartFilter;
console.log(["Chart Measure Filter: ", ChartMeasureFilter]);

// set Measures for Table
var TableMeasures = CheckboxGroup_Measure_
Selection.getSelectedKeys();
var TableFilter_Pattern_1 = "[Account_BestRunJ_sold].[parentId].&[";
var TableFilter_Pattern_2 = "]";
```

```
var TableFilter = ArrayUtils.create(Type.string);

for (var i=0; i<TableMeasures.length; i++){
     TableFilter.push(TableFilter_Pattern_1 + CurrentMeasureGroup +
TableMeasures[i] + TableFilter_Pattern_2);
}
A_Table.getDataSource().removeDimensionFilter("Account_BestRunJ_
sold");
A_Table.getDataSource().setDimensionFilter("Account_BestRunJ_sold",
TableFilter);

// Smart Discovery
// Table_SmartDiscoveryReference.getDataSource().
//   removeDimensionFilter("Account_BestRunJ_sold");
// Table_SmartDiscoveryReference.getDataSource().
//   setDimensionFilter("Account_BestRunJ_sold", TableFilter);
TableMeasureFilter = TableFilter;
console.log(["Table Measure Filter: ", TableMeasureFilter]);
Popup_Settings.close();
```

Listing 3.8 Einstellungs-Popups schließen

Demo-Applikation »Reporting Dashboard«

SAP-Fiori-Optik

Die nächste Applikation aus dem Content-Netzwerk, die wir Ihnen vorstellen, ist das Reporting Dashboard. Diese Applikation orientiert sich an den neuen SAP-Fiori-Designrichtlinien von SAP.

[«]

> **Mit Vorurteilen aufräumen**
>
> Seit jeher gibt es das Vorurteil, dass SAP-Applikationen umständlich in der Bedienung sind und dazu auch nicht besonders ansprechend aussehen. Mit *SAP Fiori* möchte SAP diesem Vorurteil entgegenwirken. SAP Fiori ist zeitgleich die Richtlinie, wie SAP die User Experience gestalten möchte, und der Name der neuen SAP-Benutzeroberfläche.

Die Demo-Applikation besitzt einen Kopfbereich, in dem Sie ein Logo sowie den Namen der Applikation auf der linken Seite finden. Auf der rechten Seite sind ein Such-Icon (🔍), ein Bild und ein weiteres Textfeld zu sehen (siehe Abbildung 3.29). Unter diesem Kopfbereich befindet sich ein Register mit drei verschiedenen Registerkarten. Hier fällt vor allem die Registerkarte **Home** auf. Diese kann der Anwender oder die Anwenderin individuell mit Kacheln aus den anderen beiden Registerkarten modifizieren. Auf den anderen beiden Registerkarten befinden sich jeweils verschiedene Charts. Schauen wir uns daher zunächst den Kopfbereich und die Registerkarte **Home** etwas genauer an.

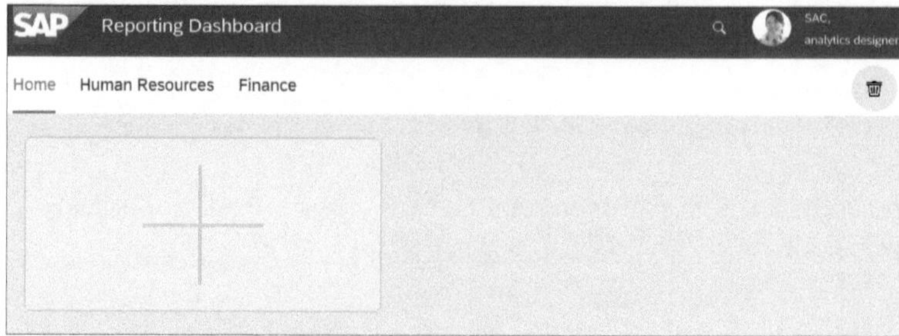

Abbildung 3.29 Home-Bereich der Applikation

Fangen wir auch hier mit dem Event `onInitialization` an. In diesem Event wird zunächst geprüft, ob der Anwender oder die Anwenderin Kacheln (engl. Tiles) in seinem oder ihrem persönlichen Home-Bildschirm gespeichert hat. Diese werden in Lesezeichen abgespeichert. Dafür ist im Bereich **Gliederung** eine entsprechende Lesezeichengruppe angelegt worden (siehe Abbildung 3.30).

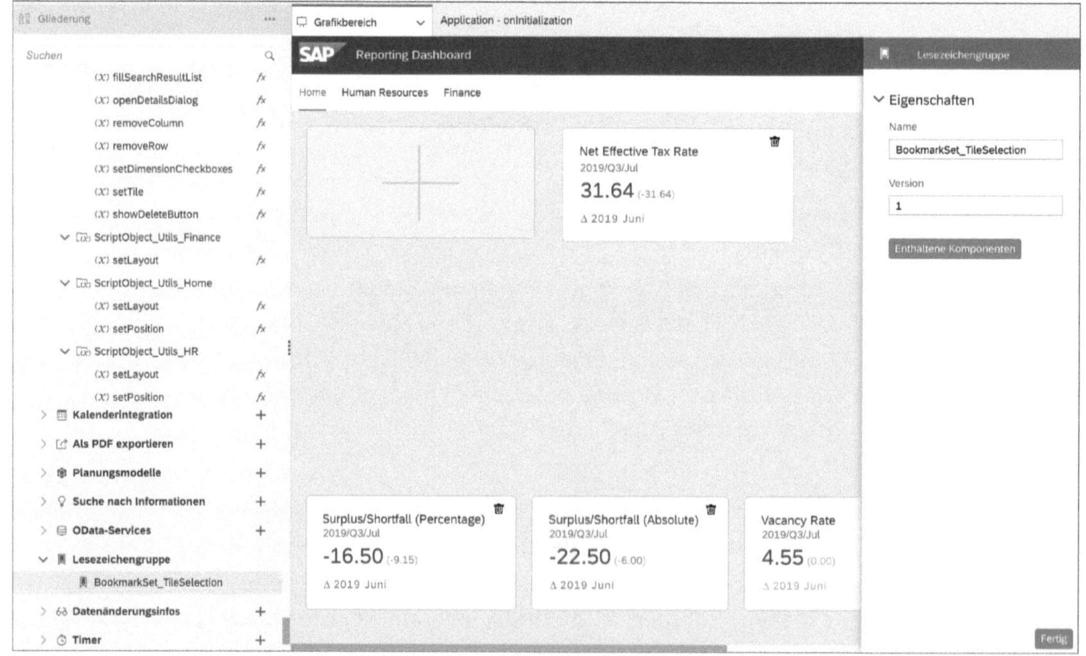

Abbildung 3.30 Lesezeichengruppe in der Applikation

Zunächst wird geprüft, ob Lesezeichen vorhanden sind, und im Anschluss werden verschiedene Skriptelemente durchlaufen (siehe Listing 3.9).

```
// is not bookmark, check for bookmark
debugger;

if (isBookmark === 0) {
     var bookmarks = BookmarkSet_TileSelection.getAll();
     if (bookmarks.length > 0) {
          var bookmark = bookmarks[0];
          BookmarkSet_TileSelection.apply(bookmark);
     }
}

ScriptObject_Utils.defineTiles();
ScriptObject_Utils.fillAddTileList();
ScriptObject_Utils.fillSearchResultList();
ScriptObject_Utils_Home.setLayout();
ScriptObject_Utils_HR.setLayout();
ScriptObject_Utils_Finance.setLayout();
```

Listing 3.9 Bookmarks öffnen

Bildschirmgröße prüfen

Dabei ist besonders das Skriptobjekt `ScriptObject_Utils_Finance.setLayout()`spannend. Dieses prüft die Größe des Bildschirms, über den die Applikation aufgerufen wird, und passt entsprechend die Größe der Widgets an. Über ein weiteres Skriptobjekt wird die Position der jeweiligen Kachel bestimmt (siehe Listing 3.10).

```
var screenWidth = Application.getInnerWidth().value;
console.log(["setLayout HR : ", screenWidth]);

// 1 column
if (screenWidth <= 570) {
     Tile_Employees.getLayout().setTop(20);
     Tile_Employees.getLayout().setLeft(20);
     Tile_Employees.getLayout().setHeight(150);
     Tile_Entries.getLayout().setHeight(150);
     Tile_Seperations.getLayout().setHeight(150);

     ScriptObject_Utils_Home.setPosition(screenWidth, Tile_Employees,
Tile_Entries, 150, 300, 20);
     ScriptObject_Utils_Home.setPosition(screenWidth, Tile_Entries,
Tile_Seperations, 150, 300, 20);
```

```
    ScriptObject_Utils_Home.setPosition(screenWidth, Tile_
Seperations, Tile_Sickness, 150, 300, 20);
    ScriptObject_Utils_Home.setPosition(screenWidth, Tile_Sickness,
Tile_Average, 150, 300, 20);
    ScriptObject_Utils_Home.setPosition(screenWidth, Tile_Average,
Tile_Overtime, 150, 300, 20);
    ScriptObject_Utils_Home.setPosition(screenWidth, Tile_Overtime,
Tile_Surplus_Percent, 150, 300, 20);
    ScriptObject_Utils_Home.setPosition(screenWidth, Tile_Surplus_
Percent, Tile_Surplus_Absolute, 150, 300, 20);
    ScriptObject_Utils_Home.setPosition(screenWidth, Tile_Surplus_
Absolute, Tile_Vacancy, 150, 300, 20);
    ScriptObject_Utils_Home.setPosition(screenWidth, Tile_Vacancy,
Tile_Quota, 150, 300, 20);

// 2 column
} else if (screenWidth <= 812) {
    Tile_Employees.getLayout().setTop(20);
    Tile_Employees.getLayout().setLeft(20);
    Tile_Employees.getLayout().setHeight(490);

    Tile_Entries.getLayout().setTop(20);
    Tile_Entries.getLayout().setLeft(340);
    Tile_Entries.getLayout().setHeight(490);

    Tile_Seperations.getLayout().setTop(530);
    Tile_Seperations.getLayout().setLeft(20);
    Tile_Seperations.getLayout().setHeight(490);

    Tile_Sickness.getLayout().setTop(530);
    Tile_Sickness.getLayout().setLeft(340);

    Tile_Average.getLayout().setTop(700);
    Tile_Average.getLayout().setLeft(340);

    Tile_Overtime.getLayout().setTop(870);
    Tile_Overtime.getLayout().setLeft(340);

    ScriptObject_Utils_HR.setPosition(screenWidth, Tile_Overtime,
Tile_Surplus_Percent, 150, 300, 20, 340);
    ScriptObject_Utils_HR.setPosition(screenWidth, Tile_Surplus_
Percent, Tile_Surplus_Absolute, 150, 300, 20, 340);
    ScriptObject_Utils_HR.setPosition(screenWidth, Tile_Surplus_
```

```
Absolute, Tile_Vacancy, 150, 300, 20, 340);
     ScriptObject_Utils_HR.setPosition(screenWidth, Tile_Vacancy,
Tile_Quota, 150, 300, 20, 340);


} else {
     Tile_Employees.getLayout().setTop(20);
     Tile_Employees.getLayout().setLeft(20);
     Tile_Employees.getLayout().setHeight(490);

     Tile_Entries.getLayout().setTop(20);
     Tile_Entries.getLayout().setLeft(340);
     Tile_Entries.getLayout().setHeight(490);

     Tile_Seperations.getLayout().setTop(20);
     Tile_Seperations.getLayout().setLeft(660);
     Tile_Seperations.getLayout().setHeight(490);

     Tile_Sickness.getLayout().setTop(20);
     Tile_Sickness.getLayout().setLeft(980);

     ScriptObject_Utils_HR.setPosition(screenWidth, Tile_Sickness,
Tile_Average, 150, 300, 20, 980);
     ScriptObject_Utils_HR.setPosition(screenWidth, Tile_Average,
Tile_Overtime, 150, 300, 20, 980);
     ScriptObject_Utils_HR.setPosition(screenWidth, Tile_Overtime,
Tile_Surplus_Percent, 150, 300, 20, 980);
     ScriptObject_Utils_HR.setPosition(screenWidth, Tile_Surplus_
Percent, Tile_Surplus_Absolute, 150, 300, 20, 980);
     ScriptObject_Utils_HR.setPosition(screenWidth, Tile_Surplus_
Absolute, Tile_Vacancy, 150, 300, 20, 980);
     ScriptObject_Utils_HR.setPosition(screenWidth, Tile_Vacancy,
Tile_Quota, 150, 300, 20, 980);
}
```

Listing 3.10 Layouts an die Bildschirmgröße anpassen

Nach dem Ladevorgang der Applikation sehen Sie nun die Kopfzeile und den Startbereich.

Suchen in einer Applikation durchführen

In der Kopfzeile schauen wir uns nun das Such-Icon etwas genauer an. Mit einem Klick auf dieses öffnet sich ein Popup (siehe Abbildung 3.31). In diesem befindet sich ein Eingabefeld, über das Sie einen Suchbegriff eingeben können, und das Lupen-Icon, über das Sie die Suche starten können. Darunter befindet sich eine Kontrollkästchengruppe, mit der eine Kachel ausgewählt werden kann.

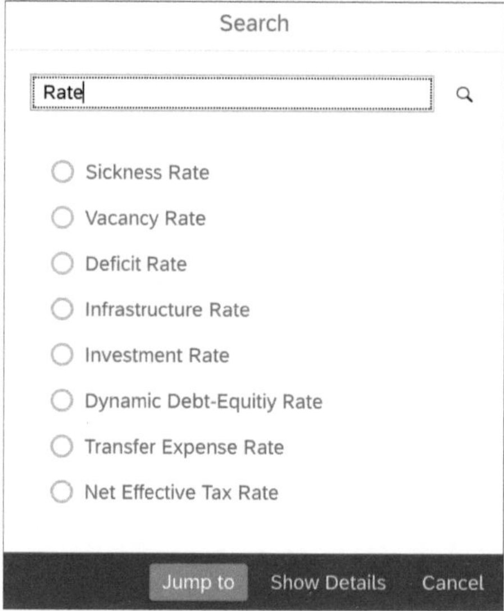

Abbildung 3.31 Popup für die Suche nach einer Kachel

Den Code zur Abbildung der Suchlogik sehen Sie in Listing 3.11.

```
var treffer = false;
var anzahl_treffer = 0;

var suchstring = "";
suchstring = Popup_Search_Tile_Input.getValue();
Popup_Search_Tile_Result.setVisible(false);

// etwas besseres Handling der Groß- und Kleinschreibung
var abc = [["a","A"],["b","B"],["c","C"],["d","D"],["e","E"],[
"f","F"],["g","G"],["h","H"],["i","I"],["j","J"],["k","K"],[
"l","L"],["m","M"],["n","N"],["o","O"],["p","P"],["q","Q"],[
"r","R"],["s","S"],["t","T"],["u","U"],["v","V"],["w","W"],[
"x","X"],["y","Y"],["z","Z"]];
var buchstabe_gross = "";
var buchstabe_klein = "";
var suchstring_anfang_gross = ""; //
var suchstring_anfang_klein = ""; //

// Such den Großbuchstabe am Anfang.
for (var i = 0; i < abc.length; i++) {
    var buchstabe = abc[i];
```

```
    buchstabe_gross = buchstabe[1];
    buchstabe_klein = buchstabe[0];

    if (suchstring.substring(0,1) === buchstabe_gross) {
         suchstring_anfang_gross =.
suchstring.replace(suchstring.substring(0,1), buchstabe_gross);
         suchstring_anfang_klein =
suchstring.replace(suchstring.substring(0,1), buchstabe_klein);
    } else if (suchstring.substring(0,1) === buchstabe_klein){
         suchstring_anfang_gross =
suchstring.replace(suchstring.substring(0,1), buchstabe_gross);
         suchstring_anfang_klein =
suchstring.replace(suchstring.substring(0,1), buchstabe_klein);
    }
};

console.log(["suchstring_anfang_gross",suchstring_anfang_gross,
"suchstring_anfang_klein",suchstring_anfang_klein]);

// Initial alle Items entfernen.
Popup_Search_Tile_Result.removeAllItems();
for (i = 0; i < G_Search_Tiles.length; i++) {
    var tile = G_Search_Tiles[i].split(";");
    var tileKey = tile[0];
    var tileDesc = tile[1];
    if (tileDesc.indexOf(suchstring) >= 0 ||
tileDesc.indexOf(suchstring_anfang_gross) >= 0 ||
tileDesc.indexOf(suchstring_anfang_klein) >= 0){

// Beim ersten Treffer die Listbox einblenden und einen
// Dummy-Eintrag erzeugen.
    if (treffer === false){
         treffer = true;
         Popup_Search_Tile_Result.setVisible(true);
    }
    Popup_Search_Tile_Result.addItem(tileKey, tileDesc);
// Anzahl Treffer merken.
    anzahl_treffer = anzahl_treffer + 1;
    }
};
```

Listing 3.11 Suchlogik abbilden

In der Fußzeile des Popups kann nun entschieden werden, ob über den Button **Jump to** zu dieser Kachel abgesprungen werden oder ob das Detail-Popup zu dieser Kachel aufgerufen werden soll (Button **Show Details**).

Kacheln hinzufügen In der Registerkarte **Home** ist zu Beginn nur eine Kachel mit einem großen Plus zu sehen. Über diese Kachel können Sie neue Kacheln aus den anderen beiden Registerkarten hinzufügen. Für die Auswahl der Kachel wird hier ebenfalls ein Popup geöffnet (siehe Abbildung 3.32), in dem sich eine Kontrollkästchengruppe befindet, über die Sie die gewünschte Kachel auswählen können. Mit einem Klick auf **OK** werden die Kacheln Ihrem Home-Bereich hinzugefügt und zudem in einem Lesezeichen abgespeichert.

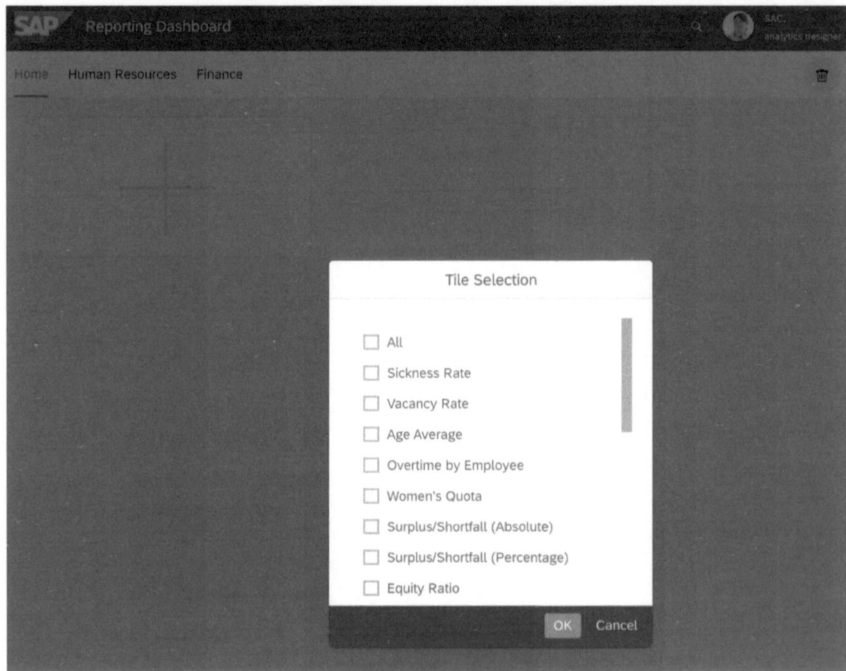

Abbildung 3.32 Neue Kachel hinzufügen

Dieser Vorgang wird, wie in Listing 3.12 zu sehen, abgebildet.

```
if (buttonId === "Btn_OK") {

var selections = Popup_Add_Tile_List.getSelectedKeys();

if (selections[0] === "ALL") {
     selections = G_All_Tiles;
     G_All_Tiles = EmptyArray;
}
```

```
    for (var i = 0; i < selections.length; i++) {
        var sel = selections[i];
        var j = Number.parseInt(G_All_
Tiles.indexOf(sel).toFixed())+1;
        console.log(["Indexof ", sel, j]);
        G_All_Tiles = G_All_Tiles.slice(j);

        switch (sel) {
        case "T01":
        ScriptObject_Utils.setTile(O_Tile_Sickness, Add_Tile);
        Popup_Add_Tile_List.removeItem(sel);
        break;
        case "T02":
        ScriptObject_Utils.setTile(O_Tile_Vacancy, Add_Tile);
        Popup_Add_Tile_List.removeItem(sel);
        break;
        case "T03":
        ScriptObject_Utils.setTile(O_Tile_Average, Add_Tile);
        Popup_Add_Tile_List.removeItem(sel);
        break;
        case "T04":
        ScriptObject_Utils.setTile(O_Tile_Overtime, Add_Tile);
        Popup_Add_Tile_List.removeItem(sel);
        break;
        case "T05":
        ScriptObject_Utils.setTile(O_Tile_Quota, Add_Tile);
        Popup_Add_Tile_List.removeItem(sel);
        break;
        case "T06":
        ScriptObject_Utils.setTile(O_Tile_SurplusAbsolute, Add_
Tile);
        Popup_Add_Tile_List.removeItem(sel);
        break;
        case "T07":
        ScriptObject_Utils.setTile(O_Tile_SurplusPercent, Add_
Tile);
        Popup_Add_Tile_List.removeItem(sel);
        break;
        case "T08":
        ScriptObject_Utils.setTile(O_Tile_Equity_Ratio, Add_Tile);
        Popup_Add_Tile_List.removeItem(sel);
        break;
        case "T09":
```

```
        ScriptObject_Utils.setTile(O_Tile_Expense, Add_Tile);
        Popup_Add_Tile_List.removeItem(sel);
        break;
        case "T10":
        ScriptObject_Utils.setTile(O_Tile_Expense_2, Add_Tile);
        Popup_Add_Tile_List.removeItem(sel);
        break;
        case "T11":
        ScriptObject_Utils.setTile(O_Tile_Deficit_Rate, Add_Tile);
        Popup_Add_Tile_List.removeItem(sel);
        break;
        case "T12":
        ScriptObject_Utils.setTile(O_Tile_Infrastructure_Rate, Add_
Tile);
        Popup_Add_Tile_List.removeItem(sel);
        break;
        case "T13":
        ScriptObject_Utils.setTile(O_Tile_Depreciation_Rate, Add_
Tile);
        Popup_Add_Tile_List.removeItem(sel);
        break;
        case "T14":
        ScriptObject_Utils.setTile(O_Tile_ThirdParty, Add_Tile);
        Popup_Add_Tile_List.removeItem(sel);
        break;
        case "T15":
        ScriptObject_Utils.setTile(O_Tile_Investment, Add_Tile);
        Popup_Add_Tile_List.removeItem(sel);
        break;
        case "T16":
        ScriptObject_Utils.setTile(O_Tile_Asset_Coverage, Add_
Tile);
        Popup_Add_Tile_List.removeItem(sel);
        break;
        case "T17":
        ScriptObject_Utils.setTile(O_Tile_Dynamic_Debt, Add_Tile);
        Popup_Add_Tile_List.removeItem(sel);
        break;
        case "T18":
        ScriptObject_Utils.setTile(O_Tile_Liquidity, Add_Tile);
        Popup_Add_Tile_List.removeItem(sel);
        break;
        case "T19":
```

```
            ScriptObject_Utils.setTile(O_Tile_Current_Lia, Add_Tile);
            Popup_Add_Tile_List.removeItem(sel);
            break;
            case "T20":
            ScriptObject_Utils.setTile(O_Tile_Interest, Add_Tile);
            Popup_Add_Tile_List.removeItem(sel);
            break;
            case "T21":
            ScriptObject_Utils.setTile(O_Tile_Labor, Add_Tile);
            Popup_Add_Tile_List.removeItem(sel);
            break;
            case "T22":
            ScriptObject_Utils.setTile(O_Tile_Material, Add_Tile);
            Popup_Add_Tile_List.removeItem(sel);
            break;
            case "T23":
            ScriptObject_Utils.setTile(O_Tile_Transfer, Add_Tile);
            Popup_Add_Tile_List.removeItem(sel);
            break;
            case "T24":
            ScriptObject_Utils.setTile(O_Tile_Net, Add_Tile);
            Popup_Add_Tile_List.removeItem(sel);
            break;
        }
         if (G_Tile_Selection === "") {
            G_Tile_Selection = sel;
            } else {
            G_Tile_Selection = G_Tile_Selection + ":" + sel;
            }
        console.log(["newTile" , sel, "G_Tile_Selection", G_Tile_
Selection]);
        }
}
console.log(["G_All_Tiles", G_All_Tiles]);

Popup_Add_Tile.close();
isBookmark = 1;
BookmarkSet_TileSelection.save("Reporting_Dashboard", false, true);
```

Listing 3.12 Kacheln hinzufügen

Nachdem wir den Kopfbereich und die Registerkarte **Home** im Detail betrachtet haben, werfen wir einen Blick auf die beiden übrigen Registerkarten der Applikation: **Human Resources** und **Finances** (siehe Abbildung 3.33).

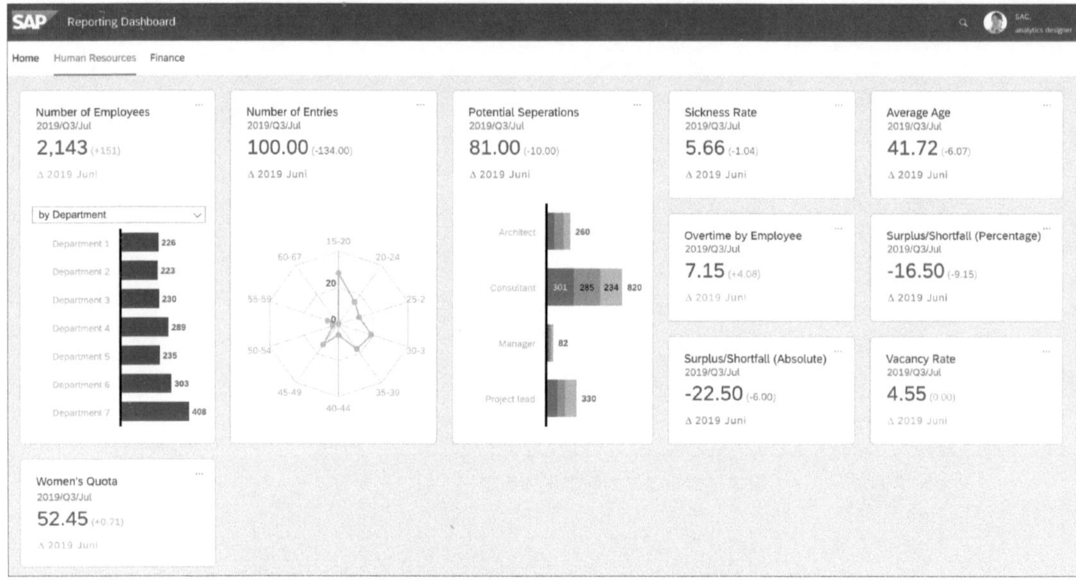

Abbildung 3.33 Weitere Registerkarten der Applikation

In diesen beiden Registerkarten finden Sie verschiedene Kacheln, die jeweils Informationen zu verschiedenen Kennzahlen beinhalten. Teilweise sind diese auch mit zusätzlichen Charts untermauert. In der Kachel zur Anzahl der Mitarbeitenden haben Sie zudem die Möglichkeit, die Aufteilung über ein Dropdown-Feld anzupassen und diese nach einer anderen Dimension aufzugliedern. Dabei wird auf dem `onSelect`-Event die aktuelle Kennzahl entfernt, der im Dropdown-Feld gewählte Wert ausgelesen und im Anschluss im Chart auf der entsprechenden Achse hinzugefügt (siehe Listing 3.13).

```
Tile_Employees_Chart_Details.removeDimension(G_Tile_Nr_Employee_
CurrentDim,Feed.CategoryAxis);
G_Tile_Nr_Employee_CurrentDim = this.getSelectedKey();
Tile_Employees_Chart_Details.addDimension(G_Tile_Nr_Employee_
CurrentDim,Feed.CategoryAxis);
```

Listing 3.13 Kennzahl entfernen und durch eine Auswahl aus dem Dropdown-Fenster ersetzen

Die Werte des Dropdown-Feldes wurden dabei bereits in der Entwicklung der Applikation fest vergeben und nicht aus der Datenquelle ausgelesen (siehe Abbildung 3.34).

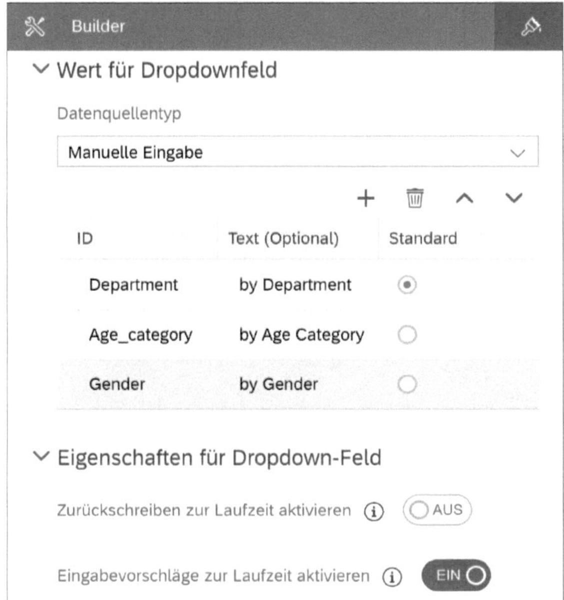

Abbildung 3.34 Wertevergabe im Dropdown-Feld

Über die drei Punkte in der rechten oberen Ecke jeder Kachel haben Sie zudem die Möglichkeit, ein Popup aufzurufen. Dabei wird der Code, den Sie in Listing 3.14 sehen, ausgeführt.

```
console.log("Button OnClick");

G_DetailsFor = "Entries";
ScriptObject_Utils.openDetailsDialog(Popup_Details_Table_
Entries,"Number of Entries","[Key_70511202r1].[parentId].&[1002]");
```

Listing 3.14 Detail-Popups öffnen

Dynamisches Aufrufen von Popups

In diesem `onClick`-Event wird nicht direkt das Popup aufgerufen, sondern ein Skriptobjekt. In diesem werden die entsprechenden Parameter für die Kachel gesetzt und im Anschluss das Popup geöffnet (siehe Abbildung 3.35). Dies ist vor allem hilfreich, wenn Sie über mehrere Stellen dasselbe Popup mit jeweils verschiedenen Zahlen aufrufen möchten (siehe Listing 3.15). So müssen Sie nur ein Popup und nicht für jede Kennzahl ein eigenes Popup erstellen. Der Initialaufwand ist hier zwar etwas höher. Allerdings können

Sie schneller auf Anpassungen reagieren, da diese nur in einem Popup und nicht in verschiedenen Popups vorgenommen werden müssen.

```
console.log("openDetailsDialog");

Popup_Details_None.setVisible(false);
Popup_Details_Title.applyText(Title);

if (G_DetailsFor === "None") {
     Popup_Details_None.setVisible(true);
}

// Show Table
Popup_Details_Table_Employee.setVisible(false);
Popup_Details_Table_Entries.setVisible(false);

Table.setVisible(true);

// current Month
Popup_Details_Chart_CurrentPeriod.removeMeasure(G_Details_
CurrentMeasure, Feed.ValueAxis);
Popup_Details_Chart_
CurrentPeriod.addMeasure(Measure, Feed.ValueAxis, 1);

// previous Month
Popup_Details_Chart_PreviousPeriod.removeMeasure(G_Details_
CurrentMeasure, Feed.ValueAxis);
Popup_Details_Chart_
PreviousPeriod.addMeasure(Measure, Feed.ValueAxis, 1);

// Average
Popup_Details_Chart_Average.removeMeasure(G_Details_
CurrentMeasure, Feed.ValueAxis);
Popup_Details_Chart_Average.addMeasure(Measure, Feed.ValueAxis, 1);

// Plan
Popup_Details_Chart_Planned.removeMeasure(G_Details_
CurrentMeasure, Feed.ValueAxis);
Popup_Details_Chart_Planned.addMeasure(Measure, Feed.ValueAxis, 1);

// Chart
Popup_Details_Chart.removeMeasure(G_Details_
CurrentMeasure, Feed.ValueAxis);
```

```
Popup_Details_Chart.addMeasure(Measure, Feed.ValueAxis, 1);

G_Details_CurrentMeasure = Measure;

var selectedDims = ArrayUtils.create(Type.string);
var dims = Table.getDataSource().getDimensions();
if (dims.length > 0) {
     for (var i=0;i<dims.length; i++){
     CheckboxGroup_AllDimensions.addItem(dims[i].id,dims[
i].description);
          selectedDims.push(dims[i].id);
     }
}

console.log(["selectedDims ", selectedDims]);
AllDimensions = selectedDims;

ScriptObject_Utils.setDimensionCheckboxes(Table);

Popup_Details.open();
```

Listing 3.15 Dynamisches Aufrufen der Popups

Abbildung 3.35 Details-Popup

Wir haben wir Ihnen in diesem Abschnitt zwei Demo-Applikationen vorgestellt, die die Möglichkeiten von analytischen Applikationen aufzeigen. Diese und die weiteren angebotenen Beispielapplikationen eignen daher auch sehr gut, um eigene Projekte zu starten oder Teile daraus für eigene Projekte zu übernehmen. Aber auch für die Diskussion mit Fachbereichen eigenen sich die Applikationen sehr gut, da hier mit sehr geringem Aufwand eine fertige Applikation gezeigt werden kann.

3.4 Integration von Predictive-Analytics-Funktionen

Smarte Funktionen

Neben den klassischen BI-Funktionalitäten bietet SAP Analytics Cloud ebenso sogenannte *Predictive-Analytics-Funktionen*. Diese Funktionen ermöglichen es Ihnen, Probleme und Chancen proaktiv zu erkennen, anstatt nur darauf zu reagieren. Sie helfen Ihnen dabei, die Zukunft vorherzusagen. Auch für diese Funktionen werden im Analytics Designer verschiedene APIs bereitgestellt, die wir uns im Folgenden genauer anschauen.

3.4.1 Smart Discovery

Beginnen wir mit der Funktion *Smart Discovery*. Smart Discovery analysiert Ihre Daten mithilfe von maschinellem Lernen, um Sie dabei zu unterstützen, Ihre Daten in einem spezifischen Kontext einzuordnen, neue Daten zu entdecken oder unbekannte Beziehungen zwischen Ihren Daten herauszufinden.

SmartDiscovery

Die API `SmartDiscovery` besteht dabei aus zwei verschiedenen Methoden:

- `buildStory`
- `generateUrlToBuildStory`

Mit der Methode `buildStory` haben Sie die Möglichkeit, sich eine Smart-Discovery-URL erstellen zu lassen, die in einem Dialog als Hyperlink zur Verfügung gestellt wird. Ein Endanwender oder eine Endanwenderin kann nun auf diesen Hyperlink klicken, um die Smart-Discovery-Story in einem neuen Browserfenster zu öffnen.

[«]

Verfügbarkeit auf mobilen Geräten

Die Funktion Smart Discovery ist nicht verfügbar, wenn Sie sie über ein mobiles Gerät oder eine Veröffentlichung öffnen.

Eine weitere Methode dieser API ist die Methode `generateUrlToBuildStory`. Mit dieser Methode erstellen Sie ebenfalls eine Smart-Discovery-URL. Hierbei wird jedoch kein Dialog geöffnet, sondern Sie können diese URL z. B. als Hyperlinks auf Bildern oder Buttons verwenden.

SmartDiscoveryDimesionSettings und SmartDiscoveryStructureSettings

Die APIs `SmartDiscoveryDimesionSettings` und `SmartDiscoveryStructureSettings` beinhalten verschiedene Methoden, mit denen Sie die Dimensionen und Struktureinstellungen für eine Smart Discovery erstellen können. Dabei können Sie Dimensionsfilter einer Dimension in Ihren Seitenfilter kopieren sowie verschiedene Eigenschaften setzen. Zuletzt können Sie auch das Eigenschaften-Panel ein- und ausblenden.

Wie Sie diese Methoden nutzen können, sehen Sie in Listing 3.16. Diesen Code können Sie z. B. auf einen Button legen, über den die Funktion Smart Discovery aufgerufen wird.

```
var ds = Chart_Forecast.getDataSource();
var members = ds.getMembers("Product_3e315003an");
var SDsetting = SmartDiscoveryDimensionSettings.create(ds,"Product_
3e315003an",[members[1]]);
SDsetting.setIncludedDimensions(["Location_4nm2e04531","Store_
3z2g5g06m4"]);
SDsetting.setIncludedMeasures(["[Account_BestRunJ_sold].[parentId].&[
Gross_Margin]","[Account_BestRunJ_sold].[parentId].&[Discount]"]);
SmartDiscovery.buildStory(SDsetting);
```

Listing 3.16 Smart Discovery aufrufen

Bei der Ausführung von Listing 3.16 öffnet sich zunächst ein Fenster, in dem Sie das Starten von Smart Discovery bestätigen müssen, wie es in Abbildung 3.36 zu sehen ist.

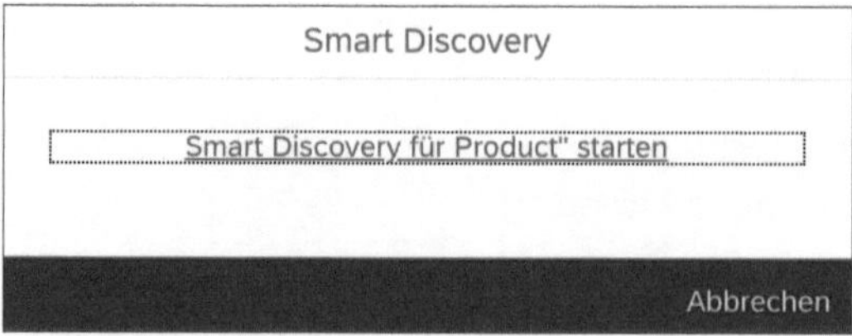

Abbildung 3.36 Dialog in Smart Discovery

Nachdem Sie Smart Discovery gestartet haben, wird ein neuer Tab geöffnet, und Ihnen wird zunächst eine Ladeanimation angezeigt (siehe Abbildung 3.37).

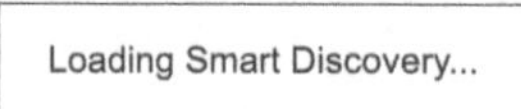

Abbildung 3.37 Smart Discovery in neuem Fenster laden

Nachdem der Ladevorgang beendet worden ist, können Sie Ihre gewünschten Ziele und Entitäten sowie erweiterte Einstellungen vornehmen. Einen Eindruck davon erhalten Sie in Abbildung 3.38.

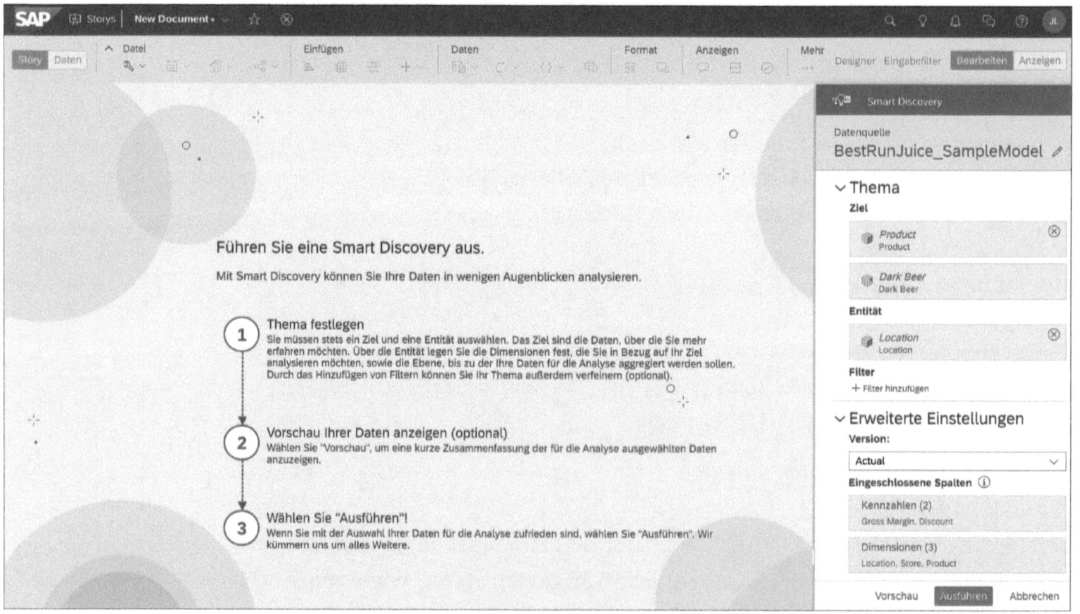

Abbildung 3.38 Smart Discovery ausführen

Nachdem Sie Ihre Einstellungen vorgenommen haben, können Sie Ihre Smart-Discovery-Funktion ausführen. Ein mögliches Ergebnis sehen Sie in Abbildung 3.39.

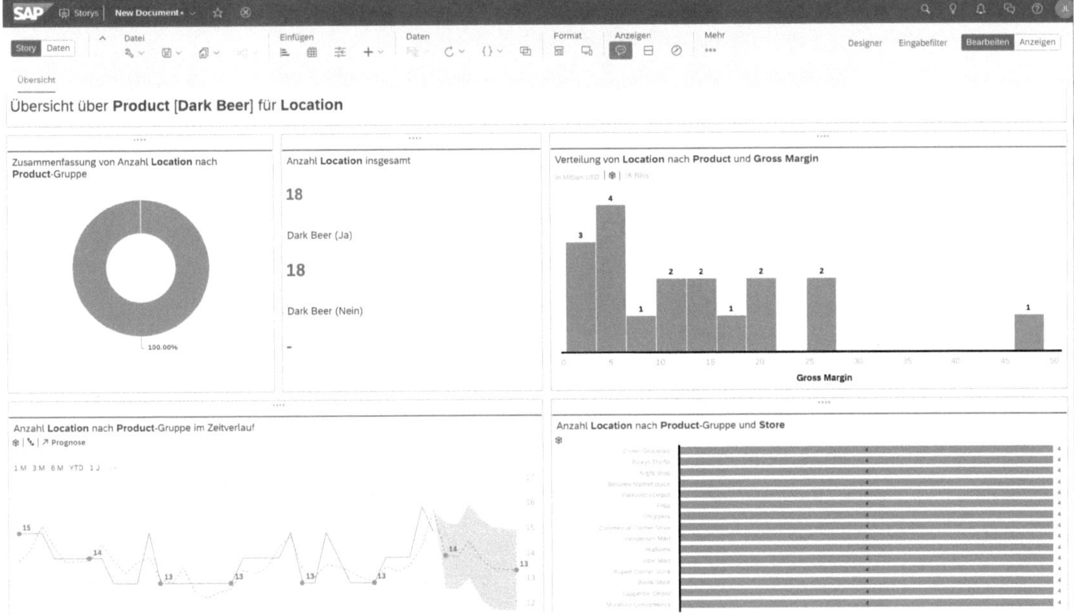

Abbildung 3.39 Ergebnis einer Smart-Discovery-Funktion

3.4.2 Search to Insight

Die Funktion *Search to Insight* von SAP Analytics Cloud bietet eine Schnittstelle, in der Sie mit natürlicher Sprache Daten abfragen können. Hier können Sie Fragen stellen, erhalten Ihre Antworten aus den Datenmodellen und können damit eine neue Story beginnen.

Sie können hier in Abhängigkeit Ihrer Daten verschiedene Fragen stellen, z. B.:

- wie hoch der Umsatz für Deutschland war
- welcher Artikel im Jahr 2021 am häufigsten verkauft wurde

[!]

Unterstützte Sprachen

Die Funktion Search to Insight kann aktuell nur mit englischen Wörtern verwendet werden.

Die API `SearchToInsight` bietet Ihnen die Möglichkeit, den Search-to-Insight-Dialog zu öffnen und zu schließen. Zudem können Sie Ihr Search-to-Insight-Ergebnis in ein Chart einfügen oder auch mit Variablen arbeiten.

[!]

Verfügbarkeit auf mobilen Geräten

Der Search-to-Insight-Dialog wird aktuell nicht für mobile Geräte unterstützt.

3.4.3 Data Change Insights

Mit der Funktion *Data Change Insights* können Sie Snapshots von Ihren Daten erstellen, um sie miteinander zu vergleichen. Diese Ergebnisse können per E-Mail oder über eine App-Benachrichtigung versendet werden.

Dabei stellt Ihnen die API verschiedene Methoden zur Verfügung, um den aktuellen Stand der Applikation mit einem Snapshot oder auch zwei Snapshots miteinander zu vergleichen. Zudem können Sie auch einen Snapshot speichern oder den Subscription-Dialog öffnen.

3.5 Best Practices

Wir empfehlen

Für den Analytics Designer gibt es einige Best Practices, die wir Ihnen empfehlen können. Dabei sind grundlegend alle Best Practices, die für die Story in SAP Analytics Cloud gelten, auch hier gültig. Auch die gängigen Code-Guidelines sind hier zu empfehlen. In der klassischen Story war dies noch nicht notwendig bzw. gar nicht erst möglich. Bei den analytischen Applikationen sollten Sie diese jedoch beachten. Denken Sie auch hier daran, Ihren Code ausreichend zu dokumentieren. Wenn Sie diese Punkte beachten, haben Sie bereits den Grundstein für eine gute und performante Applikation gelegt.

Namenskonventionen

Um jederzeit den Überblick in Ihrer Applikation zu behalten, ist es sehr zu empfehlen, von Anfang an Ihre Widgets zu benennen. Überlegen Sie sich hierzu eine geeignete Namenskonvention, z. B. beginnt ein Bereich immer mit »B_«. Denken Sie zudem auch daran, Namen möglichst sprechend und eindeutig zu gestalten. Dies erleichtert Ihnen die Auswahl des richtigen Widgets in Ihrem Code.

Dies alles scheint am Anfang noch sehr einfach und leicht zu überblicken zu sein. Jedoch verlieren Sie mit steigender Komplexität der Applikation schnell den Überblick. Diese Empfehlung gilt selbstverständlich nicht nur für Ihre Widgets, sondern auch für andere Elemente wie Skriptvariablen.

Wartung

Generell können wir Ihnen sehr empfehlen, Ihren Code in Skriptobjekte auszulagern und nicht in jedem Event den Code zu hinterlegen. Dies erleichtert Ihnen die Wartung Ihrer Applikation, da Sie eine Änderung an einer zentralen Stelle vornehmen können und nicht in verschiedene Events eingreifen müssen. Zudem steigert dies auch die Wiederverwendbarkeit Ihres Codes.

Grundgerüst

Für Ihre Applikationen sollten Sie sich eine Art Grundgerüst aufbauen, in dem Sie Widgets und Funktionen einbauen, die jedes Ihrer Dashboards haben muss. Da es im Bereich der Applikationen keine klassischen Vorlagen gibt, wie Sie es aus den Stories kennen, ist dies von unserer Seite sehr zu empfehlen. Dies hat den Vorteil, dass Sie nicht bei der jeder neuen Applikation von vorne anfangen müssen und Ihre Applikationen so schneller entwickeln können. Dabei sollten Sie darauf achten, möglichst wenig Leerräume in Ihrer Applikation zu haben. Füllen Sie diese immer mit einem Bereich oder Flusslayout-Bereich. Dies bietet Ihnen mehr Flexibilität, wenn Sie Änderungen an Ihrer Applikation vornehmen möchten. Wenn Sie z. B. die Größe Ihres Headers ändern, unter dem fünf freie Charts liegen, müssen Sie den neuen Abstand bei jedem Chart einzeln anpassen. Haben Sie diese fünf Charts jedoch in einem Beriech gruppiert, passen Sie nur den Abstand des Bereichs an. So haben alle fünf Charts auf einmal wieder den alten Abstand zum Header.

Eigene Popups

Ein weiterer Tipp, den wir Ihnen geben können, ist das Erstellen eines eigenen Popups. Auch dieses legen Sie am besten in das Grundgerüst einer Applikation. Ein eigenes Popup ist vor allem zu empfehlen, wenn nicht immer mit der gleichen Bildschirmgröße auf eine Applikation zugegriffen wird. Das Standard-Popup von SAP Analytics Cloud kann nur mit festen Größen eingestellt werden. Wir wissen aus der Praxis, dass hier bei einem Zugriff mit einer kleineren Bildschirmgröße etwa der Button zum Schließen eines Popups nicht mehr sichtbar ist und der Endanwender oder die Endanwenderin somit keine Möglichkeit mehr hat, das Popup zu schließen. Daher empfehlen wir Ihnen, mithilfe des Bereich-Widgets ein eigenes Popup zu bauen. Hier können Sie selbst die gewünschten Abstände zum Bildschirmrand einstellen und mit weiteren Bereichen und Schaltflächen einen eigenen Header- und Footer-Bereich bauen. So vermeiden Sie dieses Problem und haben ein flexibles Popup.

Hier können Sie z. B. ein Popup bauen, das zu jedem Bildschirmrand immer 10 % Abstand hält. In diesen Bereich fügen Sie einen weiteren Bereich ein, der eine Höhe von 5 % und 0 % Abstand zur unteren Kante Ihres anderen Bereichs hat. Gleiches können Sie für Ihren Header einfügen, nur dass Sie hier keinen Abstand zur oberen Kante haben.

Nun platzieren Sie in Ihrem Footer-Bereich einen Button. Auf das Events `onSelect` dieser Schaltfläche legen Sie nun die Methode, dass der Bereich ausgeblendet werden soll. So schnell und einfach haben Sie Ihr eigenes Popup gebaut (siehe Abbildung 3.40)!

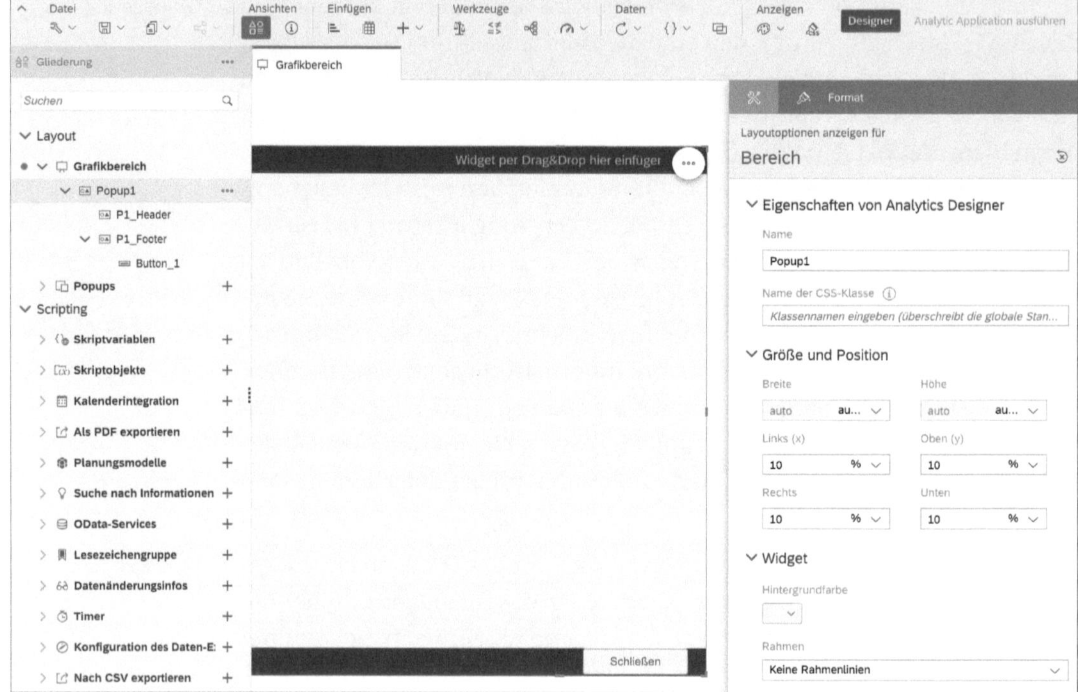

Abbildung 3.40 Eigenes Popup erstellen

Kapitel 4
Entwicklung von Planungsapplikationen

In diesem Kapitel lernen Sie, wie Sie eine Planungsapplikation entwickeln und dabei die verschiedenen Widgets und APIs einsetzen.

Was Sie erwartet

Im vorangehenden Kapitel haben Sie gelernt, wie Sie mit SAP Analytics Cloud Anwendungen für Reporting-Anforderungen erstellen. In diesem Kapitel zeigen wir Ihnen nun auf, welche Besonderheiten bei Planungsapplikationen zu beachten sind. Analog zu Kapitel 3, »Entwicklung von BI-Applikationen«, werden auch hier zunächst die wichtigsten, für die Planungsanwendungen zur Verfügung stehenden Widgets und APIs anhand von einfachen Codebeispielen vorgestellt (siehe Abschnitt 4.1, »Widgets«, und Abschnitt 4.2, »Application Programming Interfaces«). Dabei gehen wir auch auf die zusätzlichen Möglichkeiten im Vergleich zu BI-Applikationen ein. Bei Planungsanwendungen spielt das Zurückschreiben der Daten in die Quellsysteme über eine OData-Schnittstelle eine wichtige Rolle, weshalb wir uns in Abschnitt 4.3, »Datenanbindung zum Zurückschreiben von Daten«, diesem Thema widmen. Anschließend entwickeln wir in Abschnitt 4.4, »Entwicklung einer analytischen Applikation für die Planung«, Schritt für Schritt eine exemplarische Planungsapplikation. Wir beenden das Kapitel, in dem wir Ihnen in Abschnitt 4.5, »Best Practices«, anhand einiger Beispiele die Best Practices für die Entwicklung von Planungsapplikationen vorstellen.

Die dargestellten Beispiele werden mithilfe des Business Contents *SAP Human Experience Management (HXM) Workforce Planning* erstellt. Dieser Business Content steht Ihnen kostenfrei zur Verfügung. Er beinhaltet Planungsmodelle, mehrere analytische Applikationen sowie vordefinierte Planungsobjekte (Datenaktionen, Multiaktionen).

Business Content importieren

Business Content wird Ihnen von SAP kostenfrei zur Verfügung gestellt. Dabei handelt es sich um vorgefertigte Berichte für verschiedene Branchen und Geschäftsbereiche. Zusätzlich werden Ihnen auch Datenmodelle und alle anderen erforderlichen Objekte zur Verfügung gestellt, sodass Sie den Inhalt des Business Contents direkt nutzen können.

Business Content können Sie über das Content-Netzwerk aktivieren.

4.1 Widgets

Widgets für die Planung

Im folgenden Abschnitt stellen wir Ihnen Widgets vor, die besonders im Planungskontext relevant sind. Mit diesen Widgets können Sie Ihre analytischen Applikationen für Benutzerinnen und Benutzer interaktiv gestalten.

Die Widgets, die wir im Folgenden besprechen, finden Sie unter dem Menüpunkt **Weitere Widgets** (siehe Abbildung 4.1).

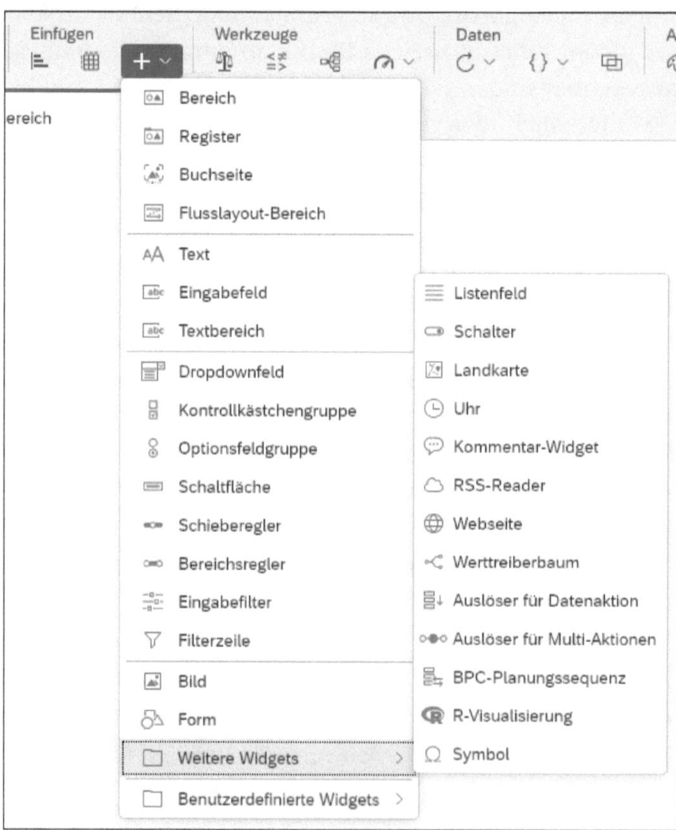

Abbildung 4.1 Menü zum Einfügen weiterer Widgets

Widgets im Fokus

In den nächsten Abschnitten erläutern wir die folgenden Widgets:

- Kommentar-Widget
- Werttreiberbaum
- Auslöser für Datenaktionen
- Auslöser für Multiaktionen
- BPC-Planungssequenz

4.1.1 Kommentar-Widget

Neben den bekannten Möglichkeiten, direkt in Tabellen oder in Chart-Widgets Kommentare einzufügen, können Sie auch das Kommentar-Widget nutzen (siehe Abbildung 4.2).

Abbildung 4.2 Screenshot des Kommentar-Widgets ohne Kommentare

Das Kommentar-Widget können Sie nutzen, um Datenmodell- oder Datenpunktkommentare hinzuzufügen. Je nach Filtereinstellung ist beides möglich. Wie Sie in Abbildung 4.3 sehen, werden Kommentare innerhalb des Widgets, nach Aktualität sortiert, in Listenform dargestellt; der neueste Kommentar erscheint zuerst.

Abbildung 4.3 Kommentar-Widget mit Kommentaren

[»]

Speicherung der Kommentare

Die Kommentare innerhalb des Kommentar-Widgets werden auf der Modellebene gespeichert. Sie sind unabhängig von der analytischen Applikation oder Story.

Kommentieren mit dem Kommentar-Widget

Über das Icon oben rechts ( ) können Sie neue Kommentare hinzufügen. Daraufhin öffnet sich ein Eingabebereich, den Sie zur Kommentierung nutzen können. Abbildung 4.4 zeigt Ihnen die zur Verfügung stehenden Formatierungsmöglichkeiten. Neben der Standardschrift können Sie auch Besonderheiten durch fett oder kursiv geschriebene sowie durch unterstrichene oder durchgestrichene Wörter hervorheben. Auch nummerierte und nicht nummerierte Aufzählungen, die Verwendung von Hyperlinks und die Änderung der Schriftfarbe sind möglich. Sie können also auf die Grundlagen eines soliden Texteditors zurückgreifen.

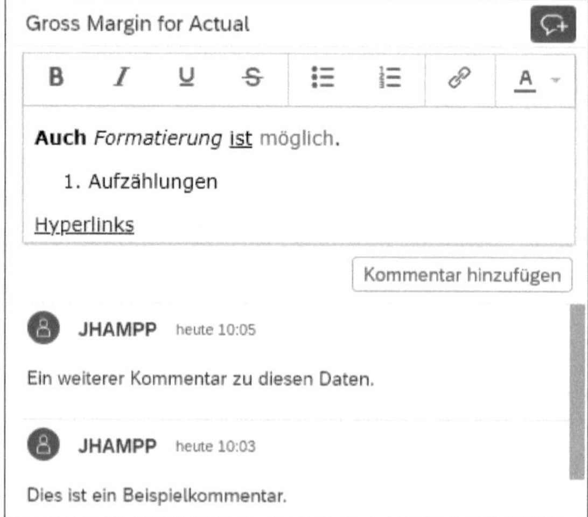

Abbildung 4.4 Formatierungsmöglichkeiten des Kommentar-Widgets

[!]

Was das Kommentar-Widget nicht unterstützt

Die Verwendung von verknüpften Analysen wird im Kommentar-Widget nicht unterstützt.

Auch bei Live-Daten-Modellen oder zusammengeführten Modellen werden Kommentare nicht unterstützt. In solchen Fällen können Sie keine Kommentare über das Kommentar-Widget hinzufügen.

4.1.2 Werttreiberbaum

Treiberbasierter Planungsansatz

Mit dem *Werttreiberbaum-Widget* können in SAP Analytics Cloud sogenannte Werttreiberbäume dargestellt werden. Mit einem Werttreiberbaum können Sie treiberbasierte Planungsansätze verfolgen. Das heißt, dass die wichtigen Werttreiber identifiziert und deren Auswirkung auf die wichtigsten Kennzahlen modelliert werden. Mit diesem Ansatz können Sie anstatt isolierter Kennzahlen die gesamte Wertschöpfungskette Ihres Unternehmens betrachten. In Abbildung 4.5 sehen Sie beispielhaft einen Werttreiberbaum.

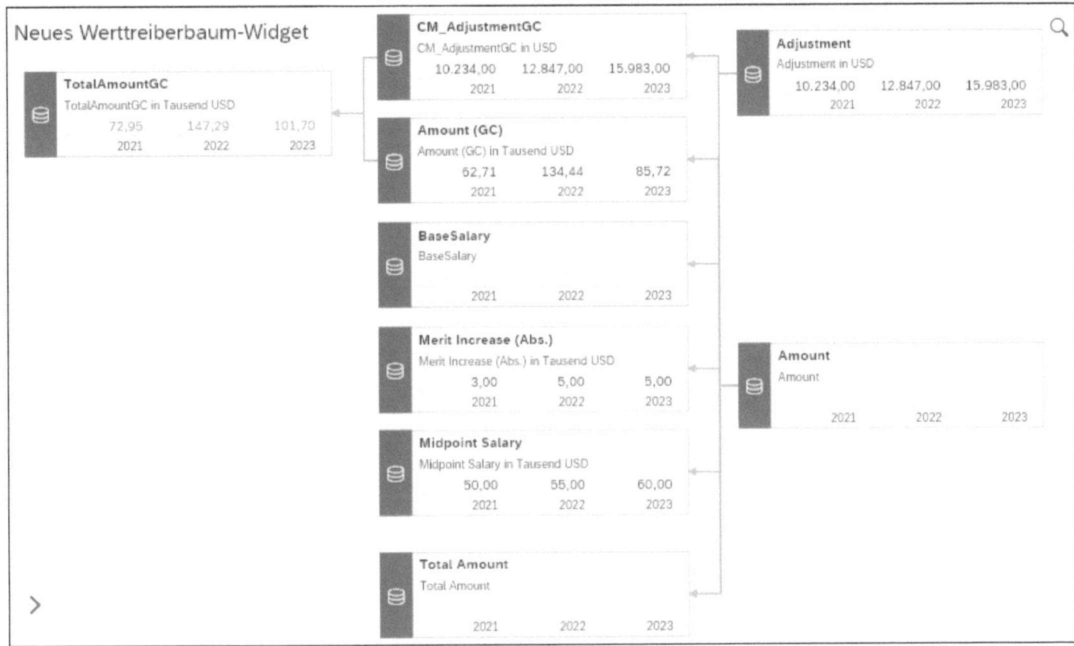

Abbildung 4.5 Beispielhafter Werttreiberbaum

Die einzelnen Treiber eines Werttreiberbaums werden in zwei Kategorien eingeteilt:

- interne Faktoren (z. B. Personal- oder Produktionskosten)
- externe Faktoren (z. B. Zölle oder Rohstoffpreise)

Ziel ist es, in einem Modell die Zusammenhänge zwischen einzelnen Faktoren und wichtigen Kennzahlen wie z. B. Gesamtumsatz, Nettogewinn usw. darzustellen.

Vergleich von Werttreiberbaum mit Tabelle

Im Vergleich zu Tabellen zeigen Werttreiberbäume auch numerische Werte. Mit beiden Widgets können Sie Ihre Planwerte anpassen – z. B. auch mithilfe unterstützter Dateneingabe (siehe Abbildung 4.6). Im Unterschied zur

Tabelle haben Sie mit dem Werttreiberbaum die Möglichkeit, Verknüpfungen der Kennzahlen untereinander und Hierarchien im Datenmodell darzustellen.

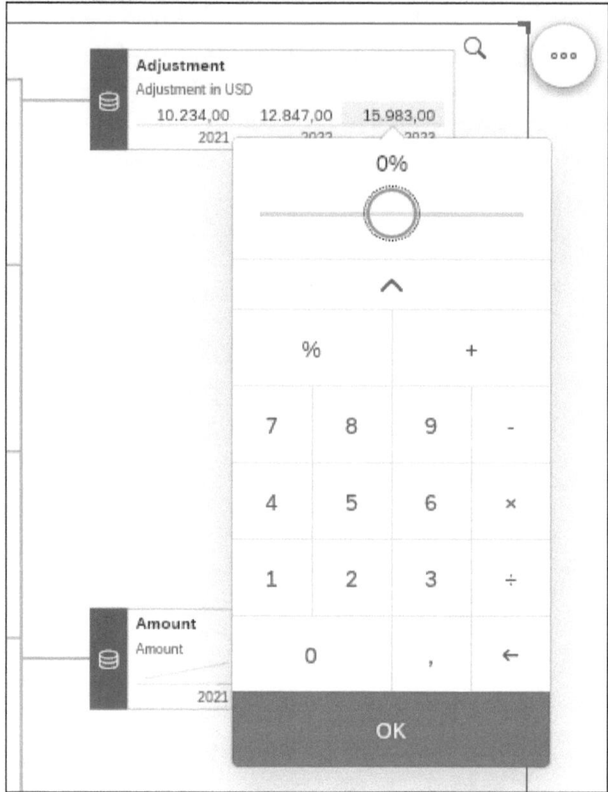

Abbildung 4.6 Werttreiberbaum – Dateneingabe

Abbildung 4.5 zeigt z. B. einen Werttreiberbaum aus dem Personalwesen. In diesem Beispiel wird in jedem Knoten jeweils eine Kennzahl dargestellt. Zusätzlich ist der sichtbare Zeitraum von 2021 bis 2023 definiert. Als Ersteller eines Werttreiberbaums können Sie diese Einstellung selbst definieren. Sie können festlegen, welche Kennzahlen oder Berechnungen in einem Knoten angezeigt werden, Filtereinstellungen setzen sowie Knotengruppen expandieren oder komprimieren. Auf der Grundlage Ihrer Einstellungen wird ein verwaltetes Diagramm erstellt.

Vorteile des Werttreiberbaums

Mit diesen Darstellungsmöglichkeiten ermöglicht Ihnen der Werttreiberbaum eine optimale Sicht auf Ihre wichtigsten Kennzahlen. Sie können verschiedene Zeiträume miteinander vergleichen und auf diese Weise einfach in die mittel- bis langfristige Planung einsteigen.

[«]

Voraussetzungen zur Erstellung von Werttreiberbäumen

Die Erstellung eines Werttreiberbaum-Widgets ist lizenzunabhängig. Sowohl Planungs- als auch BI-Benutzer und -Benutzerinnen können Werttreiberbäume erstellen, jedoch können nur Planungsbenutzer und Planungsbenutzerinnen Änderungen an einer Version vornehmen und diese veröffentlichen.

4.1.3 Auslöser für Datenaktionen

Automatisierung von Planungsschritten

Datenaktionen sind strukturierte Vorgänge, mit denen Sie repetitive und zeitintensive Schritte in einem Planungszyklus automatisieren können. Mit Datenaktionen können Sie Daten kopieren oder einfügen, skriptgesteuerte Berechnungen oder Allokationen ausführen und Versionen veröffentlichen.

Bevor Sie eine Datenaktion in Ihre analytische Applikation einbinden können, müssen Sie diese erstellen. Datenaktionen werden in einem speziellen Editor angelegt. Diesen können Sie in der Navigationsleiste über den Menüpunkt **Datenaktionen** öffnen.

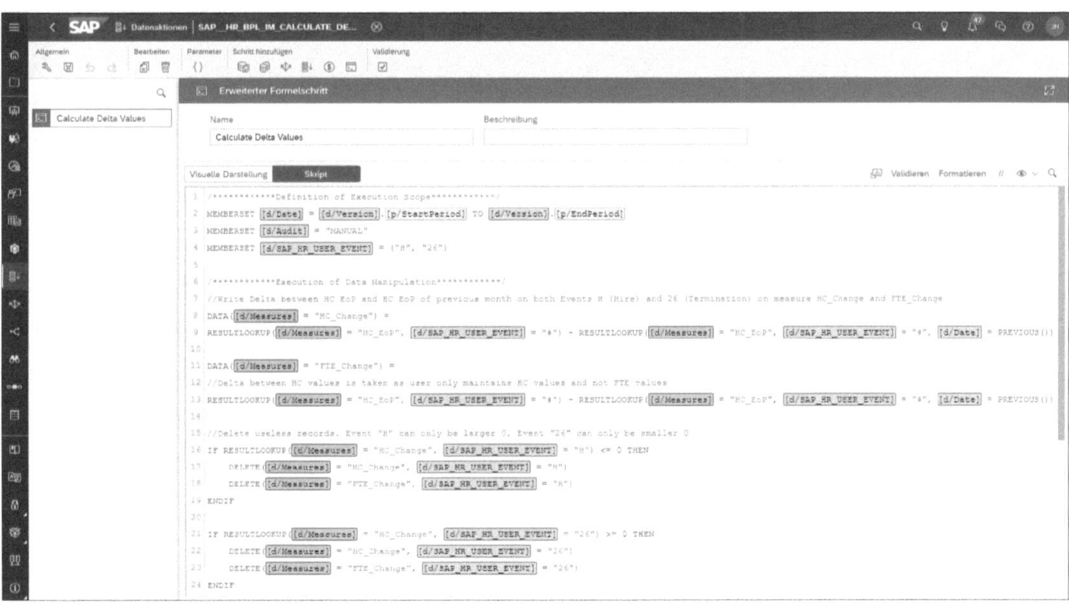

Abbildung 4.7 Beispiel einer Datenaktion

In Abbildung 4.7 sehen Sie die Datenaktion SAP__HR_BPL_IM_CALCULATE_DELTA_VALUES. Diese Datenaktion besteht nur aus einem Schritt – einem erweitertem Formelschritt. Mit diesem Schritt können Sie komplexere Berechnungen oder Transformationen abbilden. Diese können Sie in Skriptsprache definieren oder auch visuell modellieren (siehe Abbildung 4.8).

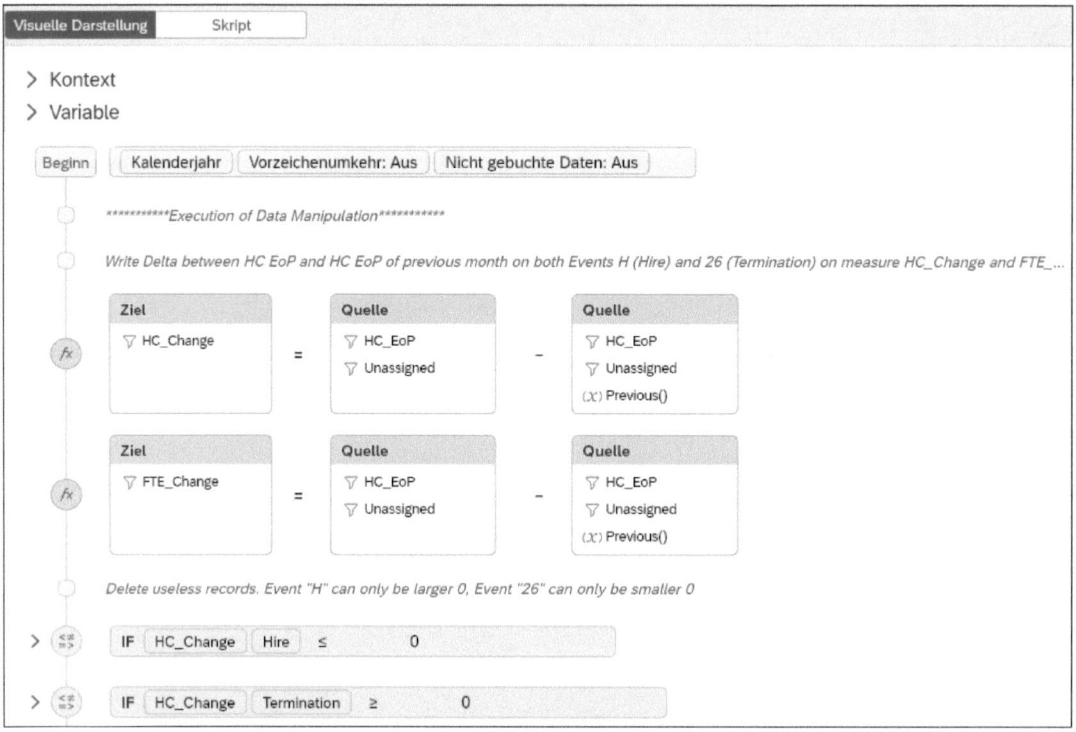

Visuelle Darstellung | Skript

> Kontext
> Variable

Beginn | Kalenderjahr | Vorzeichenumkehr: Aus | Nicht gebuchte Daten: Aus

***********Execution of Data Manipulation***********

Write Delta between HC EoP and HC EoP of previous month on both Events H (Hire) and 26 (Termination) on measure HC_Change and FTE_...

Ziel: HC_Change = Quelle: HC_EoP, Unassigned − Quelle: HC_EoP, Unassigned, (x) Previous()

Ziel: FTE_Change = Quelle: HC_EoP, Unassigned − Quelle: HC_EoP, Unassigned, (x) Previous()

Delete useless records. Event "H" can only be larger 0, Event "26" can only be smaller 0

IF HC_Change Hire ≤ 0

IF HC_Change Termination ≥ 0

Abbildung 4.8 Visuelle Darstellung einer Datenaktion

Neben dem erweitertem Formelschritt gibt es noch weitere allgemeine Schritte, die Sie zur Erstellung einer Datenaktion nutzen können. Diese Schritte können Sie über das Kopfzeilenmenü der Datenaktion hinzufügen. In Abbildung 4.9 sehen Sie die verschiedenen Icons zum Hinzufügen neuer Schritte.

Abbildung 4.9 Untermenü zur Erstellung neuer Datenaktionsschritte

Von links nach rechts können Sie die folgenden Schritte verwenden:

- Kopierschritt
- modellübergreifender Kopierschritt
- Allokationsschritt
- eingebetteter Datenaktionsschritt
- Währungsumrechnungsschritt
- erweiterter Formelschritt

Datenaktionsschritte

Der *Kopierschritt* ermöglicht es Ihnen, Daten mithilfe von Filter- und Aggregationseinstellungen zu kopieren. Auf diese Weise können Sie Daten aus dem Vorjahr in das aktuelle Jahr übertragen. Der *modellübergreifende Kopierschritt* bietet ähnliche Funktionen. Der große Unterschied zum Kopierschritt liegt darin, dass beim modellübergreifenden Kopierschritt die beiden unterschiedlichen Modelle Quellplanungsmodell und Zielplanungsmodell berücksichtigt werden müssen. Mit dem *Allokationsschritt* können Sie Allokationen als Teil Ihrer Datenaktion nutzen. Sie können also Werte einer Quelldimension über die direkte Zuordnung oder mithilfe von Wertfaktoren einer Zieldimension zuordnen. Der *eingebettete Datenaktionsschritt* ermöglicht es Ihnen, aus Ihrer bestehenden Datenaktion eine weitere Datenaktion auszuführen. Sie haben also mit diesem Schritt die Möglichkeit, verschachtelte Datenaktionen zu erstellen. Eine Abfolge von Datenaktionen können Sie auch in einer Multi-Aktion modellieren. Die genaue Abgrenzung zwischen Datenaktionen und Multi-Aktionen betrachten wir in Abschnitt 4.1.4, »Auslöser für Multi-Aktionen«. Der *Währungsumrechnungsschritt* ermöglicht es Ihnen, Kennzahlen in eine andere Währung umzurechnen. Hierbei können Sie Umrechnungsregeln und den Schreibmodus definieren. Den *erweiterten Formelschritt* haben Sie bereits in Abbildung 4.7 gesehen. Mit diesem Datenaktionsschritt erstellen Sie ein Skript zur Transformation und zur Berechnung von Daten. Auf diese Weise können Sie Konsolidierungs- und Planungsaufgaben ausführen.

Nachdem Sie nun eine Datenaktion definiert haben, möchten Sie diese auch in Ihrer analytischen Applikation ausführbar machen. Dies ist über das Widget **Auslöser für Datenaktion** möglich; mit diesem Widget können Sie ein anklickbares Objekt für Endanwenderinnen und Endanwender erstellen. Mit einem Klick auf das Objekt wird die hinterlegte Datenaktion ausgeführt. Ein Beispiel, wie dies aussehen kann, zeigt Abbildung 4.10.

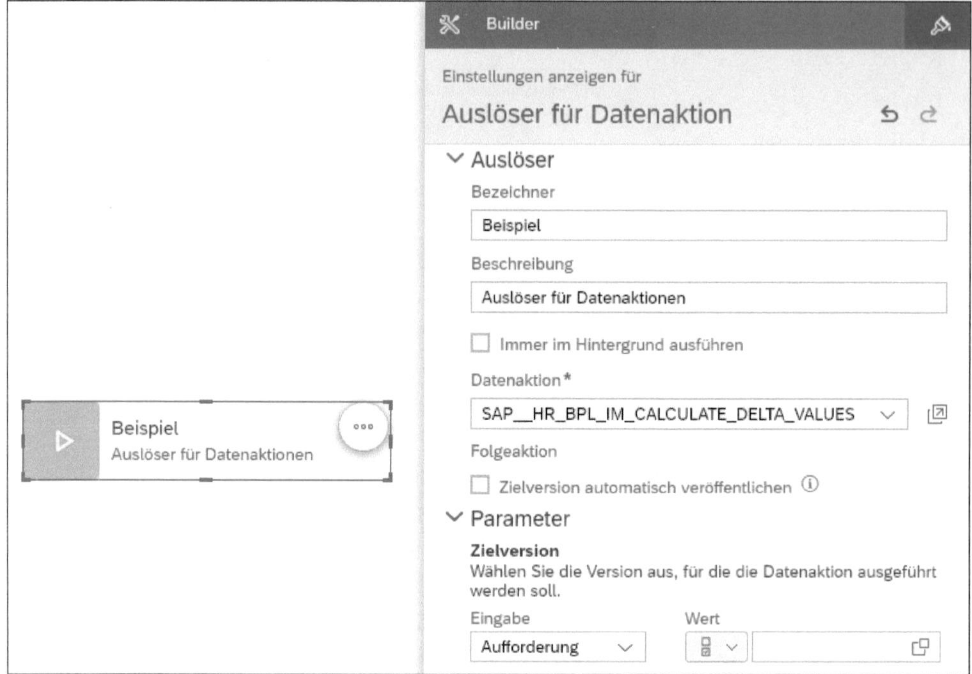

Abbildung 4.10 Auslöser für die Datenaktion

4.1.4 Auslöser für Multi-Aktionen

Automatisierung von Planungsprozessen

Multi-Aktionen werden verwendet, um Planungs- und Prognosevorgänge modell- und versionsübergreifend zu steuern. Mit Multi-Aktionen können Sie die strukturierte Ausführung von Datenaktionen, Prognose- und Versionsverwaltungsschritten definieren. Dadurch können mehrere Datenaktionen nacheinander ausgeführt, Prognoseszenarien realisiert oder Versionen veröffentlicht werden. Natürlich können Sie auch Kombinationen der genannten Vorgänge abbilden.

Abbildung 4.11 zeigt Ihnen die Multi-Aktion `SAP__HR_BPL_IM_WFP_SmartPredict_PL1`, die auch Teil des Business Contents SAP Human Experience Management (HXM) Workforce Planning ist. Wie Sie sehen, definieren Sie einfach eine Sequenz verschiedener auszuführender Schritte. Es werden drei verschiedene Schrittarten unterschieden. Diese können über die Menüpunkte der Kopfzeile hinzugefügt werden.

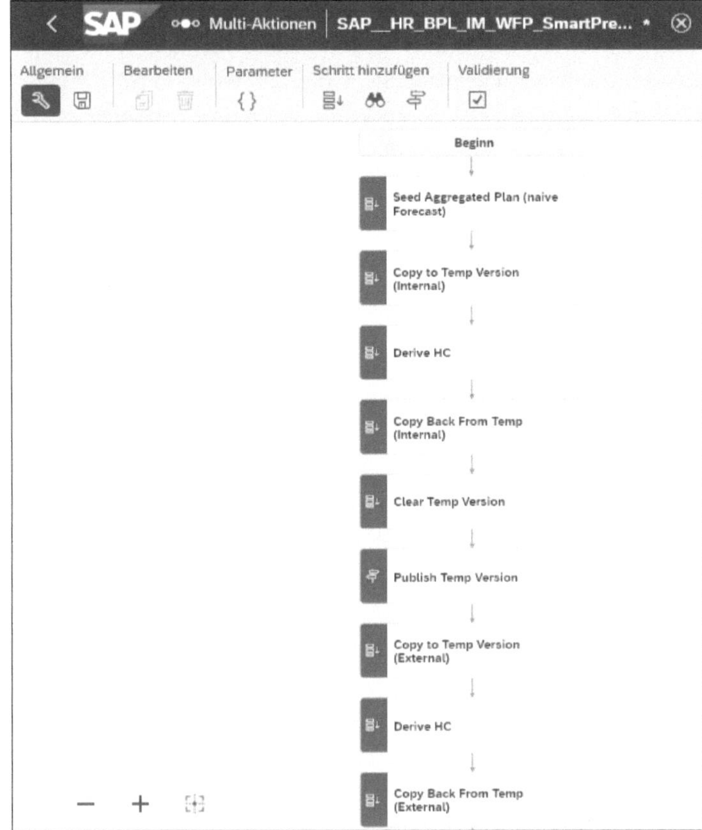

Abbildung 4.11 Beispiel einer Multi-Aktion

Sie sehen in Abbildung 4.12 das Untermenü **Schritt hinzufügen** zur Erstellung neuer Multi-Aktionsschritte. Über die Schaltflächen können Sie die folgenden Objekte erstellen:

- Datenaktionsschritt
- Prognoseschritt
- Versionsverwaltungsschritt

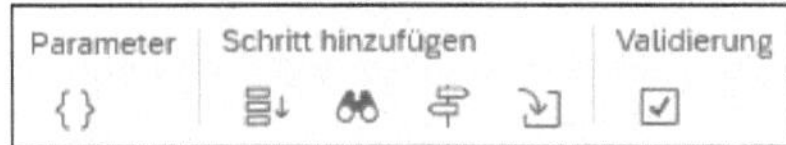

Abbildung 4.12 Untermenü zur Erstellung neuer Multi-Aktionsschritte

Multi-Aktionsschritte

Über das erste Icon fügen Sie einen *Datenaktionsschritt* hinzu. Damit können Sie einzelne Datenaktionen innerhalb Ihrer Multi-Aktion ausführen.

Diese können auch parametrisiert werden. Das heißt, dass Sie mithilfe von fixen oder dynamischen Parameterwerten die Ausführung der Datenaktion beeinflussen können. Auch können Sie mit einer Multi-Aktion Zeitreihenprognoseszenarien ausführen. Hierzu können Sie den *Prognoseschritt* über das Fernglas-Icon verwenden. Auf diese Weise wird ein Prognosemodell anhand Ihrer Daten trainiert und anschließend in eine Planversion zurückgeschrieben. Der *Versionsverwaltungsschritt*, den Sie über das Wegweiser-Icon hinzufügen können, ermöglicht es Ihnen, eine Version aus dem Planungsmodell zu veröffentlichen.

[!]

Prognosefähigkeiten einer Multi-Aktion

Mit dem Prognoseschritt können Sie nicht alle Prognoseszenarien von SAP Analytics Cloud nutzen. In einem Prognoseschritt können Sie nur auf Zeitreihen-Prognoseszenarien zurückgreifen.

Nach der Definition einer Multi-Aktion können Sie diese auch über ein Widget in Ihrer analytischen Applikation ausführbar machen. Abbildung 4.13 zeigt Ihnen, wie Sie das Widget **Auslöser für Multi-Aktionen** nutzen können. Es erstellt für die Anwenderinnen und Anwender ein anklickbares Objekt, mit dem sie die Multi-Aktion starten können.

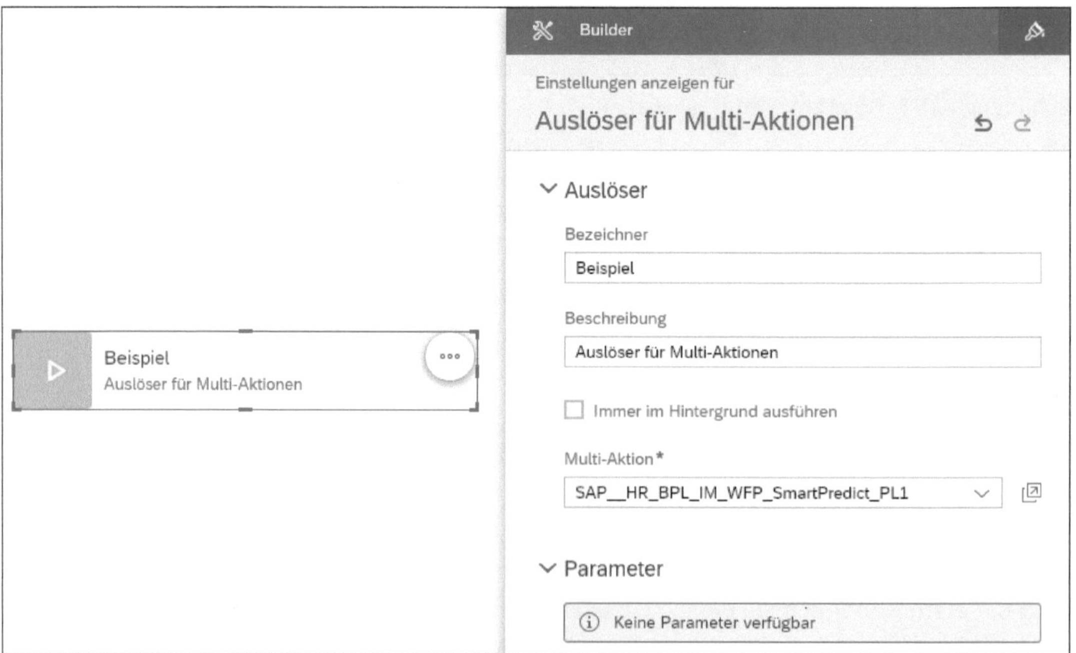

Abbildung 4.13 Auslöser für Multi-Aktionen

4.1.5 Verwendungsempfehlung für Datenaktionen und Multi-Aktionen

Nachdem wir nun Datenaktionen und Multi-Aktionen vorgestellt haben, fällt auf, dass sich diese beiden Aktionen in manchen Aspekten sehr ähneln. Besonders durch die Funktionsweise der eingebetteten Datenaktionsschritte lässt sich ein Verhalten wie das der Multi-Aktionen kopieren. Mit beiden Objekten sind Sie in der Lage, mehrere Datenaktionen sequenziell auszuführen. Daraus ergibt sich folgerichtig die Frage, wann Sie bei der Erstellung von Applikationen auf die Datenaktionen und wann auf Multi-Aktionen zurückgreifen sollten.

Datenaktionen oder Multi-Aktionen

Datenaktionen sollten Sie nutzen, wenn Sie eine Vielzahl von Transformationen und Berechnungen an Planungsdaten ausführen möchten. Sie können mit Datenaktionen auch jeweils nur eine Version Ihres Planungsmodells bearbeiten. Multi-Aktionen sind hingegen dafür bestimmt, Prozesse für Benutzer und Benutzerinnen zu vereinfachen. Dabei gehen die möglichen Anwendungsfälle der Multi-Aktionen über die der Datenaktionen weit hinaus. So können Sie mit Multi-Aktionen mit verschiedenen Zielmodellen und Zielversionen arbeiten. Sie könnten so beispielsweise mit mehreren Versionen gleichzeitig planen und diese mit Daten füllen. Weitere Anwendungsfälle der Multi-Aktionen beziehen sich auf Situationen, in denen Sie mit Zeitreihenprognosen arbeiten und diese Prognosen in Ihr Planungsmodell überführen oder in denen Sie Daten innerhalb eines Prozesses veröffentlichen und danach weitere Schritte ausführen möchten. Wie Sie sehen, decken Multi-Aktionen ein breiteres Anwendungsspektrum im Kontext von Planungsprozessen ab.

4.1.6 BPC-Planungssequenz

In den vorangehenden Abschnitten haben wir Ihnen gezeigt, wie sie Datenaktionen und Multi-Aktionen definieren und ausführen können. Neben der Option, Planungsprozesse zu modellieren, erlaubt Ihnen SAP Analytics Cloud eine Integration zur Anwendung *SAP Business Planning and Consolidation* (SAP BPC). Mit dem Widget **BPC-Planungssequenz** können Sie Planungssequenzen, die Sie in SAP BPC angelegt haben, über SAP Analytics Cloud auslösen.

4.2 Application Programming Interfaces

SAP Analytics Cloud bietet auch im Planungsumfeld viele APIs, die bei der Erstellung einer analytischen Applikation genutzt werden können. Im Folgenden stellen wir Ihnen die wichtigsten APIs vor.

4.2.1 DataAction

Datenaktionen

In Abschnitt 4.1.3, »Auslöser für Datenaktionen«, haben wir erklärt, wie man ein Widget zur Ausführung von Datenaktionen nutzt. Mithilfe der API `DataAction` steht diese Möglichkeit zur Verfügung. Die folgenden Methoden können verwendet werden:

- **execute**
  Die Methode `execute` führt die Datenaktion aus. Hierbei muss beachtet werden, dass dies eine blockierende Methode ist. Bis zur Beendigung der Datenaktion wird weiteres Ausführen des Anwendungsskripts verhindert.
- **getParameterValue**
  Die Methode `getParameterValue` gibt den Wert des Parameters zurück.
- **setParameterValue**
  Die Methode `setParameterValue` setzt den Wert des Parameters.

[»]

Optimale Verwendung von Datenaktionen

Da die analytische Applikation durch das Aufrufen der Methode `execute` gesperrt wird, sollten Sie hier nur Datenaktionen hinterlegen, die schnell ausgeführt werden. Verwenden Sie Datenaktionen, die die Anwendung über einen längeren Zeitraum blockieren, wirkt sich das negativ auf das Nutzererlebnis aus.

Erstellung einer Datenaktionskomponente

Zur Verwendung der `DataAction`-API müssen Sie die Datenaktion zuerst als Komponente in Ihrer analytischen Applikation hinterlegen. Wie auch schon bei dem Widget **Auslöser für Datenaktionen** müssen Sie die Datenaktion zunächst einmal separat erstellen.

Sie können in Ihrer analytischen Applikation über den Bereich **Gliederung** eine neue Datenaktionskomponente erstellen. Öffnen Sie hierzu die Gliederung, und expandieren Sie den Bereich **Scripting**. Hier finden Sie den Punkt **Datenaktionen**. Über das Plus-Icon neben der Registerkarte **Datenaktionen** können Sie eine neue Datenaktion erstellen (siehe Abbildung 4.14).

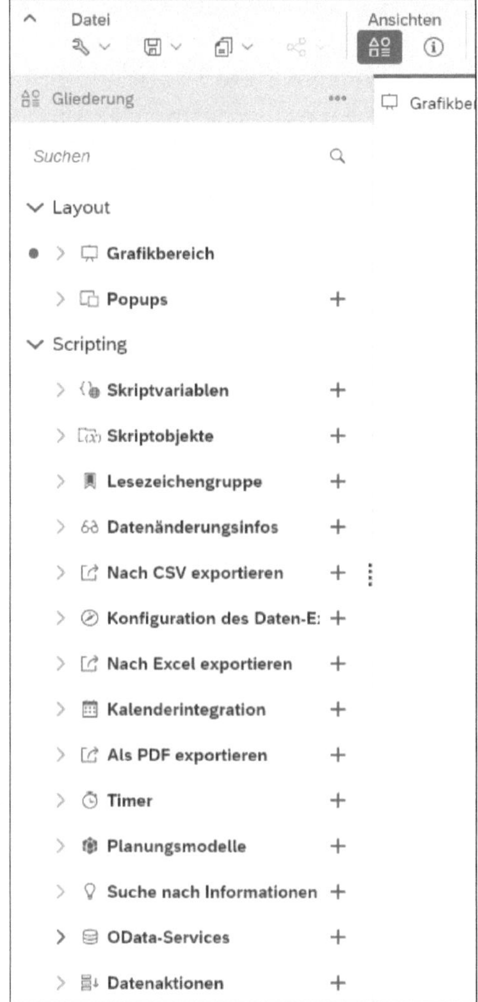

Abbildung 4.14 Gliederungsübersicht zur Erstellung einer neuen Datenaktionskomponente

Nachdem Sie eine neue Datenaktion erstellt haben, wird der Punkt **Datenaktionen** expandiert, und die neu erstellte Komponente wird angezeigt – in Abbildung 4.15 hat sie die Bezeichnung `DataAction_1`.

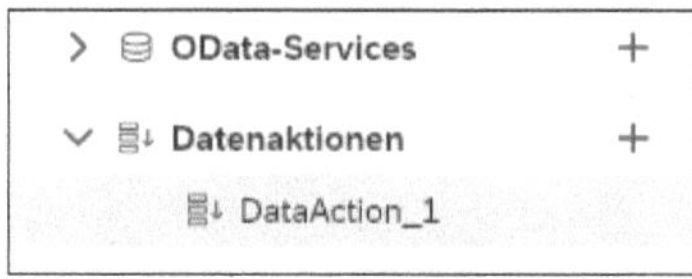

Abbildung 4.15 Neu erstellte Datenaktion

Die von Ihnen erstellte Datenaktion ist aber noch ein leeres Objekt. Es besitzt noch keine Referenz auf eine bestehende Datenaktion. Hierzu müssen Sie die entsprechende Komponente auswählen. Klicken Sie dafür auf das neu erstellte Objekt. Danach öffnet sich auf der rechten Seite ein Panel mit der Überschrift **Datenaktionskonfiguration**.

Das Panel besteht aus zwei Bereichen. Im oberen Bereich können Sie die auszuführende Datenaktion auswählen. Des Weiteren können Sie hier auch eine Folgeaktion definieren. Sie können entscheiden, ob die Zielversion automatisch veröffentlicht werden soll. Im unteren Bereich können Sie die für die Datenaktion benötigten Parameter definieren.

Für dieses Beispiel wählen wir die Datenaktion `SAP__HR_BPL_IM_CALCULATE_DELTA_VALUES`. Diese ist Teil des Business Contents Human Experience Management (HXM) Workforce Planning (siehe Abbildung 4.16).

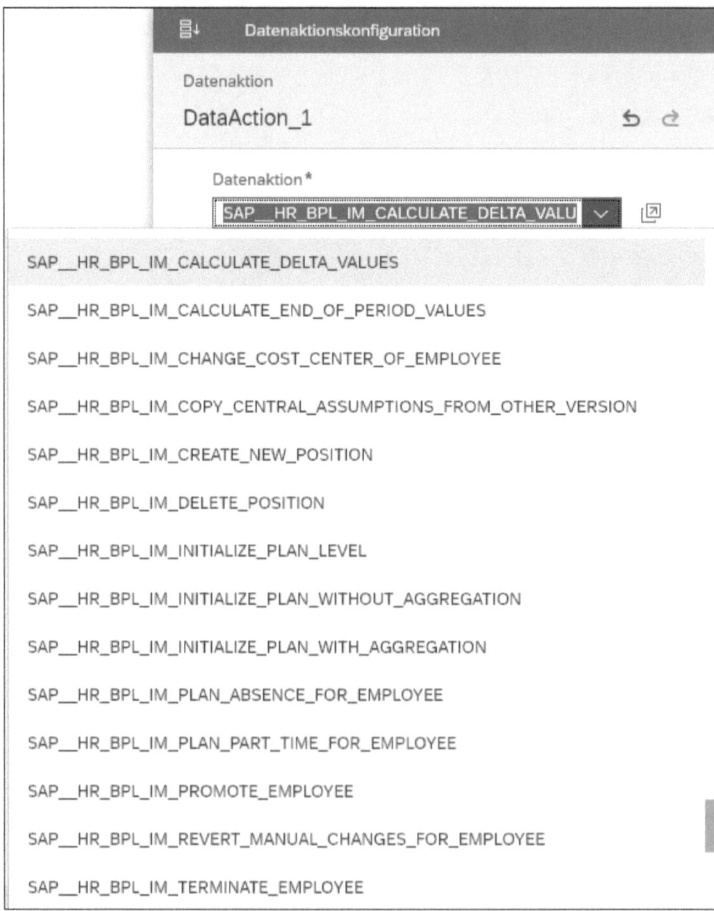

Abbildung 4.16 Auszuführende Datenaktion auswählen

Nachdem Sie eine Datenaktion ausgewählt haben, aktualisiert sich der Bereich **Parameter** (siehe Abbildung 4.17). In der in unserem Beispiel ausgewählten Datenaktion muss noch die Zielversion als Festwert definiert werden.

Abbildung 4.17 Eingabemöglichkeit der Zielversion

Die Zielversion können Sie über ein zusätzliches Fenster auswählen (siehe Abbildung 4.18).

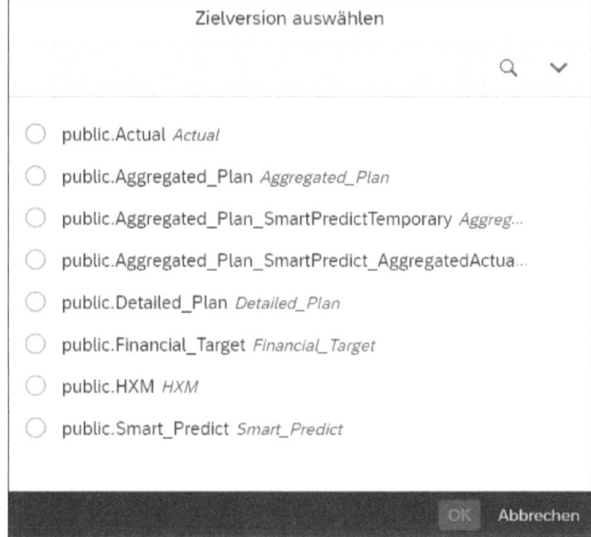

Abbildung 4.18 Zielversion definieren

Nachdem Sie alle Einstellungen vorgenommen haben, können Sie die Datenaktion als Skriptelement nutzen.

Beispiele der DataAction-API

Damit Sie unsere Beispiele ausführen können, können Sie eine neue Schaltfläche erstellen und dieser ein `onClick`-Event hinzufügen. Die Schaltfläche können Sie wie in Abbildung 4.19 über das Kontextmenü des Schaltflächen-Widgets erstellen.

Abbildung 4.19 Schaltfläche mit onClick-Event erstellen

Da wir im vorangehenden Abschnitt bei der Datenaktionskonfiguration schon einen Parameter definiert haben, lesen wir diesen im ersten Schritt mit der `getParameterValue`-Methode aus. Mit diesem Skript erstellen Sie die neue Variable `parameterValue`, die den Parameter von `DataAction_1` mit der ID `TargetVersion` enthält. Mit dem `console.log`-Befehl können Sie diese Variable ausgeben:

```
var parameterValue = DataAction_1.getParameterValue("TargetVersion");

console.log(parameterValue);
```

Wie Sie es in Abbildung 4.20 sehen können, ist das Ergebnis der `getParameterValue`-Methode ein JSON-Objekt bzw. ein Objekt vom Typ `DataActionParameterValue`.

```
▾{type: 'Member', members: Array(1)}
  ▸members: ['public.Aggregated_Plan']
   type: "Member"
  ▸[[Prototype]]: Object
```

Abbildung 4.20 Konsolenausgabe des Parameters

Mit der folgenden Schleife in Listing 4.1 können Sie dieses Objekt auflösen und die einzelnen Parameterwerte weiterverwenden:

```
var memberParameter =
 cast(Type.DataActionMemberParameterValue, parameterValue);
var memberIds = memberParameter.members;
for (var i = 0; i < memberIds.length; i++) {
       console.log("Parameterwert: "+memberIds[i]);
}
```

Listing 4.1 Ausgabe des Parameterwerts

In diesem Fall werden die Parameterwerte wieder über die Konsole ausgegeben. Als Zielversion wird uns `public.Aggregated_Plan` genannt (siehe Abbildung 4.21).

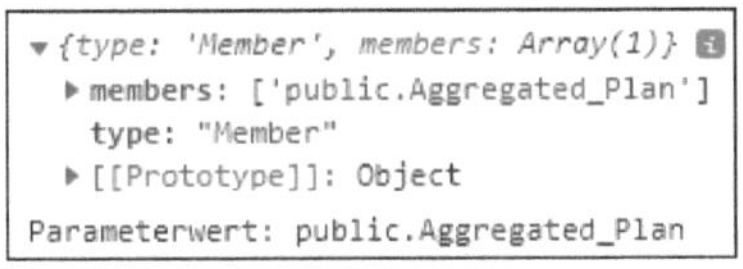

```
▾ {type: 'Member', members: Array(1)} ℹ
  ▸ members: ['public.Aggregated_Plan']
    type: "Member"
  ▸ [[Prototype]]: Object
Parameterwert: public.Aggregated_Plan
```

Abbildung 4.21 Konsolenausgabe des Parameterwerts

Neben dem Auslesen eines Parameterwerts können Sie diesen auch setzen. Hierzu geben Sie die ID des Parameters sowie dessen Wert an. Mit dem folgenden Skript können Sie die Zielversion überschreiben und eine andere Version setzen:

```
DataAction_1.setParameterValue("TargetVersion","public.Detailed_
Plan");
```

Um Ihre Ausführung zu überprüfen können Sie anschließend nochmals die `getParameterValue`-Methode ausführen und das Ergebnis in der Konsole ausgeben. Da wir nun wissen, dass es sich nur um ein Objekt handelt, können wir die Schleife ersetzen und direkt das erste Objekt im Array abrufen (siehe Listing 4.2).

```
parameterValue = DataAction_1.getParameterValue("TargetVersion");
memberParameter =
 cast(Type.DataActionMemberParameterValue, parameterValue);

console.log("Neue Zielversion: "+memberParameter.members[0]);
```

Listing 4.2 Ausgabe der neuen Zielversion

Abbildung 4.22 zeigt Ihnen die Ausführung des Codes aus Listing 4.2 und die daraus resultierende Konsolenausgabe.

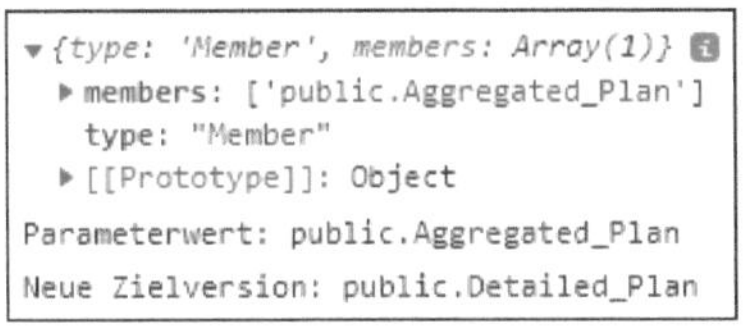

```
▾ {type: 'Member', members: Array(1)} ℹ
  ▸ members: ['public.Aggregated_Plan']
    type: "Member"
  ▸ [[Prototype]]: Object
Parameterwert: public.Aggregated_Plan
Neue Zielversion: public.Detailed_Plan
```

Abbildung 4.22 Konsolenausgabe der neuen Zielversion

Anhand dieser Beispiele haben Sie gesehen, wie Sie die Parameter einer Datenaktion setzen und auslesen können. Im nächsten Schritt geht es darum, wie Sie eine Datenaktion ausführen.

Die Ausführung einer Datenaktion ist simpel, denn die execute-Methode benötigt keine weiteren Parameter. Es ist zu empfehlen, dass Sie den Rückgabewert der Methode auffangen, da Ihnen diese sagt, in welchem Status die Datenaktion abgeschlossen wurde.

```
var response = DataAction_1.execute();
console.log(response);
```

Den Status einer Datenaktion erhalten Sie als Typ DataActionExecutionResponse zurück. Abbildung 4.23 zeigt Ihnen das Objekt in der Konsole.

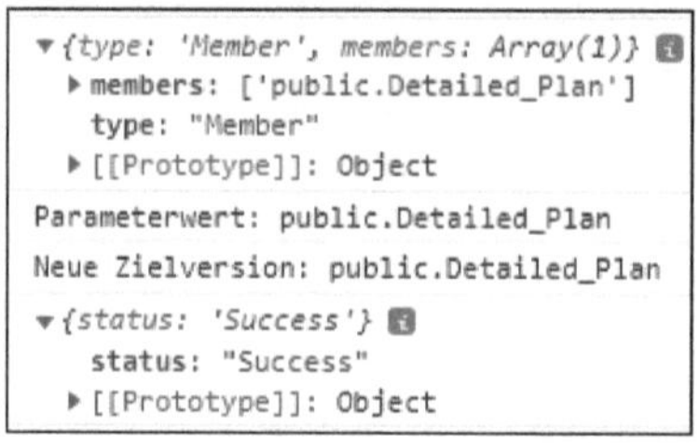

```
▾{type: 'Member', members: Array(1)}
  ▸members: ['public.Detailed_Plan']
   type: "Member"
  ▸[[Prototype]]: Object
Parameterwert: public.Detailed_Plan
Neue Zielversion: public.Detailed_Plan
▾{status: 'Success'}
   status: "Success"
  ▸[[Prototype]]: Object
```

Abbildung 4.23 Konsolenausgabe mit dem Status der Datenaktion

In diesem Beispiel ist die Datenaktion mit dem Status **Success** beendet worden. Success bedeutet, dass die Datenaktion erfolgreich ausgeführt worden ist. Daneben gibt es noch zwei weitere Status:

- Canceled
- Error

Der Status **Canceled** wird verwendet, wenn eine Datenaktion abgebrochen werden musste. Dies kann verschiedene Ursachen haben. Wird Ihnen der Status **Error** zurückgegeben, wurde die Datenaktion beendet, aber währenddessen sind Fehler aufgetreten.

4.2.2 ODataService

OData

Die API ODataService stellt Ihnen verschiedene Methoden zur Verfügung, um OData-Services auszuführen und auszulesen:

- executeAction
  Diese Methode können Sie auf bestehende OData-Services-Scripting-Objekte anwenden. Als Argument der Methode können Sie eine OData-Aktion angeben, die daraufhin aufgerufen wird.

- `GetEntititesFromEntitySet`
  Mit dieser Methode können Sie die Daten eines OData-Endpunkts auslesen. Durch die Angabe eines Namens können Sie den Aufruf auf eine Entitätenmenge einschränken. Des Weiteren stehen Ihnen noch weitere optionale Filterbegriffe zur Verfügung, mit denen Sie Ihre Anfrage spezifizieren können:
  - `filter`
  - `orderby`
  - `select`
  - `skip`
  - `top`

4.2.3 Planning

Planning-APIs

Die APIs der Typenbibliothek **Planning** erweitern mit ihren Methoden verschiedene Widgets, die zur Planung genutzt werden.

BpcPlanningSequence

Mit der API `BpcPlanningSequence` wird das Widget **BPC-Planungssequenz** erweitert. Mit der Methode `onBeforeExecute` lässt sich steuern, ob eine Planungssequenz ausgeführt werden soll. Klicken Sie auf das Widget **BPC-Planungssequenz**, wird zuerst diese Methode ausgeführt. Gibt diese Methode `true` oder keinen Wert zurück, wird die Planungssequenz gestartet. Wird `false` als Ergebnis ausgegeben, wird die Planungssequenz ignoriert.

DataActionTrigger

Die API `DataActionTrigger` erweitert die grundlegenden Widget-APIs des Widgets **Auslöser für Datenaktionen**. Es wird die Methode `onBeforeExecute` hinzugefügt.

Diese Funktion wird ausgeführt, wenn Anwenderinnen und Anwender der analytischen Applikation auf das Widget **Auslöser für Datenaktionen** klicken. Mit dieser Methode können Sie steuern, ob eine Datenaktion ausgeführt werden soll. Gibt diese Methode `true` oder keinen Wert zurück, wird die Datenaktion ausgelöst. Wird wiederum `false` als Ergebnis berechnet, wird die Datenaktion nicht ausgeführt.

DataLocking

Mit den Methoden der `DataLocking`-API stehen Ihnen Funktionen zum Umgang mit Datensperren zur Verfügung:

- **getState**
  Mit der Methode `getState` können Sie den Status der Datensperre einer Datenzelle abfragen.
- **setState**
  Mit der Methode `setState` können Sie den Status einer Datenzelle festlegen. Bei erfolgreicher Ausführung wird `true` als Ergebnis bzw. `false` bei nicht erfolgreicher Ausführung zurückgegeben.

Datensperren bieten Ihnen die Möglichkeit, bestimmte Daten vor Änderungen zu schützen. Dies ist ein großer Vorteil in komplexeren Planungsszenarien, wenn Sie Ihren Anwenderinnen und Anwendern nur bestimmte Datenbereiche zur Änderung zur Verfügung stellen möchten.

Datensperre für ein Planungsmodell aktivieren

Zunächst möchten wir Ihnen aufzeigen, wie Sie die Datensperre für ein Planungsmodell aktivieren können. In diesem Beispiel verwenden wir das Planungsmodell `SAP__HR_BPL_IM_WORKFORCE` des Business Contents Human Experience Management (HXM) Workforce Planning. Um die Datensperre für ein Modell zu aktivieren bzw. zu deaktivieren, müssen Sie die Modelleinstellungen öffnen. Dies ist möglich, wenn Sie sich in der Modeler-Sicht eines Modells befinden. In den Arbeitsbereichen **Modellstruktur** oder **Berechnungen** öffnen Sie über das Werkzeug-Icon im Menübereich **Allgemein** die Modelleinstellungen (siehe Abbildung 4.24).

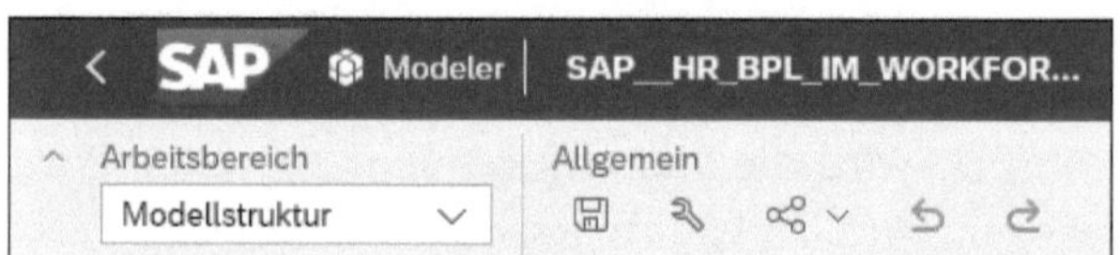

Abbildung 4.24 Menü zum Öffnen der Modelleinstellungen

Die Modelleinstellungen öffnen sich nun in einem hervorgehobenen Fenster, in dem sie in mehrere Bereiche unterteilt sind. Zur Konfiguration der Datensperren öffnen Sie den Bereich **Zugriff und Schutz** (siehe Abbildung 4.25). Dort befindet sich im Bereich **Sicherheit** der Punkt **Datensperre**. Über den Schalter sind Sie nun in der Lage, die Datensperre für ein Modell einzustellen.

Nun sind Sie in der Lage, einzelne Datenscheiben des Modells zu sperren.

Im Allgemeinen gibt es zwei Möglichkeiten, um Datensperren anzulegen:

- manuelle Verwendung der Datensperre
- skriptgesteuerte Verwendung der Datensperre

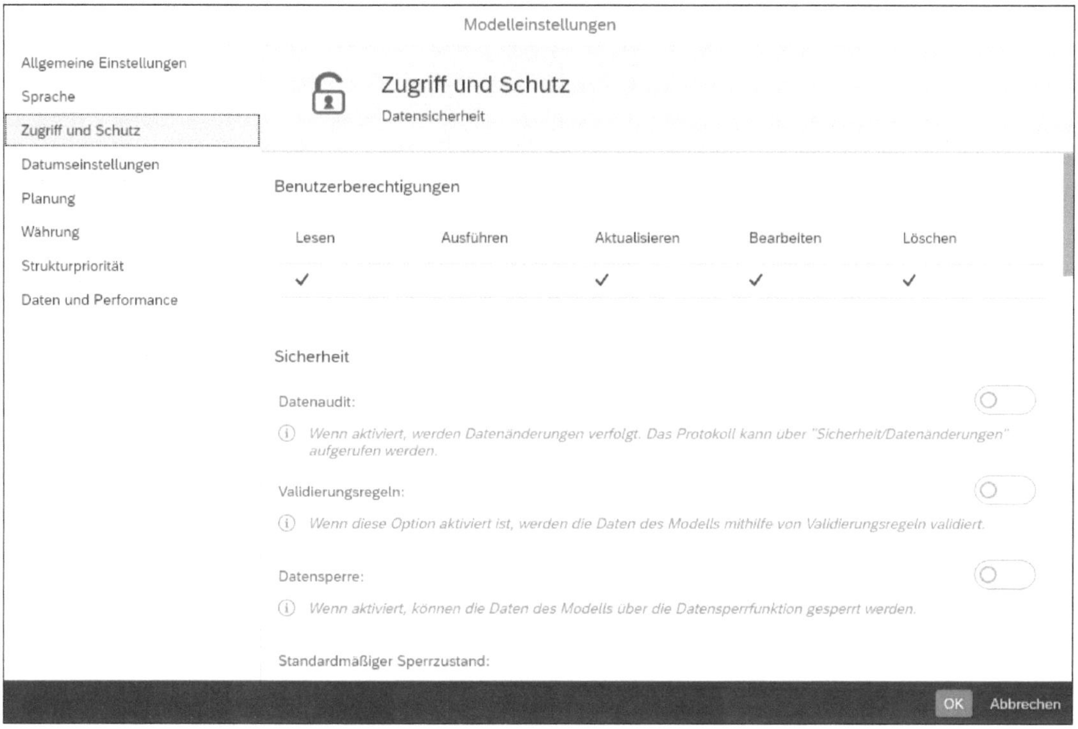

Abbildung 4.25 Datensperre über Modelleinstellungen

Datensperre manuell setzen

Möchten Sie eine Datensperre manuell anlegen, haben Sie dafür zwei Optionen: Sie können direkt im Modeler oder innerhalb einer analytischen Applikation bzw. einer Story mithilfe von Tabellen-Widgets agieren. Für beide Optionen benötigen Sie die entsprechenden Berechtigungen.

Zuerst betrachten wir den ersten Fall, die Verwaltung der Datensperre über den Modeler. Öffnen Sie hierzu das Planungsmodell im Modeler. Die Datensperre kann nicht angepasst werden, wenn Sie sich in der geöffneten Datenverwaltungssicht befinden. Öffnen Sie daher das Modell im Arbeitsbereich **Modellstruktur** oder **Berechnungen**. Abbildung 4.26 zeigt Ihnen das Kopfzeilenmenü des Modelers. Im Bereich **Daten** finden Sie das Schloss-Icon. Über dieses können Sie die Datensperrenkonfiguration öffnen.

Abbildung 4.26 Icon zum Öffnen der Datensperrenkonfiguration

Abbildung 4.27 zeigt das Menü zur Konfiguration der Datensperre, das sich in einem neuen Fenster öffnet. Der Vorgang besteht aus zwei Schritten. Im ersten Schritt selektieren Sie treibende Dimensionen und definieren die Datensperreigentümerschaft. *Treibende Dimensionen* bezeichnen die Dimensionen, die zur Definition der zu sperrenden Datensperre benötigt werden. Die *Datensperreigentümerschaft* können Sie pro Dimension definieren. Nachgelagert können Sie die Rechte an einzelne Benutzer vergeben.

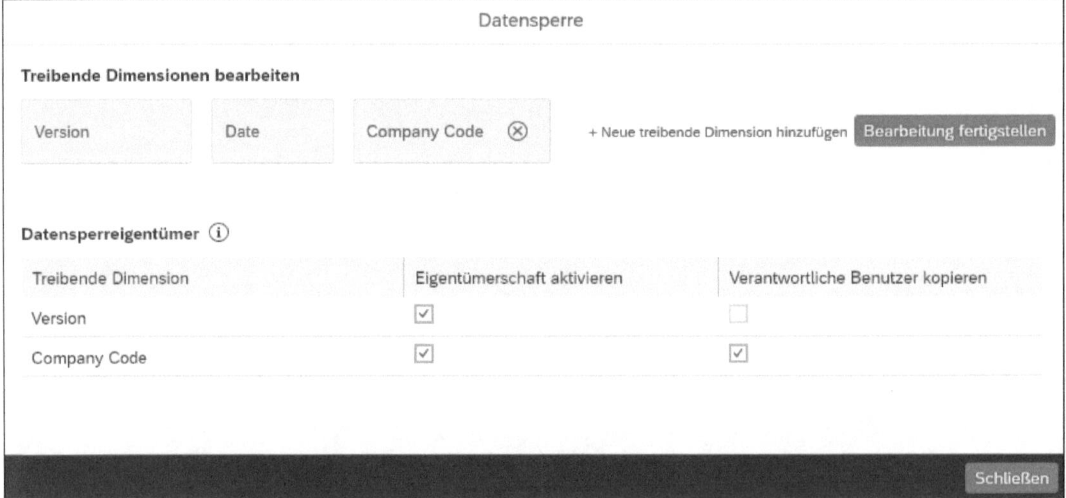

Abbildung 4.27 Treibende Dimensionen einer Datensperre auswählen

Wenn Sie diese Auswahl getroffen haben, können Sie im zweiten Schritt die Datenscheibe definieren. Hierzu können Sie für die einzelnen treibenden Dimensionen Filter setzen. Auf der Grundlage dieser Filter wird in einer Tabellendarstellung der Datenaufriss der Datenscheibe dargestellt. Abbildung 4.28 zeigt Ihnen, wie Sie für einzelne Datenzellen den Sperrzustand definieren können. Sie können zwischen den folgenden Status wählen:

- Offen
- Eingeschränkt
- Gesperrt

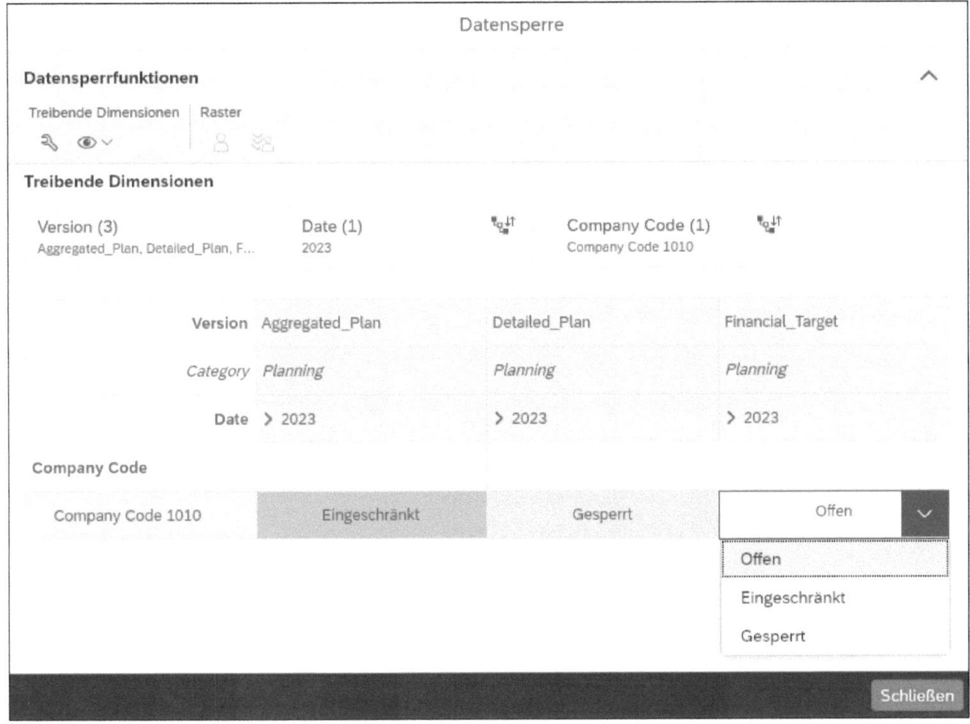

Abbildung 4.28 Datensperre auf einer Datenscheibe definieren

Sperrzustände

Offen bedeutet, dass die Datenwerte für diese Datenscheibe entsperrt sind. Alle Benutzer, die über die entsprechende Berechtigung zum Eingeben von Werten für das Planungsmodell verfügen, können diese Datenwerte bearbeiten. **Eingeschränkt** bezeichnet den Status, dass nur Benutzer mit Sperreigentümerschaft die Datenwerte der Datenscheibe bearbeiten können. Befindet sich eine Datenscheibe im Status **Gesperrt**, kann niemand die Datenwerte bearbeiten.

Verhalten bei Hierarchien

Untergeordnete Elemente einer Dimension übernehmen den Sperrstatus des übergeordneten Elements.

Um die Eigentümerschaft an Benutzer einer eingeschränkten Datenscheibe zu vergeben, müssen Sie diese selektieren. Danach können Sie über das Kopfzeilenmenü im Bereich **Raster** das Menü zur Definition der Eigentümer öffnen (siehe Abbildung 4.29).

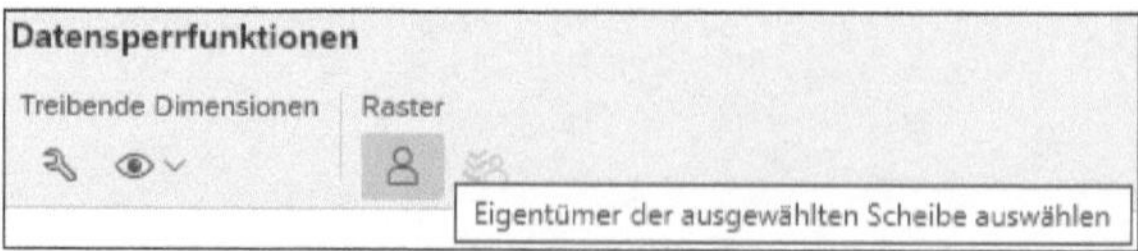

Abbildung 4.29 Schaltfläche zum Öffnen der Vergabe der Eigentümerschaft

Abbildung 4.30 zeigt Ihnen dieses Menü. Sie können hier für jede treibende Dimension Eigentümer hinzufügen.

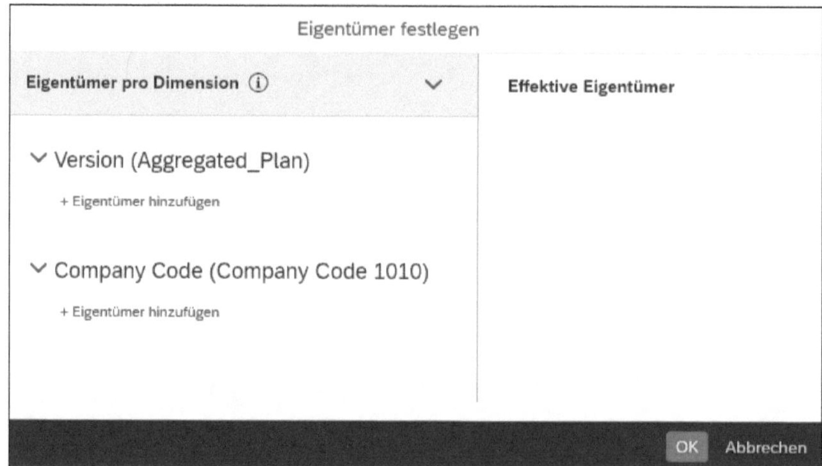

Abbildung 4.30 Eigentümer pro treibende Dimension definieren

Nun haben Sie gesehen, wie Datensperren über den Modeler eingerichtet und verwaltet werden. Wie im Vorfeld angeschnitten, ist dies auch innerhalb einer analytischen Applikation oder einer Story möglich. Um dies zu demonstrieren, haben wir auf der Grundlage unseres Planungsmodells eine Tabelle innerhalb einer analytischen Applikation erstellt. Im Kontextmenü dieser Tabelle finden Sie den Punkt **Datensperren verwalten ...** (siehe Abbildung 4.31). Wenn Sie darauf klicken, öffnet sich das Fenster zur Verwaltung der Datensperre (siehe Abbildung 4.28). Der große Unterschied im Vergleich mit der Datensperrenkonfiguration über den Modeler ist, dass Sie über diesen Weg keine Eigentümerschaft vergeben können.

Der hier aufgezeigte manuelle Weg ist für kleinere Planungsprozesse geeignet. Arbeiten Sie jedoch an einem größeren Planungsprozess, in dem es des Öfteren zu unterschiedlichen Zuständen der Datensperre kommt, kann dieser Prozess auch eine Fehlerquelle sein oder zusätzliche Zeit in Anspruch nehmen. Daher empfiehlt sich je nach Aufwand und Wichtigkeit des Planungsprozesses die Überlegung, ob solche verwaltenden Prozesse skriptgesteuert ausgeführt werden können.

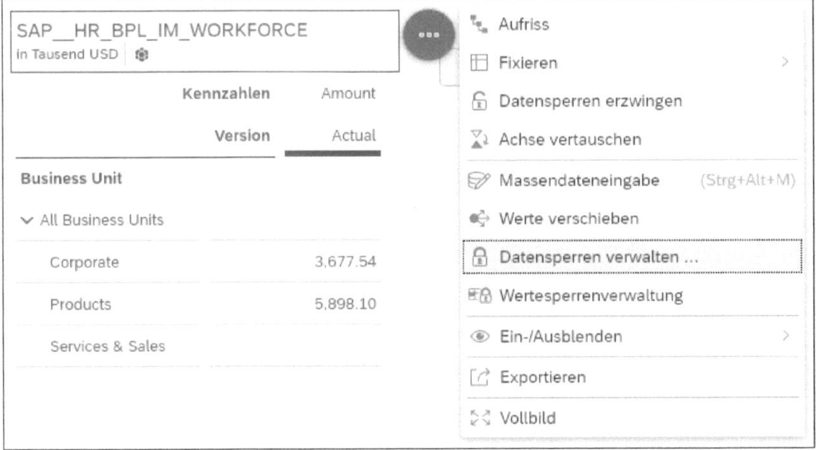

Abbildung 4.31 Datensperre über das Kontextmenü einer Tabelle

Datensperre automatisiert setzen

Neben dem manuellen Setzen der Datensperre bietet Ihnen die API auch verschiedene Methoden an, um die Datensperre skriptgesteuert zu verwenden. Diese Methoden stellen wir Ihnen im Folgenden vor. Im ersten Schritt möchten wir den Status der Datensperre per Klick auf ein einer Tabelle zugrundeliegendes Planungsmodell auslesen. Hierzu verwenden wir die zuvor erstellte Tabelle (siehe Abbildung 4.31).

Um die Methoden der `DataLocking`-API auszuführen, benötigen Sie ein Event, mit dem Sie die Methode starten können. In diesem Beispiel nutzen wir hierzu ein `onClick`-Event einer Schaltfläche (siehe Abbildung 4.32). Die Methoden können auch über andere Events ausgeführt werden.

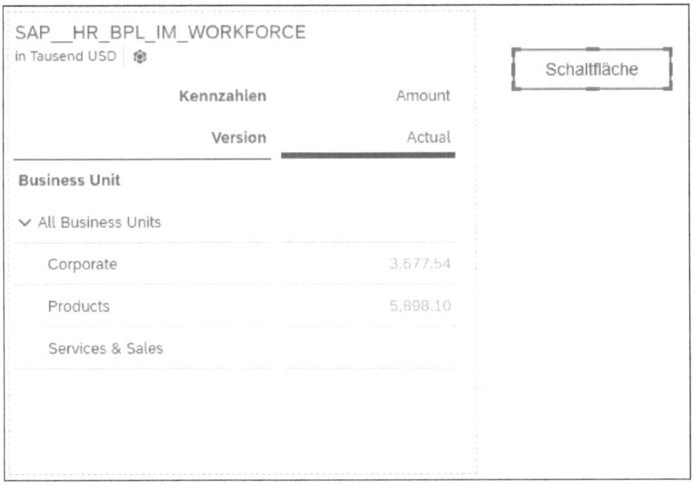

Abbildung 4.32 Zusätzliche Schaltfläche zur Tabelle

Nachdem Sie die Schaltfläche erstellt haben, können Sie Ihr Skript für das `onClick`-Event definieren. Da die `DataLocking`-API Teil der Planning-Bibliothek ist, müssen Sie zuerst das Planungsobjekt der Tabelle anfragen. Danach können Sie in diesem Planungsmodell die Methode `getDataLocking` ausführen. Mit dieser Abfrage können Sie überprüfen, ob eine Datensperre für das Planungsmodell aktiviert ist:

```
var planning = Table_1.getPlanning();
var dataLocking = planning.getDataLocking();

console.log(dataLocking);
```

Bei einer erfolgreichen Überprüfung erhalten Sie als Ergebnis ein Objekt vom Typ `DataLocking` zurück. Ist keine Datensperre für das Modell aktiviert, erhalten Sie als Ergebnis der Abfrage den Wert `undefined`. Da wir zuvor eine Datensperre für unser Planungsmodell aktiviert haben, sehen wir in Abbildung 4.33, dass korrekterweise ein Objekt vom Typ `DataLocking` ausgegeben wird.

```
Table_1#Planning#DataLocking
```

Abbildung 4.33 Konsolenausgabe des DataLocking-Objekts

Um den Zustand der Datensperre abzufragen, ändern wir die Tabellenstruktur unserer Tabelle. Als Zeilendimension selektieren Sie im Analytics Designer **Company Code**. Als Spaltendimension behalten Sie **Version** und fügen `Aggregated_Plan` als weiteres Element des Tabellenaufrisses hinzu. Zusätzlich filtern Sie die Tabelle auf das Jahr 2023. Die Tabelle sollte nun so wie in Abbildung 4.34 aussehen.

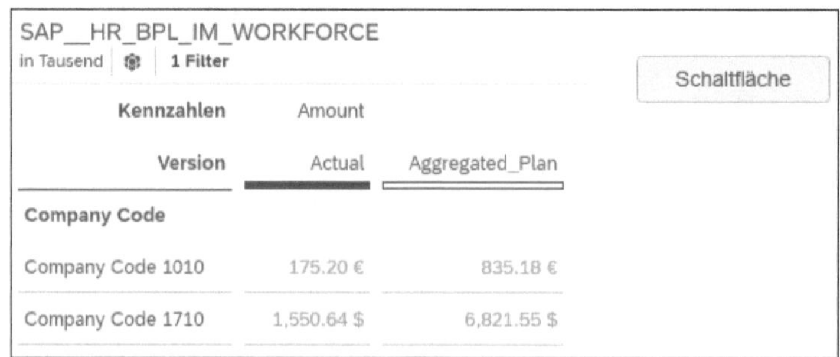

Kennzahlen	Amount	
Version	Actual	Aggregated_Plan
Company Code		
Company Code 1010	175.20 €	835.18 €
Company Code 1710	1,550.64 $	6,821.55 $

Abbildung 4.34 Datentabelle mit neuer Datensicht

Danach fügen wir über die Datensperrfunktion Änderungen am Sperrzustand einzelner Datenscheiben durch, sodass wir diese auch abfragen können. In diesem Anwendungsfall schränken wir für den Company Code 1010 die Version `Aggregated_Plan` ein und sperren für den Company Code 1710 die Version `Actuals`. Abbildung 4.35 zeigt diesen Vorgang.

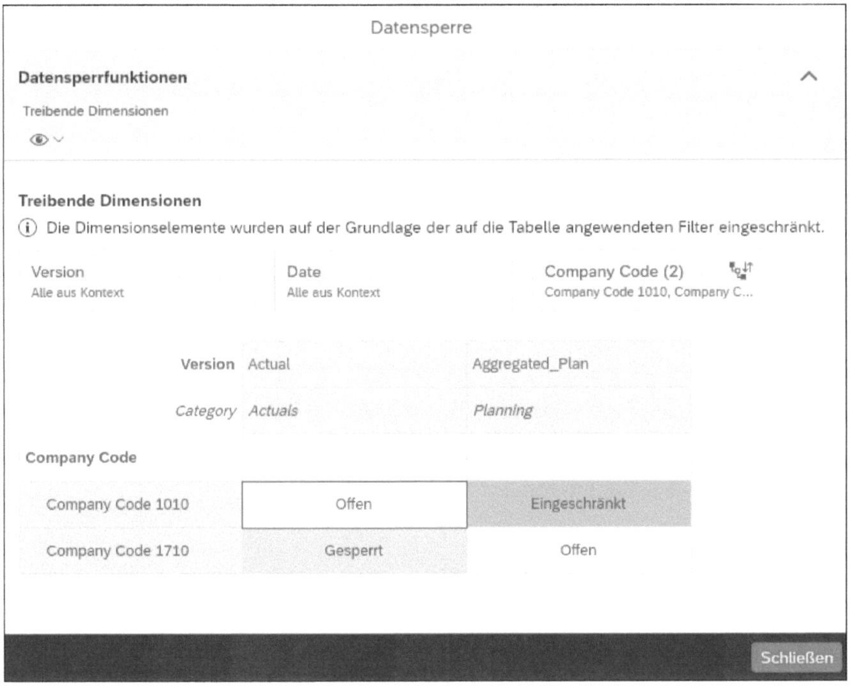

Abbildung 4.35 Vergabe von Datensperrzuständen

Nach diesen vorbereitenden Schritten können Sie nun das Skript weiter anpassen. Das DataLocking-Objekt bietet Ihnen dafür zwei Methoden: `getState` und `setState`. Die `getState`-Methode benötigt noch eine Auswahl einer Tabellenzelle als Argument. Ist dieses Argument nicht gegeben, gibt die Methode `undefined` zurück. Deshalb wird dem Skript noch eine Tabellenabfrage hinzugefügt (siehe Listing 4.3).

```
Var selection = Table_1.getSelections()[0];
var dataLockingState = Table_
1.getPlanning().getDataLocking().getState(selection);

console.log('Sperrzustand der Auswahl:');
console.log(dataLockingState);
```

Listing 4.3 Ausgabe des Sperrzustands der ausgewählten Zelle

In der ersten Zeile von Listing 4.3 fragt das Skript ab, welche Tabellenzelle aktuell selektiert ist. In der zweiten Zeile wird diese Variable dann zum Input der `getState`-Methode verwendet. Danach wird der Sperrzustand über die Konsole ausgegeben. Selektieren Sie zur Überprüfung der Korrektheit Ihrer Skripts in der Tabelle die Datenzellen von links nach rechts und von oben nach unten, und betätigen Sie nach jeder Auswahl die Schaltfläche, über die Sie die Abfrage des Sperrzustands implementiert haben. Ihr Ergebnis sollte wie in Abbildung 4.36 aussehen und mit der Definition aus Abbildung 4.35 übereinstimmen.

```
Sperrzustand der Auswahl:
Open
Sperrzustand der Auswahl:
Restricted
Sperrzustand der Auswahl:
Locked
Sperrzustand der Auswahl:
Open
```

Abbildung 4.36 Konsolenausgabe zur Überprüfung des Datensperrzustandes

Rückgabewerte der getState-Methode

Die Methode `getState` gibt insgesamt vier Status zurück:

- Open
- Mixed
- Restricted
- Locked

Der Status **Mixed** bedeutet, dass der Datensperrzustand nicht ermittelt werden kann. Dies kann mehrere Gründe haben, beispielsweise dass die Elemente, die sich in der Selektion befinden, verschiedene Datensperrzustände besitzen.

Im nächsten Skriptbeispiel zeigen wir Ihnen die `setState`-Methode. Diese benötigt als Argumente die Selektion, also die Tabellenzelle, deren Sperrzustand geändert werden soll, sowie den neuen Zustand als `DataLockingState`-Objekt. Die `DataLockingState`-Objekte, die Sie verwenden können, sind:

- `DataLockingState.Open`
- `DataLockingState.Restricted`
- `DataLockingState.Locked`

Listing 4.4 definiert wieder das `onClick`-Event der Schaltfläche. Es liest den aktuellen Sperrzustand der Tabellenzelle und gibt diesen über die Konsole aus. Danach sperrt es die selektierte Zelle und gibt eine Meldung darüber aus, ob dieser Vorgang erfolgreich war. Danach wird über die Konsole nochmals der neue Sperrzustand kommuniziert.

```
var selection = Table_1.getSelections()[0];
var oldDataLockingState = Table_
1.getPlanning().getDataLocking().getState(selection);
console.log("Alter Sperrzustand der Auswahl:");
console.log(oldDataLockingState);

var isSet = Table_
1.getPlanning().getDataLocking().setState(selection, DataLockingState
.Locked);
console.log("Datensperrzustandänderung erfolgeich:");
console.log(isSet);

var newDataLockingState = Table_
1.getPlanning().getDataLocking().getState(selection);
console.log("Neuer Sperrzustand der Auswahl:");
console.log(newDataLockingState);
```

Listing 4.4 Datensperrzustandsänderung

Selektieren Sie die Zelle links oben mit dem Dimensionselement **Company Code 1010** als Company Code sowie **Actuals** als Version (siehe Abbildung 4.34), und führen Sie das Skript über die Schaltfläche aus, über die Sie die Änderung des Sperrzustands implementiert haben. Ihre Konsolenausgabe sollte wie in Abbildung 4.37 aussehen. Die Sperrzustandsänderung wird erfolgreich durchgeführt. Die Auswahl war zunächst offen (**Open**) und befindet sich nun im Sperrzustand (**Locked**).

```
Alter Sperrzustand der Auswahl:
Open
Datensperrzustandänderung erfolgeich:
true
Neuer Sperrzustand der Auswahl:
Locked
```

Abbildung 4.37 Datensperrzustand in der Konsole ändern

Dasselbe können Sie auch nochmals über die Datensperrverwaltung überprüfen. Öffnen Sie diese direkt über das Kontextmenü der Tabelle. Abbildung 4.38 zeigt Ihnen die Änderung.

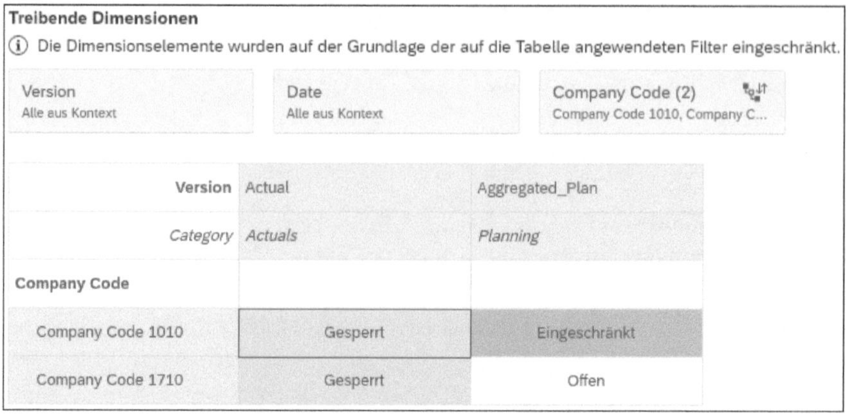

Treibende Dimensionen

ⓘ Die Dimensionselemente wurden auf der Grundlage der auf die Tabelle angewendeten Filter eingeschränkt.

Version – Alle aus Kontext | Date – Alle aus Kontext | Company Code (2) – Company Code 1010, Company C...

Version	Actual	Aggregated_Plan
Category	*Actuals*	*Planning*
Company Code		
Company Code 1010	Gesperrt	Eingeschränkt
Company Code 1710	Gesperrt	Offen

Abbildung 4.38 Datensperrzustand in der Datensperrverwaltung ändern

MultiActionTrigger

Mit der API `MultiActionTrigger` erweitern Sie das Widget **Auslöser für Multi-Aktionen**. Mit der Methode `onBeforeExecute` lässt sich steuern, ob eine Multi-Aktion ausgeführt werden soll. Die Methode verhält sich bei Multi-Aktionen genauso wie bei Datenaktionen und Planungssequenzen. Beim Klicken auf das Widget **Auslöser für Multi-Aktionen**, wird die Methode ausgeführt. Gibt die Methode `false` zurück, wird die Multi-Aktion nicht ausgeführt. Bei dem Wert `true` oder keinem Wert wird die Multi-Aktion ausgeführt.

Planning

Operationen für Tabellen und Datenquellen

Die API `Planning` bietet Ihnen viele Methoden in Bezug auf Tabellen und Datenquellen:

- **getDataLocking**
  Die Methode `getDataLocking` gibt das DataLocking-Objekt einer Tabelle zurück. Wenn das Modell, dass der Tabelle hinterlegt ist, keine Datensperre unterstützt, wird der Wert `undefined` zurückgegeben.
- **getPrivateVersion**
  Mit der Methode `getPrivateVersion` können Sie anhand einer ID eine spezifische private Version eines Modells anfragen. Hat das Modell keine private Version mit der angegebenen ID assoziiert, wird `undefined` zurückgegeben.
- **getPrivateVersions**
  Das Ergebnis der Methode `getPrivateVersions` sind alle privaten Versionen eines Datenmodells.
- **getPublicVersion**
  Die Methode getPublicVersion verhält sich analog zu der Methode `get-`

`PrivateVersion` – mit dem Unterscheid, dass sich diese Methode auf öffentliche Versionen anwenden lässt.

- **getPublicVersions**
  Die Methode `getPublicVersions` verhält sich analog zu der Methode `getPrivateVersions` – mit dem Unterscheid, dass sich diese Methode auf öffentliche Versionen anwenden lässt.
- **isEnabled**
  Die Methode `isEnabled` können Sie auf Tabellen anwenden. Sie gibt zurück, ob eine Tabelle die Planung aktiviert hat oder nicht.
- **setEnabled**
  Mit der Methode `setEnabled` können Sie die Planungseigenschaft einer Tabelle aktivieren und deaktivieren. Ist diese Methode erfolgreich, erhalten Sie `true` und andernfalls `false` als Ergebniswert zurück.
- **setUserInput**
  Die Methode `setUserInput` ermöglicht es Ihnen, Werte in eine Datenzelle einer Tabelle zu schreiben. Ist diese Methode erfolgreich, erhalten Sie `true` und andernfalls als Ergebniswert den Wert `false` zurück.

[«]

Informationen zur Methode setUserInput

Ist die Methode `setUserInput` nicht erfolgreich, kann dies folgende Gründe haben: Entweder ist die Datenzelle eine Faktenzelle oder eine berechnete Zelle, oder die Zelle ist nicht für Eingaben aktiviert. Nachdem die Methode `setUserInput` ausgeführt worden ist, ist es daher sehr zu empfehlen, die Eingabe mit der Methode `submitData` zu übermitteln. Andernfalls könnte Ihre Eingabe durch weitere Anwenderaktionen oder Skriptausführungen verworfen werden.

- **submitData**
  Diese Methode übermittelt die Daten zum Server. Bei erfolgreicher Übermittlung wird der Wert `true` und andernfalls der Wert `false` zurückgegeben.

4.2.4 PlanningModel

Planungsmodell

Im Gegensatz zu Analysemodellen gibt es auch Methoden, die nur auf Planungsmodelle angewendet werden können. Hierzu können Sie die API `PlanningModel` nutzen. Folgende Methoden stehen Ihnen zur Verfügung:

- **createMembers**
  Mit der Methode `createMembers` können Sie neuen Dimensionen in einem

Planungsmodell erstellen. Bei erfolgreicher Ausführung wird `true` und bei nicht erfolgreicher Ausführung `false` zurückgegeben. Es können nicht mehrere Dimensionen mit derselben ID erstellt werden. Wenn Sie eine neue Dimension erstellen wollen und die ID schon vergeben ist, wird die Methode mit einem Fehler abgebrochen.

- **deleteMembers**
  Analog zur vorangehenden Methode löscht die Methode `deleteMembers` Dimensionen eines Planungsmodells. Die Werte `true` bzw. `false` werden je nach Erfolg der Methode zurückgegeben.
- **getMember**
  Mit der Methode `getMember` können Sie sich einzelne Dimensionen zurückgeben lassen.
- **getMembers**
  Mit der Methode `getMembers` können Sie sich mehrere Dimensionen eines Planungsmodells ausgeben lassen. Durch optionale Argumente der Methode können Sie beispielsweise einstellen, wie viele Elemente insgesamt zurückgegeben werden sollen oder ob zu Beginn eine feste Anzahl von Elementen übersprungen werden soll.
- **updateMembers**
  Mit der Methode `updateMembers` können Sie Dimensionen aktualisieren. Auch hier wird Ihnen entweder `true` oder `false` nach der Ausführung als Ergebniswerte ausgegeben.

[»]

Einschränkung der Methoden und Übernahme der Änderungen

Aktuell unterstützen die aufgeführten Methoden nur generische Dimensionen.

Nach der Durchführung von Änderungen am Planungsmodell, beispielsweise durch Erstellung, Löschung oder Aktualisierung von Dimensionen, sollten Sie die Methoden `DataSource.refreshData()` oder `Application.refreshData()` ausführen. Dadurch stellen Sie sicher, dass Ihre Änderungen auch in die nachfolgenden Methodenausrufe übernommen werden.

4.2.5 DataSourceComments

Kommentare

Mit der API `DataSourceComments` können Sie Kommentare über Methoden hinzufügen, löschen und bearbeiten. Folgende Methoden stehen Ihnen dafür zur Verfügung:

- **addComment**
  Mit der Methode `addComment` können Sie einen Kommentar an einer Datenzelle anbringen. Wenn die Operation erfolgreich ausgeführt worden ist, wird Ihnen der Kommentar und andernfalls `undefined` zurückgegeben.
- **addComments**
  Analog zur vorherigen Methode ermöglicht es Ihnen die Methode `addComments`, mehrere Kommentare einer Datenzelle hinzuzufügen. Ebenso verhält es sich mit dem Ergebniswert. Bei erfolgreicher Operation werden Ihnen die hinzugefügten Kommentare ausgegeben, und bei einem Fehlschlag der Operation erhalten Sie den Wert `undefined`.
- **getAllComments**
  Mithilfe der Methode `getAllComments` können Sie alle Kommentare einer Datenzelle abrufen.
- **getComment**
  Sie können auch einzelne Kommentare abrufen. Die Methode `getComment` kann mithilfe der Kommentar-ID einzelne Kommentare zurückgeben.
- **removeAllComments**
  Mit der Methode `removeAllComments` können Sie alle Kommentare einer Datenzelle entfernen. Nach Beendigung dieser Methode erhalten Sie einen Boolean, ob die Methode erfolgreich war oder nicht.
- **removeComment**
  Einzelne Kommentare können Sie mithilfe der Methode `removeComment` entfernen. Hierzu benötigen Sie die Kommentar-ID. Nach der Durchführung der Methode erhalten Sie analog zur vorherigen Methode einen Boolean als Ergebniswert.
- **setCommentLiked**
  Mit der Methode `setCommentLiked` können Sie definieren, ob ein Kommentar mit **Gefällt mir** bewertet werden soll. Hierzu benötigen Sie die Kommentar-ID sowie einen Boolean, der den Status definiert.

Nutzung auf mobilen Geräten

Sie können die Methoden der `DataSourceComments`-API nicht auf mobilen Geräten verwenden. Die einzige Ausnahme bildet hier die `removeComment`-Methode.

4.3 Datenanbindung zum Zurückschreiben von Daten

Open Data Protocol

SAP Analytics Cloud nutzt zur Kommunikation mit Datenquellen und zum Zurückschreiben von Plandaten das *Open Data Protocol* (OData). OData ist ein von Microsoft veröffentlichtes HTTP-basiertes Protokoll, das den Datenaustausch zwischen Softwaresystemen ermöglicht. Aufgrund der einheitlichen Semantik ist die Nutzung von OData besonders im Umfeld von Cloud-Lösungen sehr gefragt, da mit diesem Protokoll die Client-Server-Kommunikation abgebildet werden kann.

Wichtige Begrifflichkeiten

Im Kontext der OData-Services gibt es einige Begrifflichkeiten, die nicht jedem bekannt sind, der zuvor noch nicht mit OData-Diensten gearbeitet hat. Deshalb erläutern wir im Folgenden einige dieser Begriffe genauer.

OData-Aktionen sind Operationen, die von einem OData-Dienst angeboten werden und bei deren Aufruf Nebenwirkungen auftreten können. Aktionen können Daten zurückgeben, dürfen aber nicht mit zusätzlichen Pfadsegmenten weiterkombiniert werden.

OData-Importaktionen oder *ungebundene Aktionen* sind nicht mit einer Entitätsmenge oder einer Entität verbunden. Sie stellen im Allgemeinen einfache Parameter zur Verfügung. Alle Parameter werden über den `POST`-Body gesetzt.

Gebundene Aktionen sind Aktionen, die für eine bestimmte Entität aufgerufen werden können. Sie enthalten immer einen ersten Parameter, der über die URL gesetzt wird (um die Bindung an die Entität in entsprechender Entitätsmenge aufzulösen); alle anderen Parameter werden über den `POST`-Body gesetzt. Im Allgemeinen können Aktionen an jeden Typ gebunden werden, in analytischen Applikationen wird jedoch nur die Bindung an einzelne Entitäten unterstützt. Im Analytics Designer können OData-Aktionen aus dem Backend-System aufgerufen und ausgeführt werden, indem Programmskript innerhalb einer analytischen Application ausgeführt wird. Außerdem wird ein programmatischer Lesezugriff auf OData-Dienste bereitgestellt.

4.3.1 OData in analytischen Applikationen

In analytischen Applikationen können OData-Dienste, basierend auf bestehenden Live-Verbindungen, definiert werden. Diese Verbindungen müssen vom Typ *Cross-Origin Resource Sharing* (CORS) bzw. vom Typ *direkte Verbindungen* sein. Mit OData-Services können Verbindungen mit den folgenden Systemen definiert werden:

- SAP Business Planning and Consolidation
- SAP Business Warehouse
- SAP HANA
- SAP S/4HANA

[«]

OData-Konfiguration

CORS sollte für OData analog zu einer Information-Access-Verbindung konfiguriert werden. Zusätzlich sollten Sie noch `if-match` als erlaubten Header definieren.

Wissenswertes zur OData-Verbindung

Merkmale der OData-Verbindung

Sollten Sie sich dazu entscheiden, beispielsweise transaktionale Vorgänge im Backend-System über OData-Aufrufe auszuführen, sollten Sie stets die folgenden Punkte beachten:

OData-Aktionen sind Vorgänge eines OData-Service. Bei ihrer Ausführung können Nebeneffekte entstehen. OData-Importaktionen (auch *ungebundene Aktionen* genannt) sind nicht mit OData-Entitätsmengen oder -Entitäten verbunden. Importaktionen verfügen über einfache Parameter. Über einen `POST`-Body werden alle Parameter definiert.

Aktionen, die für eine bestimmte Entität aufgerufen werden, werden als *gebundene Aktionen* bezeichnet. Gebundene Aktionen definieren immer einen ersten Parameter per URL. Dieser wird zur Auflösung der Bindung zur Entität innerhalb der relevanten Entitätsmenge genutzt. Wie auch bei ungebundenen Aktionen werden die restlichen Parameter über den `POST`-Body festgelegt.

OData-Aktionen können an jeden Typ gebunden werden. Im Analytics Designer wird jedoch die Bindung auf einzelne Entitäten eingeschränkt.

Diese Punkte wurden der Übersicht zur Verwendung von OData-Services in analytischen Applikationen im SAP Help Portal entnommen, das Sie unter dem folgendem Link aufrufen können: *http://s-prs.de/v910903*. Auf dieser Seite finden Sie stets aktuelle Informationen zu diesem Thema.

Einschränkungen der OData-Verbindung

Bei der Verwendung des OData-Dienstes sind auch einige Einschränkungen zu beachten, mit denen Sie sich vertraut machen sollten, bevor Sie Ihre analytische Applikation erstellen. Zu den Einschränkungen gehört beispielsweise, dass nur einfache Parametertypen unterstützt werden. Aktionen, die obligatorische Parameter nicht unterstützter Typen beinhalten, sind in analytischen Applikationen ebenfalls nicht verfügbar. Bei Aktionen mit optionalen Parametern nicht unterstützter Typen wird zwar die Aktion selbst unterstützt, die Parameter jedoch nicht.

Für gebundene Aktionen gilt, dass Aktionen, die an Entitätsmengen gebunden sind, nicht unterstützt werden. Es werden nur Aktionen unterstützt, die mit einer einzelnen Entität verbunden sind. Bindungsparameter können Sie nur festlegen, wenn Sie einen Schlüssel zur Entität angeben, für die die Aktion ausgeführt werden soll. Beachten Sie außerdem, dass nur das JSON-Format unterstützt wird und OData-Verbindungen nur in der On-Premise-Variante von SAP S/4HANA genutzt werden können.

Folgende Typen werden nicht unterstützt:

- `Edm.Stream`
- `Edm.Untyped`
- alle `Edm.Geography`-Typen
- alle in einem anderen Namensraum definierten Typen

Diese Einschränkungen wurden der Übersicht zur Verwendung von OData-Service in analytischen Applikationen im SAP Help Portal entnommen, das Sie unter dem folgenden Link aufrufen können: *http://s-prs.de/v910904*.

4.3.2 Einrichtung von OData-Diensten

OData-Verbindung einrichten

Zur Erstellung und Einrichtung neuer OData-Dienste in Ihrer analytischen Applikation müssen Sie die Gliederung im Analytics Designer öffnen. Diese öffnet sich als Panel im linken Bildschirmbereich. Wie Sie in Abbildung 4.39 sehen, unterteilt sich die Gliederung in die beiden Bereiche **Layout** und **Scripting**. Im Bereich **Scripting** werden verschiedene Objekte gelistet, die wir erstellen und verwenden können. In diesem Anwendungsfall interessiert uns der Punkt **OData-Services**. Durch Klicken auf das Plus-Icon (⊞) können wir einen neuen OData-Service erstellen.

Nachdem Sie einen neuen OData-Service erstellt haben, wird dieser im Bereich **OData-Services** aufgelistet. Der neue Service erhält systemseitig einen generischen Namen. In Abbildung 4.40 wurde der neu erstellte OData-Service `ODataService_1` genannt. Sie haben die Möglichkeit, den Namen nach der Erstellung nach Ihren Wünschen zu ändern.

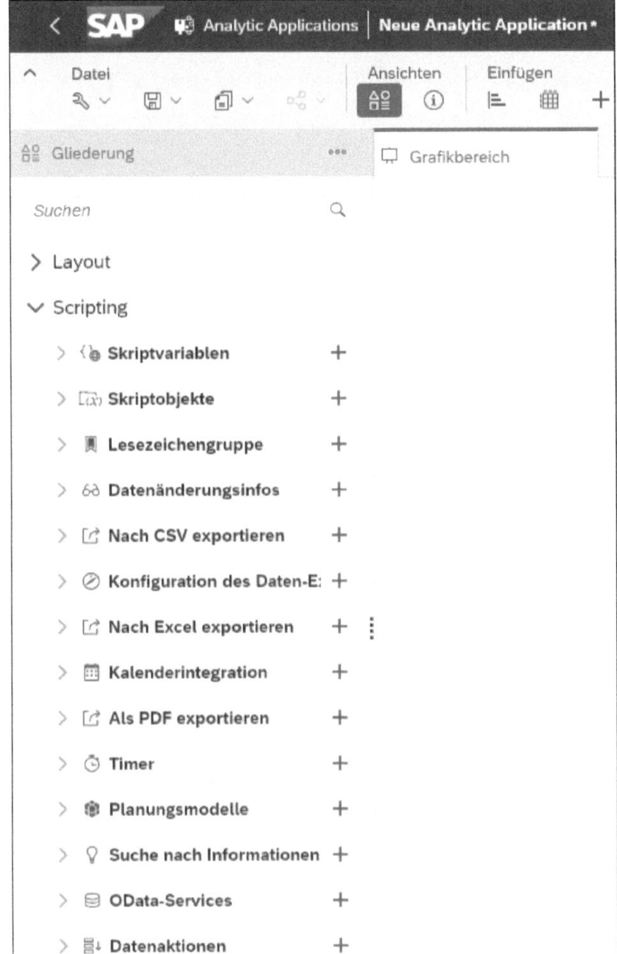

Abbildung 4.39 Gliederungsansicht zum Erstellen neuer OData-Services

Abbildung 4.40 Auflistung eines neuen OData-Service

Nachdem Sie den Service erstellt haben, müssen Sie noch dessen Eigenschaften festlegen. Aktuell handelt es sich noch um ein leeres Objekt, dass keine Aufrufe ausführen kann. Hierzu wählen Sie den entsprechenden

OData-Service in der Gliederung. An Ihrer rechten Bildschirmseite sollte sich nun ein Panel öffnen, über das Sie die Eigenschaften des OData-Service pflegen können. Abbildung 4.41 zeigt, wie dieses Panel aussieht. Mit dem Panel haben Sie die Möglichkeit, drei Eigenschaften zu definieren:

- Name
- Verbindung
- Endpunkt-URL

Abbildung 4.41 OData-Service definieren

Über das Feld **Name** können Sie den vom System vergebenen Standardnamen ändern. So können Sie eine aussagekräftige Bezeichnung vergeben. Bei der Eigenschaft **Verbindung** müssen Sie über ein Dropdown-Menü eine vorhandene Verbindung zu einem Quellsystem auswählen. Sie müssen also im Vorfeld der Nutzung des OData-Service schon eine Verbindung zu dessen Quellsystem erstellt haben. Beachten Sie die möglichen Verbindungstypen, die wir in Abschnitt 4.3.1, »OData in analytischen Applikationen«, definiert haben. Als dritte Eigenschaft müssen Sie die Endpunkt-URL angeben. Jeder OData-Service hat eine eigene URL; Sie müssen hier eine gültige URL angeben.

Keine Eingabehilfe bei Endpunkt-URL

Leider gibt es nach der Auswahl der Verbindung keine Eingabehilfe bei der Eingabe der Endpunkt-URL. Es gibt kein Katalog- oder Dropdown-Menü, über das Sie eine gültige Endpunkt-URL auswählen können. Die URL muss Ihnen also schon im Vorfeld bekannt sein.

Haben Sie eine Verbindung mit gültiger URL eingegeben, können Sie im Bereich **Metadaten** die Metadaten des OData-Service aufrufen. Hierzu müssen Sie die Metadaten erst einmal aktualisieren. Metadaten sind beispielsweise Aktionen, die aufgelistet werden.

4.3.3 Lesen von Daten eines OData-Service

OData-Verbindung verwenden

Mit OData-Services in analytischen Applikationen können Sie nicht nur OData-Aktionen aufrufen und ausführen, sondern auch noch die zur Verfügung gestellten Daten auslesen. Auf diese Weise können Sie die über Entitätsmengen bereitgestellten Informationen verwenden, beispielsweise wenn Sie einzelne Entitäten in einem Text-Widget anzeigen möchten.

Die genaue Verwendung der APIs zum Auslesen von OData-Services beschreiben wir in Abschnitt 4.2.2, »ODataService«.

Einschränkungen beim Lesen der Daten

Beim Auslesen von über OData-Services bereitgestellten Daten sind folgende Einschränkungen zu berücksichtigen:

- Die Verkettung mehrerer Entitätsmengen wird nicht unterstützt.
- Die Option EXPAND wird (analog zu JOIN) nicht unterstützt.
- Entitätsmengen mit Parametern werden nicht unterstützt.
- Entitätsmengen mit obligatorischen Filtern werden nicht unterstützt.

Diese Einschränkungen wurden im SAP Help Portal der Übersicht zur Verwendung von OData-Service in analytischen Applikationen entnommen, die Sie unter dem folgenden Link aufrufen können *http://s-prs.de/v910905*. Auf dieser Seite finden Sie immer den aktuellen Stand der Einschränkungen sowie weitere Informationen.

4.4 Entwicklung einer analytischen Applikation für die Planung

In diesem Abschnitt zeigen wir Ihnen, wie Sie einige der in diesem Kapitel vorgestellten Methoden nutzen können, um eine Planungsapplikation zu erstellen. Ziel der Anwendung ist es, den Endanwenderinnen und Endanwendern eine Oberfläche zu bieten, die diese in ihrem Planungsprozess nutzen können. Die Anwendung soll es den Benutzern und Benutzerinnen erlauben, bestehende Planwerte zu ändern und neue Dimensionselemente zu erstellen. Des Weiteren sollen auch kollaborative Funktionen wie das Hinterlassen von Kommentaren möglich sein.

Einfachheit des Beispiels

Die in diesem Abschnitt entwickelte analytische Applikation ist bewusst simpel gehalten. Es soll für Sie einfach sein, Teile des Beispiels selbst zu entwickeln. Wir schauen uns in Abschnitt 4.5, »Best Practices«, auch Beispiele an, die einen höheren Entwicklungsaufwand benötigen.

Aufbau dieses Abschnitts

Die analytische Applikation wird in den verschiedenen Abschnitten entwickelt. Zentrales Element der Planungsanwendung ist eine Tabelle. Im ersten Abschnitt werden Funktionen auf der Grundlage der `Planning`-API hinzugefügt. In diesem Abschnitt soll es dem Benutzer oder der Benutzerin ermöglicht werden, über eine Eingabemaske Planwerte der Tabelle zu ändern. In Abschnitt 4.4.2, »Anwendungsbeispiele einzelner Methoden der Planning-API«, werden Sie mithilfe der `PlanningModel`-API die Funktionen der Planungsanwendung erweitern. Die Benutzer und Benutzerinnen sind so in der Lage, neue Dimensionsattribute hinzuzufügen. Abschnitt 4.4.3, »Anwendungsbeispiele einzelner Methoden der PlanningModel-API«, beschäftigt sich mit der Erweiterung der Applikation rund um kollaborative Elemente. Durch die Nutzung der `DataSourceComments`-API geben Sie den Benutzern und Benutzerinnen die Möglichkeit, Kommentare und Anmerkungen für Kolleginnen und Kollegen zu erstellen und über diese mit ihnen in den Austausch zu treten.

In Abbildung 4.42 sehen Sie die fertige Anwendung. Zusätzlich zu den schon genannten Funktionalitäten wird die Anwendung auch durch ein Filterelement ergänzt.

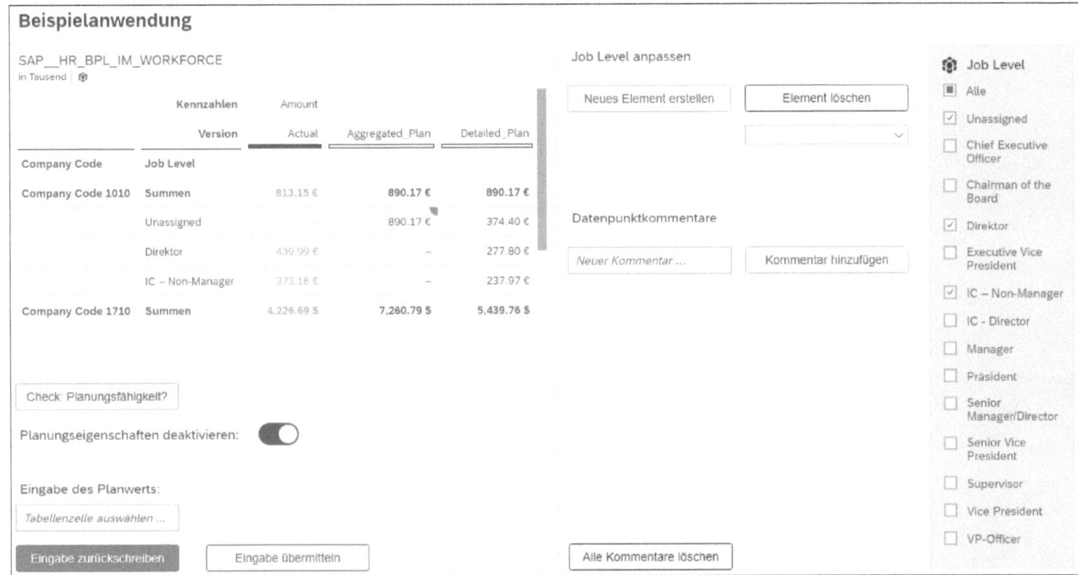

Abbildung 4.42 Beispielanwendung zur Demonstration einzelner Planungsmethoden

4.4.1 Vorbereitung der Beispielanwendung

Bevor in den nächsten Abschnitten intensiv einzelne Anwendungsbeispiele betrachtet werden, stellen wir Ihnen in diesem Abschnitt eine Methode zur Verbesserung der Nutzererfahrung für Endanwenderinnen und Endanwender vor.

Beim Öffnen der analytischen Applikation werden einzelne Widgets mit unterschiedlicher Geschwindigkeit geladen. Besonders auf unterschiedlichen Endgeräten, kann es je nach Systemleistung zu Variationen innerhalb der gesamten Ladezeit kommen. Für Endanwenderinnen und Endanwender kann es sehr ärgerlich sein, wenn ein Objekt der Anwendung schon geladen ist, sie aber nicht damit interagieren können bzw. die Anwendung nicht auf ihre Interaktionen reagiert, da im Hintergrund Abhängigkeiten zu anderen, noch nicht vollständig zur Verfügung stehenden Objekten der Anwendung bestehen.

onInitialization-Event

Aus diesem Grund möchten wir zum Start der analytischen Applikation einen Hinweis einblenden, dass die Anwendung noch geladen wird. Hierzu nutzen wir das `onInitialization`-Event, das beim Starten der analytischen Applikation ausgeführt wird. Der Hinweis, den Sie in Abbildung 4.43 sehen, wird durch die Methode `showBusyIndicator` erstellt.

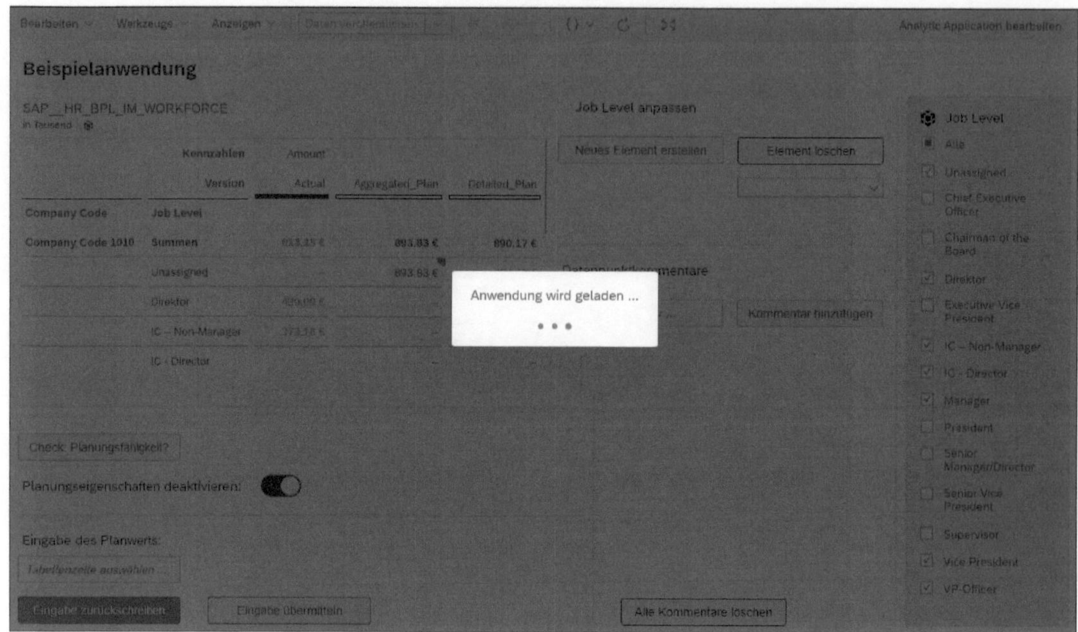

Abbildung 4.43 Ladebildschirm beim Start der Beispielanwendung

Da Sie den Hinweis mit einer zweiten Methode, der `hideBusyIndicator`-Methode, wieder ausblenden müssen, wird eine Schleife verwendet, die das Ausblenden des Hinweises bis zur Bereitschaft der Beispielanwendung hinauszögert (siehe Listing 4.5). Bei der Schleife handelt es sich um eine `while`-Anweisung, die testet, ob das Datenmodell der Tabelle schon Daten beinhaltet. Solange noch keine Daten vorliegen, wird die Abfrage wiederholt. Sobald Daten verfügbar sind, wird das Skript fortgeführt und der Hinweis ausgeblendet.

```
Application - onInitialization:
Application.showBusyIndicator('Anwendung wird geladen ...');

while (Table_1.getDataSource().isResultEmpty()) {
     console.log("Anwendung wird geladen ...");
}

Application.hideBusyIndicator();

ScriptObject_1.updateDropdown();
```

Listing 4.5 Ladebildschirm ausführen

Am Ende des Skripts wird noch eine Skriptfunktion des Skriptobjekts `Script-Objekt_1` ausgeführt. Die Funktionsweise und Bedeutung dieser Funktion erläutern wir in Abschnitt 4.4.3, »Anwendungsbeispiele einzelner Methoden der PlanningModel-API«.

4.4.2 Anwendungsbeispiele einzelner Methoden der Planning-API

In diesem Abschnitt betrachten wir den ersten Teil der Beispielapplikation. Das Hauptaugenmerk liegt hierbei auf den Methoden der `Planning`-API. Abbildung 4.44 zeigt den Aufbau der Planungsapplikation.

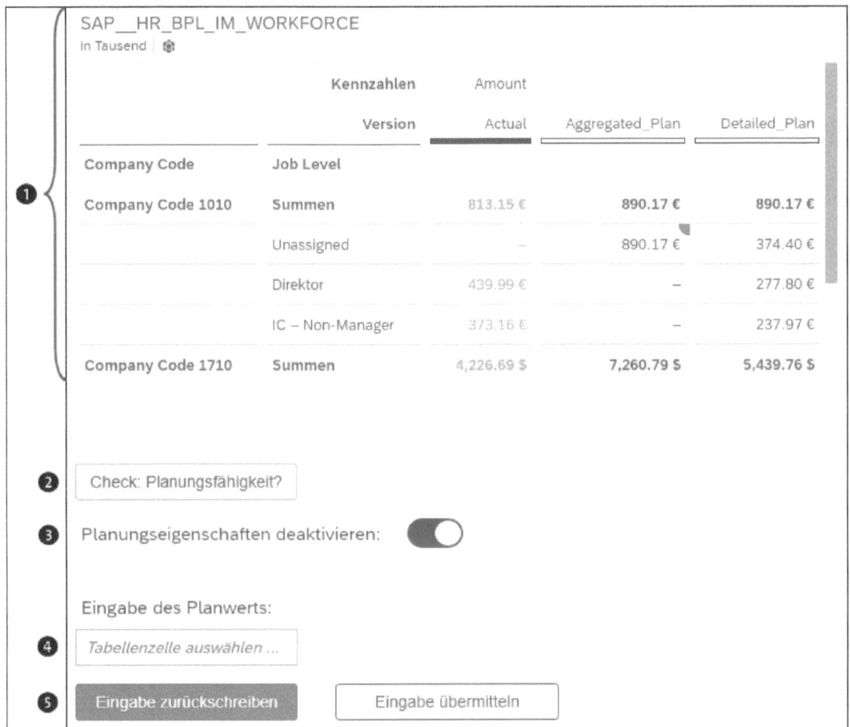

Abbildung 4.44 Analytische Applikation zur Demonstration der Planning-API

Funktionsumfang des Beispiels

Mit diesem Beispiel lassen sich verschiedene Methoden im Planungskontext testen. Zentrales Element dieser Anwendung ist eine Tabelle. Über verschiedene Eingabemethoden können Sie mit dieser Tabelle arbeiten und folgende Prozessschritte ausführen:

- Sie können abfragen, ob die Planungsfähigkeit der Tabelle aktiviert ist.
- Sie können die Planungseigenschaft der Tabelle aktivieren bzw. deaktivieren.

- Sie können neue Planwerte über die Texteingabe eingeben.
- Sie können Planwerte an das Planungsmodell übermitteln und zurückschreiben.

Bevor wir nun genauer auf die einzelnen Methoden und Skriptfragmente eingehen, erläutern wir Ihnen zuerst den Aufbau der analytischen Applikation. Der Aufbau unterteilt sich in fünf Bereiche:

Aufbau des Beispiels

❶ Die Tabelle wurde mit dem Planungsmodell `SAP__HR_BPL_IM_WORKFORCE` erstellt. Die Dimension **Company Code** wurde als Zeilendimension hinzugefügt. Auf der Reihenebene ist **Version** als Dimension ausgewählt, sowie auf die Elemente `Actual`, `Aggregated_Plan` und `Detailed_Plan` gefiltert.

❷ Dieses Element ist eine Schaltfläche. Zur Verbesserung der Nutzbarkeit wurde der Text angepasst.

❸ Dieser Bereich ist eine Kombination aus einem Text-Widget zur Beschreibung der Funktionalität und einem Schalter-Widget. Der Zustand des Schalters ist standardmäßig auf »Ein« eingestellt.

❹ Die Eingabe des Planwertes wird durch ein Eingabefeld ermöglicht. Im Kontext der Anwendung wurde der Hinweis hinzugefügt, dass eine Tabellenzelle ausgewählt werden muss.

❺ Dieser Bereich besteht aus zwei Schaltflächen. Zur Beschreibung der dahinterliegenden Funktion haben wir den Text angepasst. Die Änderung des Typs des Schaltflächenstils hat keine funktionale Relevanz, soll aber die optische Unterscheidung vereinfachen.

Überprüfung der Planungsfähigkeit

Planungseigenschaften testen

Die Überprüfung, ob eine Tabelle die Planungseigenschaften aktiviert hat, ist mit der `isEnabled`-Methode recht simpel. Diese Methode kann direkt auf das Tabellenobjekt angewendet werden. In diesem Beispiel geben wir das Ergebnis der Abfrage über die Konsole aus. Zum Start des Skripts verwendet die Anwendung das `onClick`-Event einer Schaltfläche (siehe Listing 4.6).

```
console.log("Planungsfähig:");
console.log(Table_1.isEnabled());
```

Listing 4.6 Skript des onClick-Events

Abbildung 4.45 zeigt Ihnen das Ergebnis, wenn Sie keine weiteren Einstellungen vorgenommen haben.

```
Planungsfähig:
true
```

Abbildung 4.45 Konsolenausgabe des Checks auf Planungsfähigkeit

Ändern der Planungseigenschaft

Planungseigenschaften setzen

Da Sie nun wissen, wie man eine Tabelle auf deren Planungsfähigkeit hin überprüft, betrachten wir nun, wie Sie die Planungsfähigkeit einer Tabelle setzen können. Dies können Sie mit der Methode `setEnabled` tun. Diese Methode benötigt einen Boolean als Eingabe, den zukünftigen Zustand der Planungsfähigkeit. Diesen Boolean beziehen Sie aus dem Schalter-Widget.

Die ersten beiden Skriptzeilen in Listing 4.7 beschreiben dieses Vorgehen. Der Schalterzustand wird in der Variable `switchState` gespeichert. Diese wird dann für die Methode `setEnabled` als Argument genutzt.

Danach wird den Anwendern und Anwenderinnen mit einer `if`-Anweisung Rückmeldung gegeben. Einerseits wird der beschreibende Text des Textfeldes entsprechend angepasst, und andererseits wird eine Anwendungsmeldung angezeigt, die mitteilt, ob die Planungsfunktion aktiviert oder deaktiviert worden ist.

```
var switchState = Switch_1.isOn();

Table_1.setEnabled(switchState);

if (switchState) {
    Text_1.applyText("Planungseigenschaften deaktivieren:");
    Application.showMessage(ApplicationMessageType.Info,
"Planungsfunktionen wurde aktiviert.");
} else {
    Text_1.applyText("Planungseigenschaften aktivieren:");
    Application.showMessage(ApplicationMessageType.Info,
"Planungsfunktionen wurde deaktiviert.");
};
```

Listing 4.7 Skript des OnChange-Events

Die Verwendung des Skripts aus Listing 4.7 sehen Sie in Abbildung 4.46. Hier wurde die Planungseigenschaft deaktiviert, bzw. der Schalter wurde auf »Aus« gestellt. Dementsprechend wurde, wie erwartet, die Systemmeldung eingeblendet, und der Text des Textfeldes hat sich geändert.

Abbildung 4.46 Deaktivierung der Planungseigenschaften mit Anwendungsmeldung

Wenn Sie nun erneut auf die Schaltfläche zur Überprüfung der Planungsfähigkeit klicken, sollte auch die Konsolenausgabe das gewünschte Ergebnis anzeigen. Abbildung 4.47 zeigt Ihnen die Ausgabe.

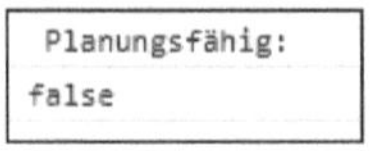

```
Planungsfähig:
false
```

Abbildung 4.47 Check auf Planungsfähigkeit bei deaktivierten Planungseigenschaften

Zurückschreiben der Eingabe

Zurückschreiben von Benutzereingaben

Im nächsten Teil der analytischen Applikation können Sie die Plandaten des Modells ändern. Hierzu wird die `setUserInput`-Methode verwendet. Als Benutzerin oder Benutzer haben Sie die Möglichkeit, über ein Eingabefeld neue Zahlenwerte einzugeben. Über die Schaltfläche **Eingabe zurückschreiben** wird das Event gestartet, das die Methode aufruft.

Wie Sie dem Skript entnehmen können, wird die `setUserInput`-Methode nicht direkt ausgeführt. Es werden vorher noch Überprüfungen zur Korrektheit der Eingabe ausgeführt. Hierbei werden drei Überprüfungen vorgenommen:

1. Um einen Planwert einer Tabellenzelle zu ändern, muss zuvor eine Tabellenzelle ausgewählt worden sein. Mit der ersten `if`-Anweisung wird überprüft, ob eine Tabellenzelle der Tabelle selektiert ist. Ist dies nicht der Fall, wird dem Benutzer oder der Benutzerin ein Hinweis angezeigt, und das Event wird beendet.
2. Um einen Planwert einer Tabellenzelle zu ändern, muss ein Planwert eingegeben werden. Die zweite `if`-Anweisung überprüft, ob über das Eingabefeld ein Planwert eingegeben worden ist. Ist dies nicht der Fall, wird dem Benutzer oder der Benutzerin ein Hinweis angezeigt und das Event beendet.

3. Bei der Eingabe von Planungsdaten können Sie nur Ganzzahlen oder Dezimalzahlen verwenden. Diese Überprüfung geschieht systemseitig automatisiert. Sie müssen also keine Überprüfung selbst vornehmen. Möchten Sie mit der `setUserInput`-Methode eine Zeichenkette zurückschreiben, wird die Aktion abgebrochen und ein entsprechender Hinweis angezeigt.

Skriptfunktion checkSelection verwenden

Da die Überprüfung der selektierten Tabellenzelle bei der Verwendung der analytischen Applikation des Öfteren angewendet werden muss, empfiehlt es sich, diese als eigene Funktion auszulagern. Hierzu können Sie *Skriptobjekte* verwenden. Abbildung 4.48 zeigt Ihnen die Definition der Skriptfunktion `checkSelection`. Zwei Einstellungen sind hier zu beachten. Einerseits wurde als Rückgabetyp `boolean` eingestellt. Dies bedeutet, dass die Funktion ein Boolean zurückgibt, in diesem Fall den Wert `true`, wenn die Überprüfung erfolgreich verlaufen ist, und `false`, falls die Überprüfung einen Fehler festgestellt hat. Andererseits wird auch ein Argument definiert. Das Argument `selections` ist ein Array vom Typ `Selection`. In diesem Datenformat wird die Selektion von Tabellenzellen übermittelt.

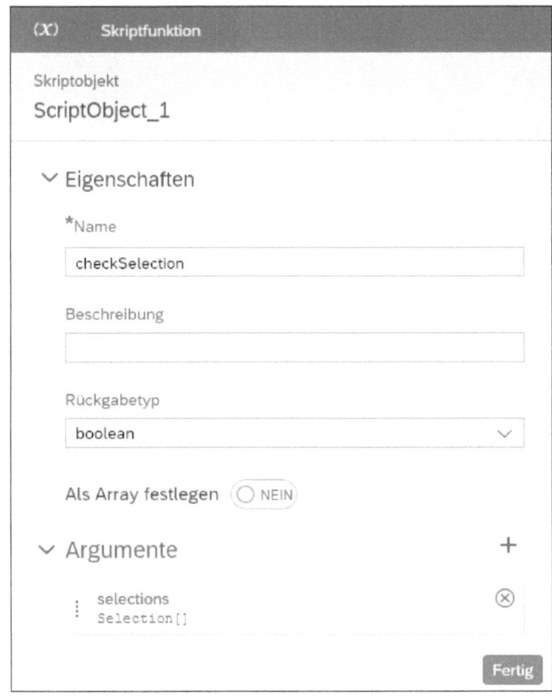

Abbildung 4.48 Skriptfunktion checkSelection definieren

Die Skriptfunktion besteht aus einer Abfolge von drei `if`-Anweisungen. Es werden verschiedene Abfragen durchgeführt:

- Es wird geprüft, ob das Argument `selections` Tabellenzellen darstellt.
- Es wird geprüft, ob das Argument nur eine und nicht mehrere Tabellenzellen darstellt.
- Es wird geprüft, ob das Argument eine Datenzelle darstellt.

Skriptvariablen verwenden

Fällt eine dieser Abfragen negativ aus, wird die Funktion abgebrochen und `false` zurückgegeben. Zusätzlich wird das Eingabefeld des neuen Planwerts und das Kommentarfeld (das wir im Abschnitt 4.4.4, »Anwendungsbeispiele einzelner Methoden der DataSourceComment-API«, behandeln) zurückgesetzt. Werden die drei `if`-Anweisungen erfolgreich durchlaufen, werden vor Beendigung des Skripts zwei *Skriptvariablen* definiert – `data` und `selection`. Die Skriptvariable `data` ist ein Objekt vom Typ `DataCell`. In dieser Variablen wird nach erfolgreicher Überprüfung der Selektion der Datenwert der Tabellenzelle gespeichert, sodass dieser innerhalb der analytischen Applikation von anderen Methoden aufgerufen werden kann. Die Skriptvariable `selection` ist ein Objekt vom Typ `Selection`. Nach erfolgreicher Überprüfung der Selektion wird diese in der Skriptvariable gespeichert. Den oben beschriebenen Ablauf sehen Sie in Listing 4.8. So ist auch diese Information über die Skriptvariable für andere Methoden der analytischen Applikation aufrufbar. Die Definition beider Variablen können Sie in Abbildung 4.49 und Abbildung 4.50 sehen.

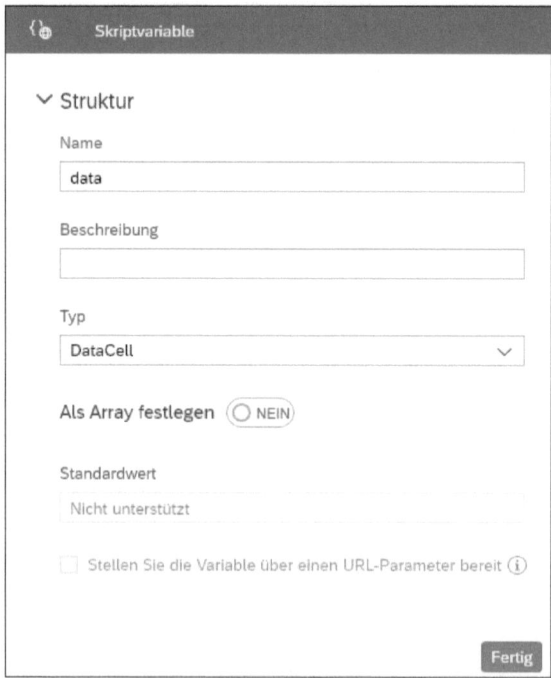

Abbildung 4.49 Skriptvariable »data« definieren

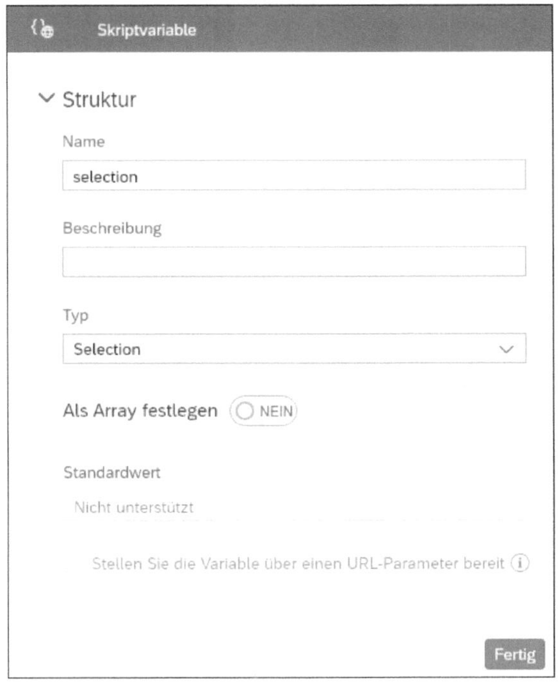

Abbildung 4.50 Skriptvariable »selection« definieren

```
if (selections === undefined) {
     Application.showMessage(ApplicationMessageType.Warning, "Bitte
eine Tabellenzelle auswählen.");
     return false;
}

if (selections.length > 1) {
     Application.showMessage(ApplicationMessageType.Warning, "Bitte
nur eine Tabellenzelle auswählen.");
     InputField_NewValue.setValue("");
     Text_Comments.applyText(" ");
     return false;
}

var data_$ = Table_1.getDataSource().getData(selection);

if (data_$ === undefined){
     Application.showMessage(ApplicationMessageType.Warning, "Bitte
eine Datenzelle auswählen.");
     InputField_NewValue.setValue("");
     Text_Comments.applyText(" ");
```

```
    return false;
}

selection = selections[0];
data = data_$;

return true;
```

Listing 4.8 Selektion durch das Skript checkSelection von ScriptObject_1 überprüfen

Nachdem die Auswahl der selektierten Tabellenzelle mithilfe der Skriptfunktion überprüft worden ist, wird der Rückgabewert der Funktion innerhalb der Funktion der Schaltfläche kontrolliert (siehe Listing 4.9).

```
var selections = Table_1.getSelections();
var resultCheck = ScriptObject_1.checkSelection(selections);

if (!resultCheck) {
    return;
}

var userInput = InputField_NewValue.getValue();
if (userInput === "" || "-") {
    Application.showMessage(ApplicationMessageType.Error, "Bitte
einen Planwert eingeben.");
    return;
}

var setInput = Table_1.getPlanning().setUserInput(selection,
userInput);
if (setInput) {
    Application.showMessage(ApplicationMessageType.Success,
"Planwert wurde erfolgreich eingegeben.");
} else {
    Application.showMessage(ApplicationMessageType.Error, "Aktion
konnte nicht ausgeführt werden.");
}
```

Listing 4.9 Input-Werte durch das onClick-Event des Elements Button_SetInput setzen

Funktionsweise des Skripts

Wird das Skript nicht durch die `if`-Anweisungen abgebrochen, wird die Methode `setUserInput` angewandt. Da diese Methode über einen Boolean als

Ergebniswert angibt, ob die Ausführung erfolgreich war, wird dieser Wert mithilfe der Variable `setInput` aufgefangen. Danach wird über eine Fallentscheidung die Rückmeldung gegeben, ob die Operation erfolgreich ausgeführt oder abgebrochen worden ist.

Abbildung 4.51 zeigt Ihnen die Beispielanwendung mit den durch das Skript erstellten Fehlermeldungen.

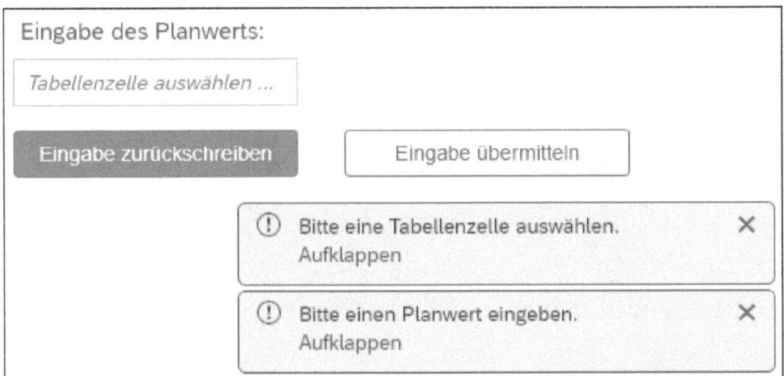

Abbildung 4.51 Fehlermeldungen beim Versuch, die Eingabe inkorrekt zurückzuschreiben

Vereinfachung der Anwendung durch Tabellenfunktionen

Tabellenfunktionen verwenden

Um den Benutzerinnen und Benutzern die Eingabe der Planwerte zu vereinfachen, können Sie auf ein Tabellen-Event zurückgreifen. Beim Selektieren der Tabellenzelle, bietet das Tabellen-Widget die Möglichkeit, ein `onSelect`-Event zu verwenden. In diesem Beispiel führt das Skript zwei Operationen aus:

1. Die Tabellenselektion wird überprüft.
2. Der aktuelle Planwert der selektierten Tabellenzelle wird in das Eingabefeld übertragen.

Betrachten wir zuerst, warum die Überprüfung der Selektion der Tabellenzelle sinnvoll ist. Die Tabelle, wie Sie sie in Abbildung 4.52 sehen können, besteht nicht nur aus planbaren Tabellenzellen, sondern sie besteht auch aus beschreibenden Zeilen- und Reihenelementen, die die Dimensionsattribute wiedergeben. Diese Zellen können nicht von der `setUserInput`-Methode verwendet werden – es würde zu einem Abbruch der Operation führen. Deshalb wird hier auf die Skriptfunktion `checkSelection` von `ScriptObject_1` zurückgegriffen (siehe Listing 4.10).

```
var selections = Table_1.getSelections();

var resultCheck = ScriptObject_1.checkSelection(selections);
```

```
if (!resultCheck) {
    return;
}

InputField_NewValue.setValue(data.rawValue);
ScriptObject_1.updateComments(selection);
```

Listing 4.10 onSelect-Event der Tabelle Table_1

Funktionsweise des Skripts

Stellt die Funktion `checkSelection` keine Fehler fest, wird der aktuelle Tabellenwert über das Skript in das Eingabefeld für den Anwender oder die Anwenderin übertragen. Über die Auswahl der Eigenschaft `rawValue` wird der unformatierte Zahlenwert übertragen. Dies kann sinnvoll sein, wenn in der Tabelle eine Skalierung der Darstellung konfiguriert ist. Eine solche Skalierung können Sie auch in Abbildung 4.52 sehen. Hier werden alle Tabellenwerte in Tausend dargestellt. Beim Übertrag des selektierten Wertes wird die Zahl unskaliert dargestellt. So werden auch Zahlenstellen angezeigt, die durch die Rundung während der Skalierung nicht dargestellt werden. Auch dieses Verhalten können Sie anhand von Abbildung 4.52 nachvollziehen.

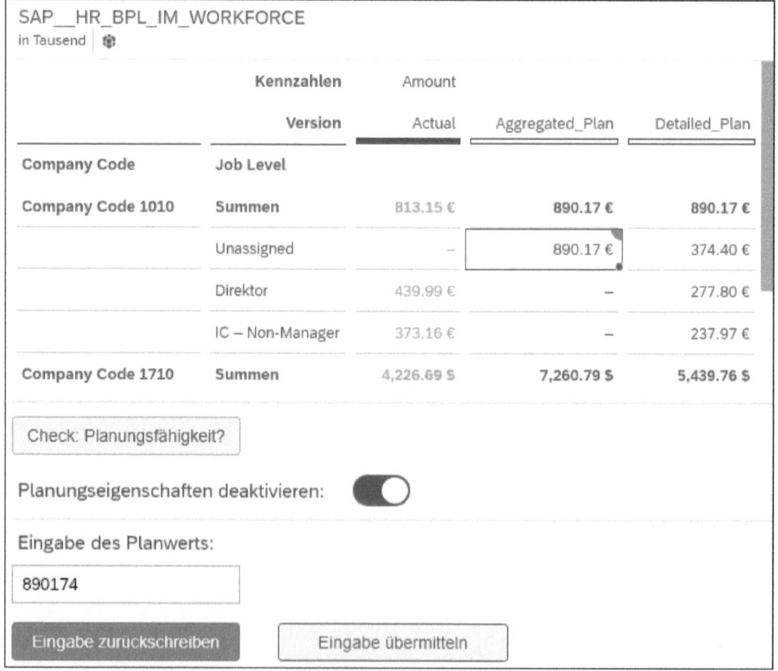

Abbildung 4.52 Tabellenzelle auswählen

Mithilfe dieser beiden Funktionen des onSelect-Events können Sie dem Benutzer oder der Benutzerin der Planungsanwendung den Planungsprozess vereinfachen.

Übermittlung des Planwerts

Planwerte übermitteln

Nachdem der aktualisierte Planwert durch die setUserInput-Methode gesetzt worden ist, können Sie die submitData-Methode nutzen, um alle geänderten Planwerte an den Server zu übertragen. Da im Vorfeld schon alle Daten auf Korrektheit geprüft worden sind, kann die Methode direkt ausgeführt werden (siehe Listing 4.11).

```
InputField_NewValue.setValue("");

var submit = Table_1.getPlanning().submitData();

if (submit) {
     Application.showMessage(ApplicationMessageType.Success, "Der
Planwert wurde erfolgreich übermittelt.");
} else {
     Application.showMessage(ApplicationMessageType.Error, "Bei der
Übermittlung ist ein Fehler aufgetreten.");
}
```

Listing 4.11 onClick-Event der Schaltfläche Button_SubmitInput

Funktionsweise des Skripts

Auch die Methode submitData gibt als Ergebniswert einen Boolean zurück, der wiederum angibt, ob die Operation erfolgreich durchgeführt worden ist. Dieser Wert wird in diesem Skript von der Variable submit aufgefangen. Anhand dessen wird den Anwenderinnen und Anwendern über einen Hinweis Rückmeldung gegeben, ob die Operation erfolgreich war oder nicht.

In Abbildung 4.53 sehen Sie die Meldung, dass die submitData-Methode erfolgreich ausgeführt worden ist. Zusätzlich werden hier noch zwei weitere Meldungen angezeigt: die geskriptete Meldung, die nach erfolgreicher Ausführung der setUserInput-Methode eingeblendet wird, und eine systemseitige Meldung. Es wird die Anzahl der Datenwertänderungen auf granularer Ebene durch die Übermittlung des Planwerts an den Server angezeigt. In diesem Beispiel sind 233 Datensätze aktualisiert worden.

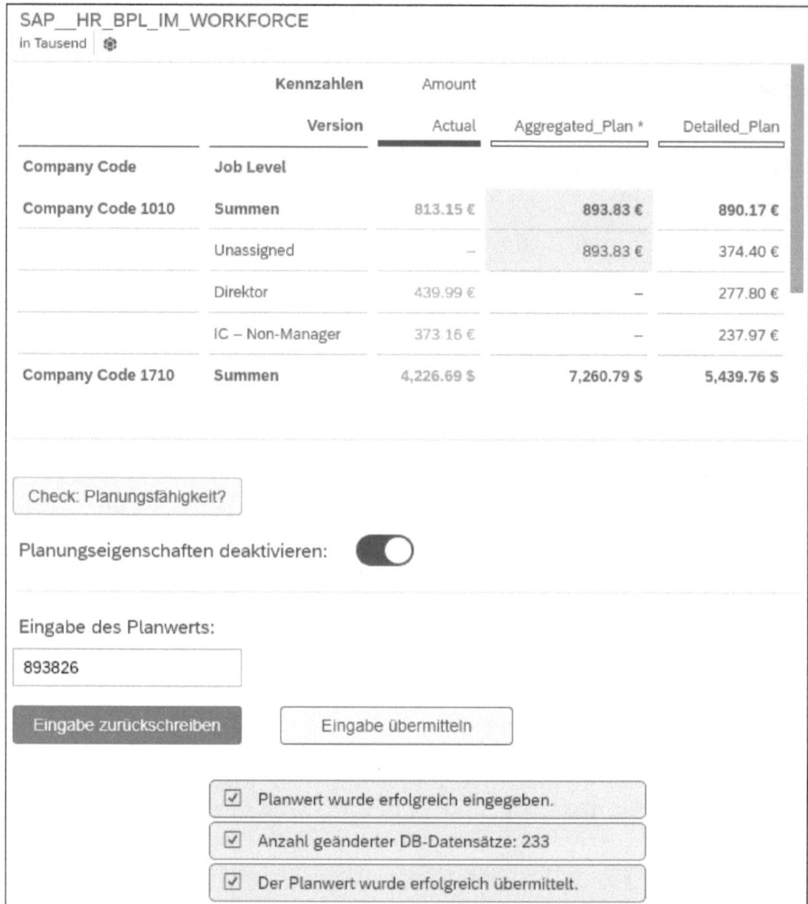

Abbildung 4.53 Erfolgreiche Übermittlung der Plandaten

4.4.3 Anwendungsbeispiele einzelner Methoden der PlanningModel-API

In diesem Abschnitt betrachten wir den zweiten Teil der Beispielapplikation. Es werden Ihnen potenzielle Anwendungsszenarien der `PlanningModel`-API gezeigt. Abbildung 4.54 stellt den Aufbau der Planungsapplikation dieses Abschnitts dar.

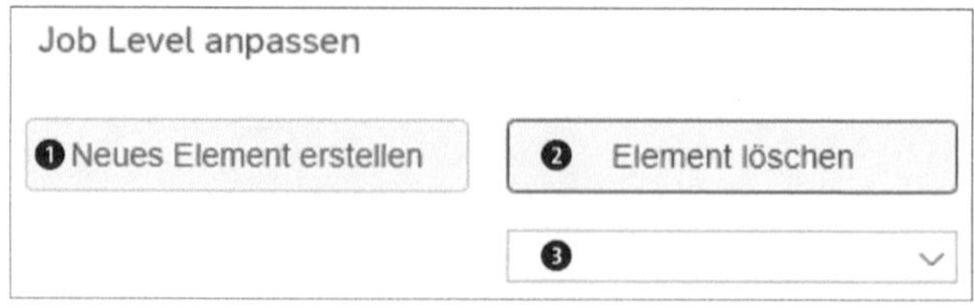

Abbildung 4.54 Zweiter Abschnitt der Beispielanwendung

Funktionsumfang des Beispiels

Mit diesem Anwendungsbeispiel sind Sie in der Lage, zwei essenzielle Funktionen innerhalb eines Planungsprozesses anzuwenden:

- Sie können neue Elemente zur Dimension **Job Level** hinzufügen. Diese neuen Elemente können danach über die Tabelle beplant werden.
- Sie können bestehende Dimensionselemente der Dimension **Job Level** löschen.

Aufbau des Beispiels

Bevor wir genauer auf die Funktionsweise der Methoden eingehen, schauen wir auch hier zuerst auf den strukturellen Aufbau dieses Teils der analytischen Applikation. Dieser Teil besteht aus drei Bereichen bzw. Widgets:

❶ Dieses Widget ist eine Schaltfläche. Es wird dafür genutzt, die Methoden zur Erstellung eines neuen Dimensionselements zu starten.

❷ Das zweite Element ist ebenfalls eine Schaltfläche. Sie wird verwendet, um die Funktion zur Löschung von ausgewählten Dimensionselementen einzuleiten.

❸ Der dritte Bereich ist ein Dropdown-Menü. Dieses wird verwendet, um alle aktuellen Dimensionselemente der Dimension **Job Level** des Planungsmodells aufzulisten.

Erstellen eines neuen Dimensionselements

Dimensionselemente erstellen

In diesem Abschnitt betrachten wir die Erstellung neuer Dimensionselemente. Um den Prozess zu starten, nutzen wir das `onClick`-Event der Schaltfläche **Neues Element erstellen** (siehe Listing 4.12).

```
Popup_1.open();

var members = PlanningModel_1.getMembers("SAP_HR_USER_JOBLEVEL");
var text = "";

for (var i = 0; i < members.length; i++) {
    text = text + members[i].id + "\n";
}

Text_AllIds.applyText(text);
```

Listing 4.12 onClick-Event der Schaltfläche Button_CreateMember

Das Event erstellt nicht direkt ein neues Element, sondern das Event wird für zwei andere Aufgaben genutzt. Einerseits öffnet es ein Popup, und andererseits listet es alle Dimensionselemente der Dimension **Job Level** und macht diese im Popup für den Anwender oder die Anwenderin verfügbar.

Dies geschieht mithilfe einer `for`-Schleife. In einem iterativen Verfahren werden die IDs der Dimensionselemente in einer Zeichenkette gespeichert und abschließend in ein Textfeld innerhalb des Popups geschrieben.

Beschreibung des Popups

Das Popup, das mit diesem Skript geöffnet wird, sehen Sie in Abbildung 4.55. Es dient als Eingabemaske für zwei Werte, weshalb es sehr einfach aufgebaut ist. Auf der linken Seite beinhaltet das Popup zwei Eingabefelder, über die Anwender und Anwenderinnen eine Element-ID sowie eine Elementbeschreibung eingeben können.

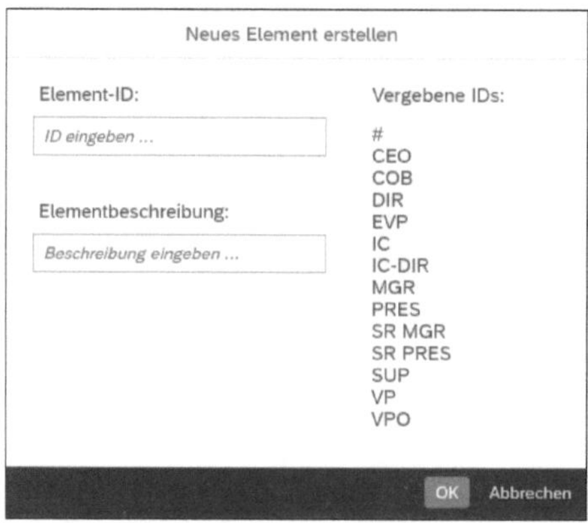

Abbildung 4.55 Popup-Fenster zur Erstellung neuer Dimensionselemente

Da die Element-ID eindeutig vergeben werden muss, werden auf der rechten Seite des Popups alle schon vergebenen Element-IDs aufgelistet. Zusätzlich werden in dem Popup noch beschreibende Textelemente angezeigt. In der Fußzeile des Popups befinden sich zwei Schaltflächen. Diese müssen Sie über den Builder im Designer aktivieren. Abbildung 4.56 zeigt Ihnen dieses Vorgehen.

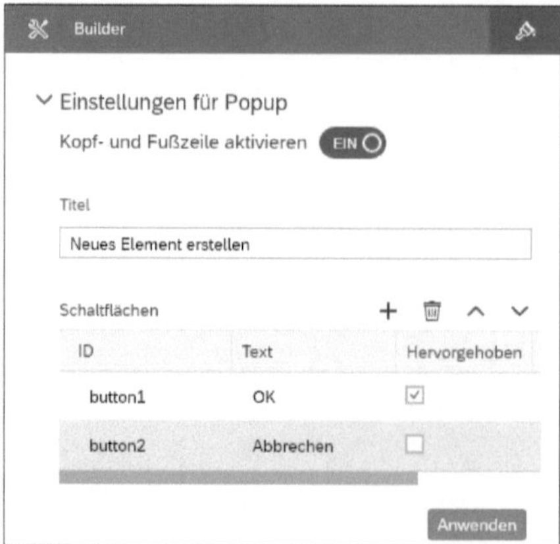

Abbildung 4.56 Kopf- und Fußzeilen des Popups aktivieren

IDs der Schaltflächen definieren

Des Weiteren sehen Sie hier auch, welche IDs für die jeweiligen Schaltflächen verwendet werden. Diese benötigen Sie zur Unterscheidung der Benutzerinteraktion. Durch die Aktivierung der Fußzeile können Sie für das Popup ein neues Event definieren – das `onButtonClick`-Event. Dieses wird jedoch immer ausgeführt, sobald Benutzerinnen und Benutzer auf eine der Schaltflächen klicken. Als Argument erhält dieses Event einen String, der die ID der Schaltfläche wiedergibt. In diesem Anwendungsbeispiel nutzen wir eine `switch`-Anweisung zur Unterscheidung der IDs, wie es in Listing 4.13 zu sehen ist.


```
switch(buttonId) {
     case "button1":
          var members = PlanningModel_1.getMembers("SAP_HR_USER_
JOBLEVEL");
          var inputID = InputField_Id.getValue();
          var inputBes = InputField_Description.getValue();

          if (inputID === "") {
               Application.showMessage(ApplicationMessageType.Error,
"Bitte eine ID eingeben.");
               return;
          }

          if (inputBes === "") {
               Application.showMessage(ApplicationMessageType.Error,
"Bitte eine Beschreibung eingeben.");
               return;
          }

          for (var i = 0; i < members.length; i++) {
               if (inputID === members[i].id) {

Application.showMessage(ApplicationMessageType.Error, "Diese ID ist
schon vergeben. Bitte eine andere ID eingeben.");
                    return;
               }
          }

          PlanningModel_1.createMembers("SAP_HR_USER_JOBLEVEL", {
               id: inputID,
               description: inputBes
          });
```

```
            InputField_Id.setValue("");
            InputField_Description.setValue("");
            Application.refreshData();
            ScriptObject_1.updateDropdown();
            Popup_1.close();
            Application.showMessage(ApplicationMessageType.Success,
"Neuer Job Level \""+ inputBes + "\" wurde erstellt.");
            return;

        case "button2":
            Popup_1.close();
            return;
}
```

Listing 4.13 Unterscheidung der Schaltflächen in der Fußzeile des Popups

Funktionsweise des Skripts

Das Skript beginnt direkt mit dem Switch-Statement. Wird die zweite Schaltfläche betätigt, wird das Popup geschlossen und die Funktion beendet. Wird die erste Schaltfläche angeklickt, werden zuerst Überprüfungen ausgeführt. Mit verschiedenen if-Anweisungen wird kontrolliert, ob der Anwender oder die Anwenderin eine ID und eine Beschreibung über die entsprechenden Eingabefelder eingegeben hat. Zusätzlich wird auch überprüft, ob die ID schon vergeben ist. Fällt eine dieser drei Überprüfungen positiv aus, wird eine entsprechende Fehlermeldung angezeigt. In Abbildung 4.57 sehen Sie ein Szenario, in dem nacheinander jede Fehlermeldung angezeigt worden ist.

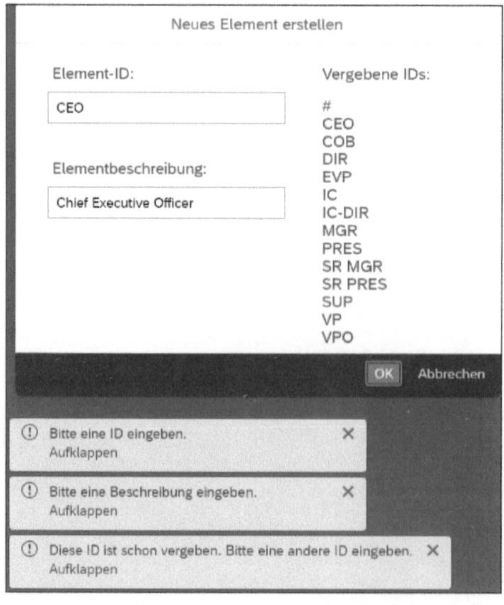

Abbildung 4.57 Fehlermeldungen bei der Erstellung neuer Dimensionselemente

Wird keine Fehlermeldung ausgeworfen, und das Skript läuft durch, wird im nächsten Schritt die `createMembers`-Methode ausgeführt. Mithilfe dieser Methode fügen Sie ein neues Element des Planungsmodells hinzu.

Abschließend werden über das Skript die Eingabefelder des Popups zurückgesetzt. Zusätzlich werden mit dem Aufruf `refreshData` die Daten der Applikation aktualisiert. Durch diesen Aufruf wird das neue Element direkt in der Tabelle sowie in dem Filter sichtbar. Bevor das Popup geschlossen und eine Anwendungsmeldung für Anwender und Anwenderinnen angezeigt wird, wird eine weitere Skriptfunktion ausgeführt (siehe Abbildung 4.58).

☑ Neuer Job Level "Chief Sustainability Officer" wurde erstellt.

Abbildung 4.58 Bestätigung der erfolgreichen Erstellung des neuen Dimensionselements »Chief Sustainability Officer«

Skriptfunktion updateDropdown verwenden

Die Skriptfunktion `updateDropdown` aktualisiert die Elementliste des Dropdowns zur Selektion möglicher Dimensionselemente zur Löschung. Auch in dieser Liste muss das neu erstellte Element hinzugefügt werden (siehe Listing 4.14).

Zum Aufruf der Skriptfunktion wird kein Argument benötigt. Die Funktion gibt auch kein Ergebnis zurück. Der Ergebnistyp ist also `void`.

```
var members = PlanningModel_1.getMembers("SAP_HR_USER_JOBLEVEL");
Dropdown_JobLevel.removeAllItems();

for (var i = 0; i < members.length; i++) {
     Dropdown_JobLevel.addItem(members[i].id, members[
i].description);
}
```

Listing 4.14 Methode updateDropdown als Teil von ScriptObject_1

Die Skriptfunktion löscht zuerst alle Elemente des Dropdowns. Danach fügt sie über eine `for`-Schleife alle Dimensionselemente der Dimension **Job Level** dem Dropdown-Feld hinzu.

Abbildung 4.58 zeigt Ihnen die Anwendungsmeldung, die erzeugt wird, wenn die Funktion `onButtonClick` erfolgreich ausgeführt wurde. In diesem Beispiel wurde das Element **Chief Sustainability Officer** der Dimension **Job Level** hinzugefügt. In Abbildung 4.59 sehen Sie, dass die neu erstellte Rolle direkt im Filter verfügbar ist.

Wenn Sie den Filter **Chief Sustainability Officer** auswählen, erscheint eine neue Zeile in der Tabelle, und Sie können die entsprechenden Datenzellen über Planungsfunktionen editieren (siehe Abbildung 4.60).

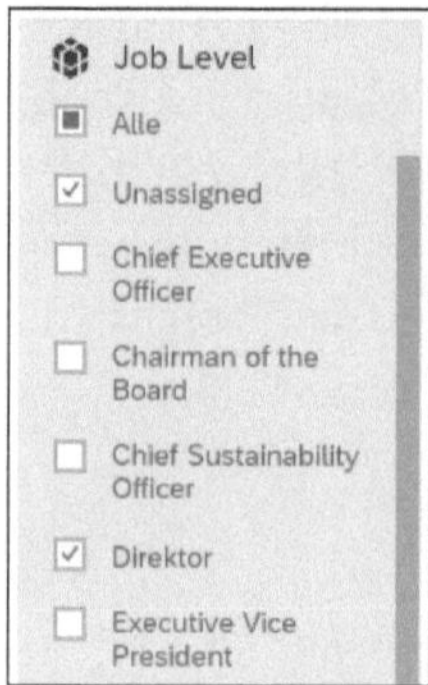

Abbildung 4.59 Das neue Dimensionselement »Chief Sustainability Officer« als selektierbares Element des Filters

SAP__HR_BPL_IM_WORKFORCE
in Tausend

	Kennzahlen	Amount		
	Version	Actual	Aggregated_Plan *	Detailed_Plan
Company Code	Job Level			
Company Code 1010	Summen	813.15 €	893.83 €	890.17 €
	Unassigned	–	893.83 €	374.40 €
	Chief Sustainability Officer	–	–	–
	Direktor	439.99 €	–	277.80 €
	IC – Non-Manager	373.16 €	–	237.97 €

Abbildung 4.60 Planbarkeit des neuen Dimensionselements über die Tabelle

Löschen eines Dimensionselements

Dimensionselemente löschen

In diesem Abschnitt erläutern wir, wie Sie mithilfe eines Dropdowns-Widgets und einer Schaltfläche Dimensionselemente löschen können. Das Vorgehen besteht aus zwei Schritten:

1. Auswahl des zu löschenden Dimensionselements in der Dropdown-Liste
2. Betätigen der Schaltfläche, um das ausgewählte Element zu löschen

Dropdown-Widget verwenden

Der erste Schritt sollte für Anwenderinnen und Anwender intuitiv sein. Das Dropdown-Widget kann ausgeklappt werden. Somit wird eine vertikale Liste eingeblendet, über die mit einem Klick ein entsprechendes Element ausgewählt werden kann. Abbildung 4.61 zeigt dieses Vorgehen.

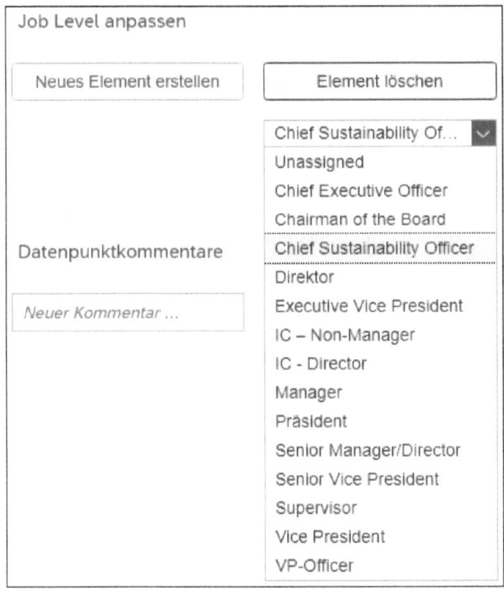

Abbildung 4.61 Dropdown-Liste zur Auswahl eines Dimensionselements

Wie Sie im vorangehenden Abschnitt gesehen haben, wird das Dropdown-Feld über die Skriptfunktion `updateDropdown` mit Elementen befüllt. Diese Funktion wird auch während des `onInitialization`-Events der Analytic Application ausgeführt, wie Sie in Listing 4.15 sehen.

```
var selectedKey = Dropdown_JobLevel.getSelectedKey();
var selectedText = Dropdown_JobLevel.getSelectedText();

if (selectedKey === undefined) {
     Application.showMessage(ApplicationMessageType.Warning, "Bitte
ein Element aus der Dropdownliste auswählen.");
     return;
}

PlanningModel_1.deleteMembers("SAP_HR_USER_JOBLEVEL", selectedKey);
Application.refreshData();
ScriptObject_1.updateDropdown();
Application.showMessage(ApplicationMessageType.Info, "Job Level \"" +
selectedText + "\" wurde gelöscht.");
```

Listing 4.15 Dropdown-Feld aktualisieren

Funktionsweise des Skripts

Zur Ausführung der Löschung wird in dieser Anwendung das `onClick`-Event der entsprechenden Schaltfläche verwendet. Als Teil des Skripts wird zuerst überprüft, ob ein Element über das Dropdown-Feld selektiert wurde. Ist dies nicht der Fall, wird ein Hinweis angezeigt und die Funktion abgebrochen. Andernfalls wird die `deleteMembers`-Methode auf das Planungsmodell angewendet. Mithilfe des selektierten Elements aus dem Dropdown-Feld wird dieses als Dimensionselement entfernt. Danach werden die Daten der analytischen Applikation aktualisiert, sodass die Änderung direkt ersichtlich ist; das Dropdown-Feld wird mithilfe der Skriptfunktion neu befüllt. Abbildung 4.62 zeigt Ihnen die Anwendungsmeldung, die dem Benutzer oder der Benutzerin nach einer erfolgreichen Löschung eingeblendet wird.

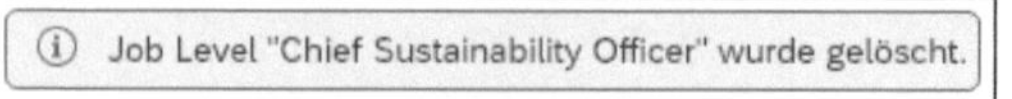

Abbildung 4.62 Bestätigung der Lösung des Dimensionselements »Chief Sustainability Officer«

4.4.4 Anwendungsbeispiele einzelner Methoden der DataSourceComment-API

In diesem Abschnitt betrachten wir den dritten und letzten Teil der Beispielapplikation. Dieser Abschnitt zeigt Ihnen, wie Sie die Methoden der `DataSourceComment`-API verwenden können. Dieser Teil des Anwendungsbeispiels zeigt Ihnen zwei Funktionalitäten, die besonders bei kollaborativen Planungszyklen interessant sind:

Funktionen des Beispiels

- das Erstellen von Datenpunktkommentare für einzelne Planwerte
- das Löschen aller Kommentare für einen Planwert

In Abbildung 4.63 sehen Sie die Elemente der Beispielanwendung dieses Abschnitts.

Abbildung 4.63 Dritter Abschnitt der Beispielanwendung

Aufbau des Beispiels

Der strukturelle Aufbau dieses Abschnitts ist in drei Bereiche unterteilt:

❶ Der erste Bereich besteht aus einem Eingabefeld zur Eingabe neuer Kommentare und einer Schaltfläche.

❷ Dahinter befindet sich ein freier Raum, der in Abbildung 4.63 nicht gefüllt ist. Hier handelt es sich um ein Textfeld, das die Möglichkeit bietet, Datenpunktkommentare einer Tabellenzelle einzublenden.

❸ Der dritte Bereich besteht nur aus einem Widget, einer Schaltfläche. Die Schaltfläche soll es Ihnen ermöglichen, die Datenpunktkommentare eines Datenpunkts zu löschen.

Anzeigen und Hinzufügen von Datenpunktkommentaren

In diesem Abschnitt zeigen wir Ihnen zuerst, wie Sie mit wenigen Methoden Datenpunktkommentare auslesen und diese in ein Textfeld schreiben können. Danach lernen Sie, wie Sie neue Datenpunktkommentare hinzufügen können.

Kommentare anzeigen

Als auslösendes Event zum Befüllen des Textfeldes mit bestehenden Kommentaren eines Datenpunkt benutzen wir das Event, das bei der Selektion einer Tabellenzelle der Tabelle ausgeführt wird. Diese Funktion haben wir schon in Abschnitt 4.4.2, »Anwendungsbeispiele einzelner Methoden der Planning-API«, besprochen. Einer der wichtigsten Aspekte dieser Funktion ist, dass die Auswahl des Anwenders oder der Anwenderin überprüft wird, da nur aus einzelnen Datenzellen Datenpunktkommentare ausgelesen werden können. Abbildung 4.64 zeigt Ihnen Hinweise, die Benutzerinnen und Benutzern angezeigt werden, wenn sie eine ungültige Auswahl treffen.

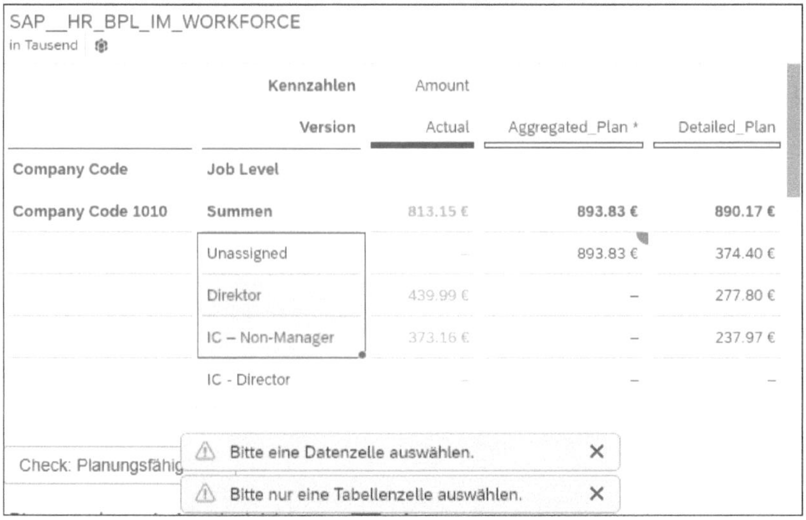

SAP__HR_BPL_IM_WORKFORCE
in Tausend

	Kennzahlen	Amount		
	Version	Actual	Aggregated_Plan *	Detailed_Plan
Company Code	Job Level			
Company Code 1010	Summen	813.15 €	893.83 €	890.17 €
	Unassigned	–	893.83 €	374.40 €
	Direktor	439.99 €	–	277.80 €
	IC – Non-Manager	373.16 €	–	237.97 €
	IC - Director	–	–	–

Check: Planungsfähig

Bitte eine Datenzelle auswählen.

Bitte nur eine Tabellenzelle auswählen.

Abbildung 4.64 Warnungen bei der inkorrekten Auswahl der Tabellenzelle

Skriptfunktion updateComments verwenden

Ein weiterer Punkt, den wir in Abschnitt 4.4.2, »Anwendungsbeispiele einzelner Methoden der Planning-API«, noch nicht besprochen haben, ist der Aufruf der Skriptfunktion `updateComments`. Diese ist über das gleiche Skriptobjekt definiert wie die anderen Skriptfunktionen. Im Gegensatz zur Skriptfunktion `checkSelection` verwendet sie als Argument kein Array vom Typ `Selection`, sondern nur ein Element vom Typ `Selection`. Es wird eine Datenzelle erwartet, die zuvor von anderen Methoden validiert worden ist. Der Rückgabetyp ist vom Typ `void`, das heißt, dass kein Wert zurückgegeben wird. Wenn Datenpunktkommentare für die selektierte Tabellenzelle existieren, werden diese direkt über das entsprechende Textfeld eingeblendet (siehe Listing 4.16).

```
var comments = Table_1.getDataSource().getComments().
  getAllComments(selection);
var text = " ";

for (var i = 0; i < comments.length; i++) {
     text = text + "["+ comments[i].createdAt + "] " +
       comments[i].createdBy.displayName + ":\n" +
       comments[i].text + "\n\n";
}

Text_Comments.applyText(text);
```

Listing 4.16 Methode updateComments als Teil von ScriptObject_1

Sie sehen in Abbildung 4.65, dass neben dem eigentlichen Datenpunktkommentartext auch Datum und Uhrzeit der Kommentarerstellung sowie der Anzeigename des Kommentarerstellers angezeigt werden. Somit können Anwender und Anwenderinnen den Kontext des Kommentars nachvollziehen.

Abbildung 4.65 Beispielanwendung mit selektierter Tabellenzelle und den dazugehörigen Datenpunktkommentaren

Datenpunktkommentar hinzufügen

Zum Hinzufügen eines neuen Kommentars können Sie diesen über das Eingabefeld **Neuer Kommentar ...** eingeben. Der Kommentar wird mit der Methode addComment gespeichert. Das auslösende Event dieser Methode ist das onClick-Event der Schaltfläche **Kommentar hinzufügen**.

Bevor der Datenpunktkommentar hinzugefügt wird, überprüft das Skript, ob die Auswahl der Tabellenzelle korrekt ist. Dafür wird wieder die Skriptfunktion checkSelection verwendet. Kommt es zu keinem Fehler, kann dem Datenmodell der Datenpunktkommentar hinzugefügt werden. Abschließend wird das Eingabefeld zurückgesetzt, und die Skriptfunktion updateComments wird zur Aktualisierung des Kommentarfeldes aufgerufen (siehe Listing 4.17).

```
var comment = InputField_NewComment.getValue();
var selections = Table_1.getSelections();
var resultCheck = ScriptObject_1.checkSelection(selections);

if (!resultCheck) {
     return;
}

Table_1.getDataSource().getComments().addComment(selection, comment);

InputField_NewComment.setValue("");
ScriptObject_1.updateComments(selection);
```

Listing 4.17 onClick-Event der Schaltfläche Button_CreateComment

Löschen von Datenpunktkommentaren

Datenpunktkommentar löschen

In diesem Abschnitt zeigen wir Ihnen, wie Sie Kommentare eines Datenpunkts löschen können. Zum Löschen von Datenpunktkommentaren müssen Sie eine entsprechende Tabellenzelle auswählen. Danach können Sie die Löschung über die Schaltfläche **Alle Kommentare löschen** starten. Das Skript wird über das onClick-Event gestartet.

Das Skript ist ähnlich wie das Skript des vorangehenden Abschnitts aufgebaut (siehe Listing 4.18). Zuerst wird mithilfe der Skriptfunktion checkSelection die Auswahl des Anwenders überprüft. Gibt die Überprüfung true zurück, wird die Methode removeAllComments aufgeführt. Diese Methode entfernt alle Kommentare eines Datenpunkts, der als Argument angegeben wird. Danach wird die Skriptfunktion updateComments aufgerufen, um das Kommentarfeld zu aktualisieren.

```
var selections = Table_1.getSelections();
var resultCheck = ScriptObject_1.checkSelection(selections);

if (!resultCheck) {
    return;
}

Table_1.getDataSource().getComments().removeAllComments(selection);
ScriptObject_1.updateComments(selection);
```

Listing 4.18 onClick-Event der Schaltfläche Button_DeleteComments

Abbildung 4.66 zeigt Ihnen das Beispiel aus Abbildung 4.64, nachdem die Kommentare des Datenpunkts entfernt worden sind.

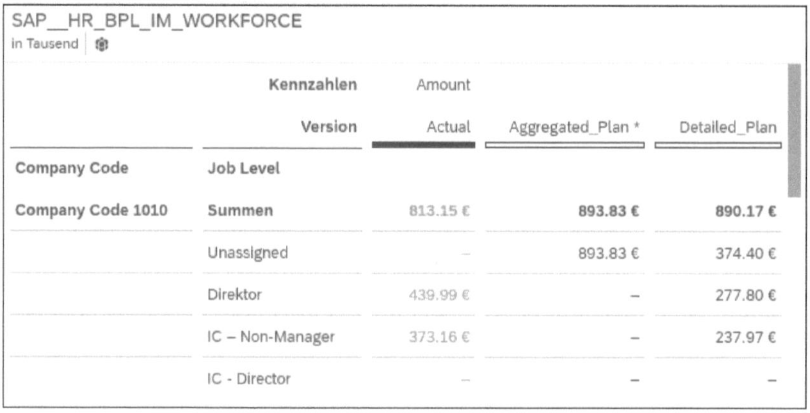

SAP__HR_BPL_IM_WORKFORCE
in Tausend

	Kennzahlen	Amount		
	Version	Actual	Aggregated_Plan *	Detailed_Plan
Company Code	Job Level			
Company Code 1010	Summen	813.15 €	893.83 €	890.17 €
	Unassigned	–	893.83 €	374.40 €
	Direktor	439.99 €	–	277.80 €
	IC – Non-Manager	373.16 €	–	237.97 €
	IC - Director	–	–	–

Abbildung 4.66 Tabelle der Beispielanwendung ohne Kommentar

4.5 Best Practices

Wie auch im vorangehenden Kapitel möchten wir auch auf Best Practices für Planungsapplikationen eingehen. Natürlich können Sie alle Tipps und Tricks, die Sie zum Erstellen von BI-Anwendungen gelernt haben, auch für Planungsanwendungen nutzen – diese haben weiterhin Ihre Gültigkeit.

Speziell im Bereich der Planung empfehlen wir Ihnen auch, die verfügbaren Beispiele, die Sie als Business Content herunterladen können, zu betrachten. Diese beinhalten gängige Best Practices und gute Darstellungsweisen, die Sie übernehmen können. In den nachfolgenden Abschnitten werden Best Practices anhand des Business Contents Human Experience Management (HXM) Workforce Planning erläutert.

4.5.1 Einstieg in die Planungsanwendung

Ein Planungsprozess besteht aus verschiedenen Phasen und Schritten. Aus Gründen der vereinfachten Wartung und Bereitstellung empfehlen wir, einzelne Schritte voneinander zu trennen. Die Trennung bezieht sich in diesem Kontext auf die Ebene der Objekte. Sie können je nach Umfang pro Planungsphase oder Planungsschritt einzelne analytische Applikationen erstellen.

Um den Anwenderinnen und Anwendern dennoch einen einfachen Einstieg in den Planungsprozess zu ermöglichen, ist eine Best Practice als Einstiegspunkt für die Anwenderinnen und Anwender zu schaffen.

Abbildung 4.67 zeigt Ihnen, wie dieser Einstiegspunkt aussehen kann. Die Übersichts- bzw. Startseite sollte strukturiert dargestellt und nicht überladen werden. In diesem Beispiel werden die wichtigsten Kennzahlen aus dem Personalwesen in Form von KPI-Kacheln am oberen linken Rand dargestellt. Der untere Bereich der Anwendung ist in drei optisch voneinander getrennte Bereiche unterteilt:

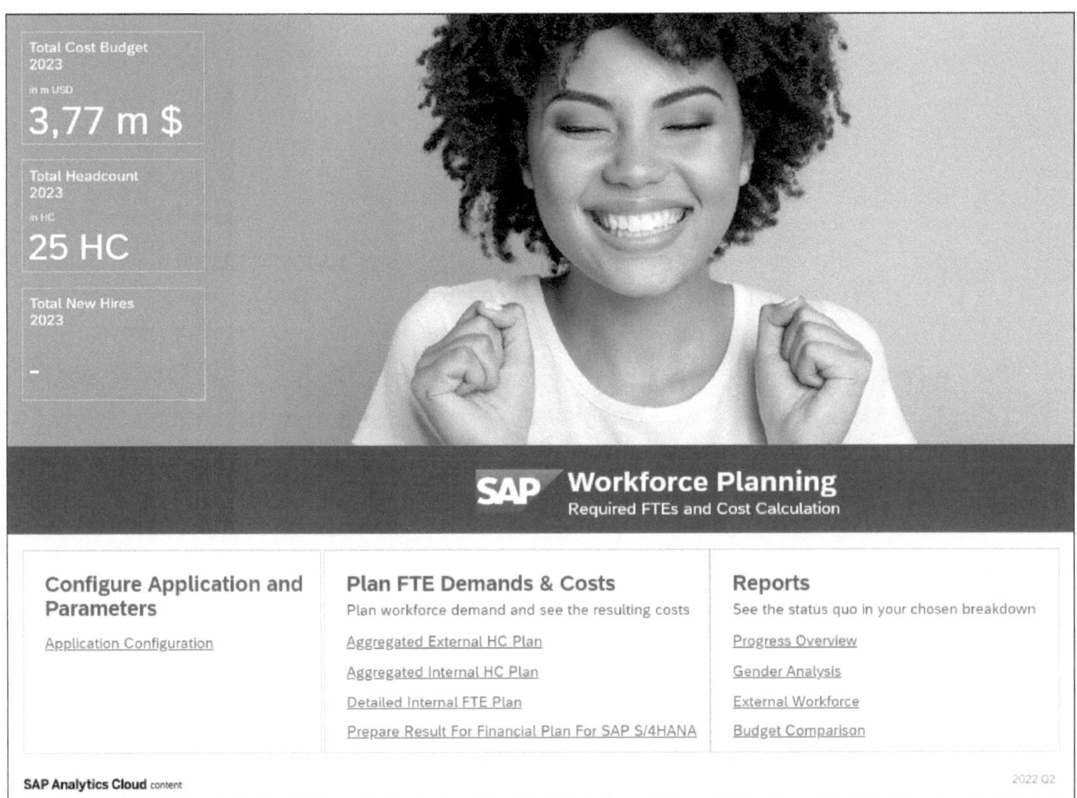

Abbildung 4.67 Einstiegsseite des Business Contents zu Workforce Planning

- Configure Application and Parameters
- Plan FTE Demands & Costs
- Reports

In dem jeweiligen Bereich haben die Anwenderinnen und Anwender der Planungsapplikation die Möglichkeit, in eine oder mehrere Folgeanwendungen abzuspringen.

Die Absprünge werden in diesem Fall über einfache Textfelder realisiert. Es wird nicht die Standardfunktionalität zum Hinterlegen von Hyperlinks bei Widgets verwendet, sondern auf Scripting zurückgegriffen. Bei jedem Textfeld wurde ein Programmcode für das `onClick`-Event hinterlegt. In Listing 4.19 sehen Sie ein Beispiel:

```
var urlParameters = ArrayUtils.create(Type.UrlParameter);

var targetApp = appIds.detailedInternal;

urlParameters.push(UrlParameter.create("mode", "embed"));
NavigationUtils.openApplication(targetApp, urlParameters, false);
```

Listing 4.19 onClick-Event zum Absprung von einem Textfeld

Das Skript erstellt zuerst ein leeres Objekt vom Typ `UrlParameter`. Danach wird aus einem Skriptobjekt, das Ziel des Absprungs ist, die ID der analytischen Applikation entnommen. Das Skriptelement wird beim Starten der Einstiegsanwendung mit den jeweiligen IDs definiert. Danach werden URL-Parameter definiert und dem leeren Objekt hinzugefügt. Abschließend wird mit der `openApplication`-Methode die Zielanwendung geöffnet.

Die einzelnen analytischen Applikationen sind in einem Ordner im Dateisystem von SAP Analytics Cloud abgelegt (siehe Abbildung 4.68).

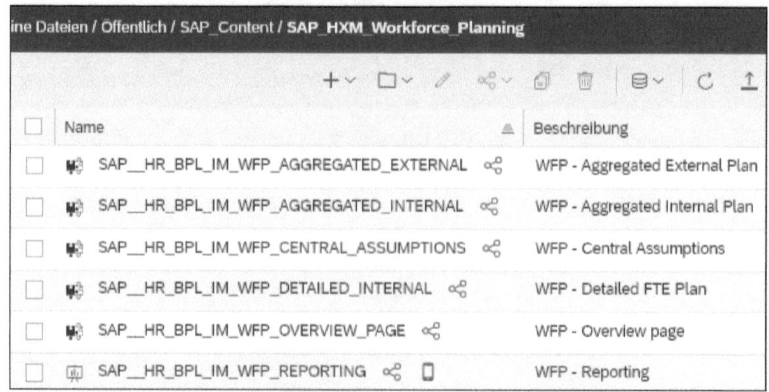

Abbildung 4.68 Ordnerstruktur des Business Contents

Dies ist für Anwender und Anwenderinnen irrelevant, aber für die Administratoren und Administratorinnen der Planungsanwendung leichter zu verwalten.

4.5.2 Hilfestellung für Anwender und Anwenderinnen

Um Ihre Anwenderinnen und Anwendern im Planungsprozess zu unterstützen, können Sie Hilfestellungen implementieren, von denen in Abbildung 4.69 einige zu sehen sind.

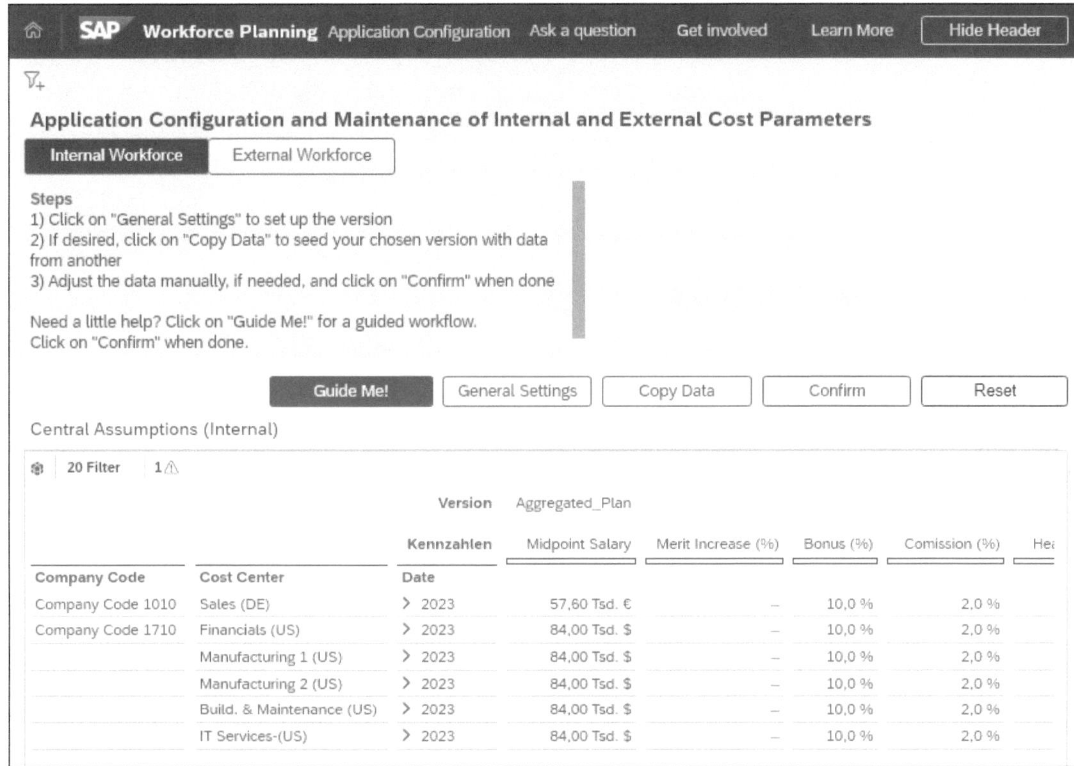

Abbildung 4.69 Hilfestellungen für Anwender und Anwenderinnen

Nachfolgend betrachten wir die Abbildung von oben nach unten. Die erste zu erwähnende Hilfestellung ist die Verwendung einer Kopfzeile. Die Kopfzeile wird in jeder einzelnen analytischen Applikation des Business Contents verwendet. Eine Ausnahme bildet hier nur die Einstiegsseite. Abbildung 4.70 zeigt die Kopfzeile im Detail. Sie bietet verschiedene Funktionen und Navigationsmöglichkeiten. Über das Haus-Icon ( ) können Sie jederzeit zurück zur Einstiegsanwendung navigieren. Des Weiteren finden Sie hier auch Absprungmöglichkeiten zu externen Seiten, um beispielsweise eine Frage zu stellen oder Informationsmaterial zum Planungsprozess zu lesen.

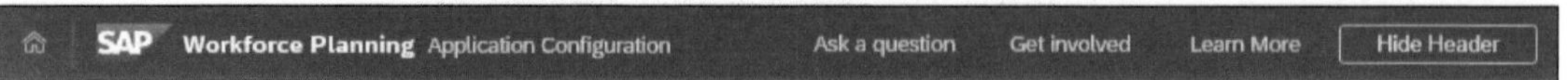

Abbildung 4.70 Kopfzeile des Business Contents

Die zweite hervorzuhebende Hilfestellung ist der Kopfbereich der analytischen Applikation. Die Planung besteht meist aus mehreren Schritten. Im Kopfbereich finden Sie eine Schritt-für-Schritt-Anleitung für Ihre Anwenderinnen und Anwender. Auf diese Weise können Sie sicherstellen, dass auch Gelegenheitsnutzern und -nutzerinnen die erforderlichen Informationen zur Verfügung stehen, um die einzelnen Planungsschritte korrekt ausführen zu können. Abbildung 4.71 zeigt Ihnen den Kopfbereich des Business Contents.

Application Configuration and Maintenance of Internal and External Cost Parameters
Internal Workforce
External Workforce
Steps
1) Click on "General Settings" to set up the version
2) If desired, click on "Copy Data" to seed your chosen version with data from another
3) Adjust the data manually, if needed, and click on "Confirm" when done
Need a little help? Click on "Guide Me!" for a guided workflow.
Click on "Confirm" when done.

Abbildung 4.71 Kopfbereich mit Schritt-für-Schritt-Anleitung

Die dritte und letzte Hilfestellung, die wir in diesem Kontext nennen wollen, ist die Verwendung von Schaltflächen für einzelne Aktionen. Sie können in Abbildung 4.72 die Schaltflächen sehen, die in der analytischen Applikation **Application Configuration** verwendet werden. Sehr gut ist an diesem Beispiel die unterschiedliche Einfärbung der Schaltflächen. Durch die Signalfarben Grün und Rot wird für Anwender und Anwenderinnen schnell deutlich, welche Funktionen diese Schaltflächen haben.

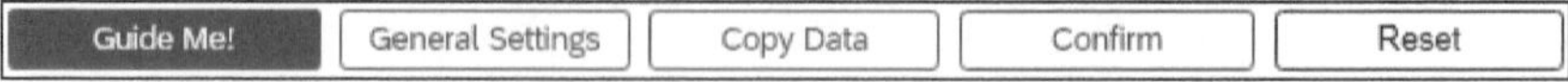

Abbildung 4.72 Schaltflächen als Interaktionsmöglichkeit für Anwenderinnen und Anwender

Neben der Schritt-für-Schritt-Anleitung wurde bei der Erstellung des Business Contents zusätzlich die Durchführung eines geführten Prozesses implementiert. Nachdem Sie auf die Schaltflache **Guide Me!** geklickt haben, öffnet sich ein Popup. Mithilfe des Popups erhalten Sie eine fokussierte Sicht auf die Schritte, die Sie als Ausführende der analytischen Applikationen tätigen können. Abbildung 4.73 zeigt Ihnen dieses Popup.

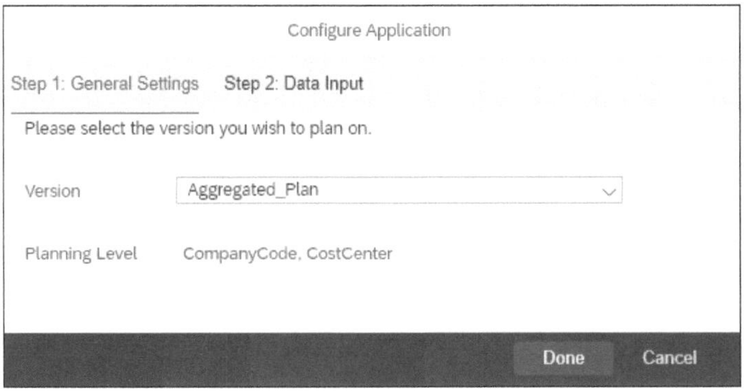

Abbildung 4.73 Popup

Kapitel 5
Benutzerdefinierte Widgets

In diesem Kapitel erfahren Sie, wie Sie zusätzlich zu den von SAP bereitgestellten Widgets für analytische Applikationen eigene Widgets entwickeln und in Ihre Applikationen einbinden.

Was Sie erwartet

SAP Analytics Cloud bietet Ihnen einen großen Standard an Funktionen und Widgets, die Sie direkt zur Anwendungsentwicklung verwenden können. Mit diesem Standardrepertoire lässt sich in der Regel auch der Großteil aller Anforderungen abdecken. Dennoch gibt es spezielle Anforderungen, die sich nicht mit dem Standard erfüllen lassen. Um es Ihnen dennoch zu ermöglichen, alle Wünsche Ihrer Stakeholder zu erfüllen, ist SAP Analytics Cloud auch offen für neue *benutzerdefinierte Widgets* (engl. Custom Widgets). Sie können diese eigenen Widgets selbst entwickeln und einfach in Ihrer analytischen Applikation verwenden.

In diesem Kapitel lernen Sie alles über benutzerdefinierte Widgets und wie sie verwendet werden. In Abschnitt 5.1, »Was sind benutzerdefinierte Widgets?«, geben wir Ihnen zunächst einen Überblick darüber, was benutzerdefinierte Widgets sind. Dabei gehen wir auf zu beachtende Einschränkungen und auf das Hosting ein. In Abschnitt 5.2, »Aufbau benutzerdefinierter Widgets«, lernen Sie den Aufbau der Widgets und die dafür notwendigen Dateien kennen.

Um eigene Widgets zu entwickeln, muss HTML- und JavaScript-Code programmiert werden. Zunächst werden die Voraussetzungen geklärt und verschiedene Architektur- und Deployment-Möglichkeiten gegenübergestellt (siehe Abschnitt 5.3, »Erstellung, Hochladen und Entfernen eines benutzerdefinierten Widgets«). Im Anschluss zeigen wir Ihnen Schritt für Schritt anhand eines Beispiels (siehe Abschnitt 5.4, »Ein Beispiel für ein benutzerdefiniertes Widget: Die bunte Box«), wie ein eigenes Widget entwickelt und in eine analytische Applikation eingebunden wird. In Abschnitt 5.5, »Benutzerdefinierte Widgets auf mobilen Geräten«, beschreiben wir, worauf Sie bei der Verwendung Ihrer Widgets auf mobilen Geräten achten müssen. Abschnitt 5.6, »Export von benutzerdefinierten Widgets«, widmen wir dem Export von benutzerdefinierten Widgets und gehen wie schon in den bisherigen Kapiteln auf Best Practices für benutzerdefinierte Widgets ein (siehe Abschnitt 5.7, »Best Practices«).

5.1 Was sind benutzerdefinierte Widgets?

Benutzerdefinierte Widgets

SAP Analytics Cloud bietet mit den benutzerdefinierten Widgets ein Rahmenwerk, das es Ihnen ermöglicht, die Auswahl an Widgets, die Ihnen der Analytics Designer zur Verfügung stellt, mit Ihren eigenen benutzerdefinierten Widgets zu erweitern. Benutzerdefinierte Widgets werden genau dann benötigt, wenn Sie eine bestimmte Visualisierung, ein bestimmtes Element der Benutzeroberfläche oder eine bestimmte Funktion in Ihrer analytischen Applikation benötigen, die nicht durch die gegebenen Widgets von SAP Analytics Cloud bereitgestellt werden.

Für Anwendungsersteller und Anwendungserstellerinnen sind benutzerdefinierte Widgets Teil der ganzheitlichen Benutzererfahrung in SAP Analytics Cloud und lassen sich vollständig in die Lösung integrieren. Wie alle anderen Widgets bieten auch benutzerdefinierte Widgets folgende Funktionen:

Gemeinsamkeiten mit Standard-Widgets

- Sie werden in der Widget-Menüleiste aufgeführt und können von dort aus Ihrer Anwendung hinzugefügt werden.
- Sie können im Grafikbereich Ihrer Anwendung verschoben und in der Größe verändert werden.
- Sie werden in der Widget-Gliederung angezeigt.
- Sie können Skriptmethoden für die Skriptsprache des Analytics Designers zur Verfügung stellen.
- Sie können über Eigenschaften definiert sein, die Sie während der Bearbeitung Ihrer analytischen Applikation im Designer (Builder- und Formatbereich) konfigurieren können.

Technischer Hintergrund

Aus technischer Sicht sind benutzerdefinierte Widgets kleine Webanwendungen. In einfachster Ausführung besteht ein benutzerdefiniertes Widget lediglich aus einer JSON-Datei und einer JavaScript-Datei. Komplexere benutzerdefinierte Widgets bestehen hingegen aus einer Vielzahl an Dateien (Bilddateien, CSS-Dateien, JavaScript-Dateien usw.).

Aufgrund des einfachen Aufbaus benutzerdefinierter Widgets, benötigen Sie keine besonderen Programme zu deren Erstellung; einfache Widgets können Sie sogar in einem Texteditor erstellen. Nichtsdestotrotz wird, vor allem bei komplexeren Widgets, die Verwendung einer Designumgebung empfohlen. Diese Designumgebung sollte mit JavaScript-Dateien arbeiten können.

Implementierung als Webkomponente

Benutzerdefinierte Widgets werden als *Webkomponenten* implementiert. Mit Webkomponenten verfolgt man den Ansatz, in eine Webseite benutzerdefinierte HTML-Elemente (sogenannte *Custom Elements*) in das HTML Document Object Model (DOM) einzufügen, ohne den Rest des HTML-DOM zu beeinträchtigen. Dadurch wird u. a. gewährleistet, dass das Styling und Rendering von benutzerdefinierten Elementen streng vom übrigen HTML-DOM isoliert ist. Dies wird durch eine Trennung im Schatten-DOM erreicht. Im Schatten-DOM wird das HTML-DOM eines benutzerdefinierten Widgets vom HTML-DOM der Webseite getrennt. Webkomponenten bestehen aus HTML und JavaScript; CSS kann als Zusatz verwendet werden.

Ebenso wie im vorangehenden Kapitel benötigen Sie für dieses Kapitel kein spezielles Fachwissen. Vorkenntnisse über Webkomponenten sind keine Voraussetzung. Alle relevanten Ideen und Konzepte von Webkomponenten werden im Text erklärt und anhand von Beispielcode vorgeführt.

5.1.1 Einschränkungen

Verwendungseinschränkungen

Benutzerdefinierte Widgets weisen Einschränkungen auf, die Sie bei der Entwicklung und Nutzung von benutzerdefinierten Widgets beachten sollten.

Benutzerdefinierte Widgets werden beispielsweise nur in Microsoft Edge (Version 79 und höher) und Google Chrome unterstützt. Auch funktional gibt es Einschränkungen bei der Entwicklung von benutzerdefinierten Widgets. Derzeit können Sie folgende Funktionen nicht verwenden:

- Data Change Insights
- Design und CSS
- Einplanung von Veröffentlichungen
- Kommentierung der Widgets
- Lesezeichen
- Pausieren von Aktualisierungen
- Search to Insight
- Übersetzung

Einschränkung für Datenverbindungen

Auch beim Verwenden von benutzerdefinierten Widget-Datenverbindungen existieren Einschränkungen. Sie sollten beachten, dass benutzerdefinierte Widgets mit Datenverbindung nur im optimierten Ansichtsmodus unterstützt werden. Beim Einsatz von APIs gibt es ebenfalls Einschränkungen, denn die folgenden APIs werden von benutzerdefinierten Widgets mit Datenverbindung nicht unterstützt:

- `getDataSource().openPromptDialog`
- `getDataSource().getComments`
- `getDataSource().load`
- `getDataSource().getDataExplorer`
- `getDataSource().getDataSelections`

Wenn Sie sich in der Designumgebung befinden und dort in einem Filter einen Wert auswählen, wird dieser Filter nicht auf Ihr benutzerdefiniertes Widgets angewendet. Während der Laufzeit nehmen Eingabefilter aber Einfluss auf benutzerdefinierte Widgets.

Einige Aktionen werden im Builder für benutzerdefinierte Widgets nicht unterstützt:

- Erstellung von berechneten Kennzahlen
- Erstellung von berechneten Dimensionen
- Hinzufügen von Filtern für Dimensionselemente

Filterzeilen werden nicht auf benutzerdefinierte Widgets angewandt – weder in der Designumgebung noch zur Laufzeit.

Gültigkeit der Einschränkungen

Alle in diesem Abschnitt beschrieben Einschränkungen waren beim Verfassen dieses Buches gültig. Dennoch kann es in der Zwischenzeit zu Änderungen gekommen sein. Im SAP Help Portal können Sie die aktuell gültigen Einschränkungen unter der folgenden URL einsehen: *http://s-prs.de/v910906*.

5.1.2 Hosting benutzerdefinierter Widgets

Benutzerdefinierte Widgets bereitstellen

Zum Hosten benutzerdefinierter Widgets benötigen Sie zwei Arten von Dateien: eine JSON-Datei und sogenannte Ressourcendateien. Alle beschreibenden Daten, die Metadaten des benutzerdefinierten Widgets, sind in der JSON-Datei enthalten. Hier werden alle Bestandteile des benutzerdefinierten Widgets definiert. Des Weiteren wird hier über URLs auf die Ressourcendateien referenziert.

Ressourcendateien

Als *Ressourcendateien* werden alle weiteren Dateien bezeichnet, die aus funktionaler Sicht für benutzerdefinierte Widgets benötigt werden. Darunter fallen beispielsweise JavaScript-Dateien, CSS-Dateien, HTML-Dateien.

Zum Hosting eines benutzerdefinierten Widgets werden zwei Speicherorte benötigt:

- Die JSON-Datei des benutzerdefinierten Widgets muss direkt im SAP-Analytics-Cloud-Tenant hochgeladen werden.
- Die Ressourcendateien des benutzerdefinierten Widgets müssen auf einem HTTP-Server hochgeladen werden. Dieser Webserver muss HTTPS aktiviert haben. Die Ressourcendateien werden dort statisch, aber nicht auf dem Webserver verarbeitet oder abgelegt. Der Webserver dient lediglich als Speicherort für die Dateien. Durch URL-Referenzen verweist die JSON-Datei des benutzerdefinierten Widgets auf diese Ressourcendateien.

Abbildung 5.1 zeigt Ihnen beispielhaft, wie Sie ein benutzerdefiniertes Widget über einen öffentlichen Webserver hosten.

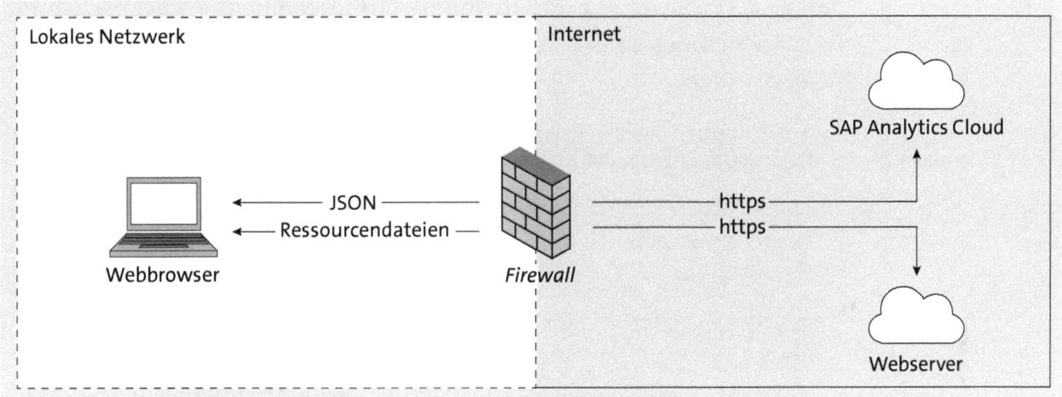

Abbildung 5.1 Bereitstellung eines benutzerdefinierten Widgets

Funktionsweise des Custom Widget Frameworks

Wird ein benutzerdefiniertes Widget in einem Webbrowser gerendert, wird die URL der Ressourcendatei an den Browser übergeben. Dies geschieht über das *Custom Widget Framework*. Das Custom Widget Framework entnimmt die URL aus der JSON-Datei des benutzerdefinierten Frameworks. Mit dieser Information fordert der Browser die Ressourcendateien vom Webserver an. Da es sich bei den Ressourcendateien um einfache Dateitypen handelt, sollten diese in jedem Webbrowser bereitgestellt werden. Das Custom Widget Framework stellt hierbei keine besonderen Anforderungen an den Webserver. Des Weiteren bietet das Custom Widget Framework keine Authentifizierungs- oder Autorisierungsfunktionen und auch keine Unterstützung für Sitzungs-Cookies oder Ähnliches.

Sowohl bei der Erstellung der analytischen Applikation in der Designumgebung als auch während der Laufzeit bei der Ausführung der analytischen Applikation werden die Ressourcendateien auf dem Webserver vom Custom Widget angefragt. Werden die Ressourcendateien nur für den Builder- oder den Formatbereich genutzt, werden diese Dateien nur in der Designumgebung vom Webserver angefragt.

Hosting-Varianten

Der Webserver kann entweder öffentlich oder privat sein. Privat meint in diesem Kontext, dass er firmenintern bzw. innerhalb des Firmennetzwerks erreichbar ist. Die einzige Voraussetzung für einen privaten Webserver ist, dass die Ressourcendateien vom Browser der Anwender und Anwenderinnen unter der in der JSON-Datei angegeben URL bereitgestellt werden können. Als privaten Webserver können Sie beispielsweise einen Node.js-Server mit dem Modul HTTPS-Server oder einen Apache-Webserver auf Ihrem lokalen System betreiben. Vorteile des privaten Webservers ergeben sich daraus, dass dieser nur innerhalb Ihres Unternehmens erreichbar ist und sich deshalb besonders für die Entwicklung eigener benutzerdefinierter Widgets eignet.

Rekapitulation der Funktionsweise

Der SAP-Analytics-Cloud-Tenant verbindet sich nicht direkt mit dem Webserver, um Ressourcendateien anzufordern, sondern es wird dazu immer der Webbrowser genutzt.

Speichern Sie eine analytische Applikation auf Ihrem SAP-Analytics-Cloud-Tenant, wird nur eine Referenz auf das benutzerdefinierte Widget mit der analytischen Applikation gespeichert. Genauer gesagt, handelt es sich bei dieser Referenz um die JSON-Datei der analytischen Applikation. Ressourcendateien werden niemals in analytischen Applikationen gespeichert.

5.2 Aufbau benutzerdefinierter Widgets

Grundlegender Aufbau

Benutzerdefinierte Widgets sind aus den folgenden Dateien aufgebaut:

- aus dem Referenzdokument JSON
- aus der Webkomponente JavaScript
- aus der Webkomponente JavaScript des Formatbereichs
- aus der Webkomponente JavaScript des Builder-Bereichs
- aus einem Icon
- aus weiteren Dateien

Erklärung der Dateien

Das Referenzdokument *JSON* ist erforderlich. Es definiert das benutzerdefinierte Widget. Die Webkomponente *JavaScript* implementiert das benutzerdefinierte Element des benutzerdefinierten Widgets. Diese Datei ist ebenfalls erforderlich. Die Webkomponente *JavaScript des Format-Bereichs* ist optional. Sie implementiert das benutzerdefinierte Element des Formatbereichs des benutzerdefinierten Widgets. Analog verhält es sich mit der Webkomponente *JavaScript des Builder-Bereichs*. Diese implementiert das benutzerdefinierte Element des Builder-Bereichs des benutzerdefinierten Widgets. Das *Icon* ist ebenfalls optional. Dieses wird zur Repräsentation des benutzerdefinierten Widgets verwendet und hat das Format (16 × 16 Pixel). Des Weiteren können noch weitere Dateien (JavaScript, CSS, Bilder), je nach implementiertem benutzerdefinierten Widget, verwendet werden. Diese sind infolgedessen auch als optional anzusehen und nicht als essenzieller Bestandteil jedes benutzerdefinierten Widgets.

In den folgenden Abschnitten werden diese Dateien noch einmal genauer erklärt.

5.2.1 Referenzdokument JSON

Referenzdokument

Das Referenzdokument JSON spezifiziert das benutzerdefinierte Widget und verweist auf dessen Bestandteile. In den folgenden Abschnitten werden die gültigen Eigenschaften des Referenzdokuments JSON erläutert. Sind weitere Eigenschaften in diesem Referenzdokument vorhanden, wird es dadurch ungültig.

Stammelement

Das Stammelement des Referenzdokuments JSON spezifiziert das benutzerdefiniert Widget. In Tabelle 5.1 sehen Sie die Eigenschaften, die verwendet werden können.

Eigenschaft	Erforderlich/ optional	Typ	Beschreibung
`id`	erforderlich	`string`	eindeutige ID des benutzerdefinierten Widgets
`version`	erforderlich	`string`	Version des benutzerdefinierten Widgets

Tabelle 5.1 Eigenschaften des Stammelements

Eigenschaft	Erforderlich/ optional	Typ	Beschreibung
`name`	erforderlich	`string`	Name des benutzerdefinierten Widgets
`description`	optional	`string`	Beschreibung des benutzerdefinierten Widgets
`newInstance-Prefix`	optional	`string`	Präfix einer neuen benutzerdefinierten Widget-Instanz
`icon`	optional	`string`	URL des Icons des benutzerdefinierten Widgets
`vendor`	optional	`string`	Anbieter
`eula`	optional	`string`	Endbenutzer-Lizenzvereinbarung
`license`	optional	`string`	Lizenz
`Webcomponents`	erforderlich	`array` von `webcomponents`-Objekten	Webkomponenten des benutzerdefinierten Widgets
`properties`	erforderlich	`properties`-Objekt	Eigenschaften des benutzerdefinierten Widgets
`methods`	optional	`methods`-Objekt	Methoden des benutzerdefinierten Widgets
`events`	optional	`events`-Objekt	Events des benutzerdefinierten Widgets

Tabelle 5.1 Eigenschaften des Stammelements (Forts.)

Eigenschaft	Erforderlich/ optional	Typ	Beschreibung
`imports`	optional	`array` von Strings	vom benutzerdefinierten Widget verwendete Typbibliotheken
`supportsMobile`	optional	`boolean`	Gibt an, ob das benutzerdefinierte Widget auf mobilen Endgeräten unterstützt wird.
`types`	optional	`types`-Objekt	Benutzerdefinierte Typen des benutzerdefinierten Widgets. Es können eigene Datenstrukturen und Enumerationen definiert werden.
`dataBindings`	optional	`dataBindings`-Objekt	Datenbindungen des benutzerdefinierten Widgets. Sie können Ihre eigene Datenanbindung mit einem Array von `feeds`-Objekten definieren.

Tabelle 5.1 Eigenschaften des Stammelements (Forts.)

Icon

Sie können auch eine Daten-URL als Quelle für das Icon angeben. Mit einer Daten-URL können Sie Icons direkt in der JSON-Datei des benutzerdefinierten Widgets verlinken, das sonst über das Netzwerk angefordert würde.

webcomponents-Objekt

Eigenschaften des webcomponents-Objekts

Ein `webcomponents`-Objekt spezifiziert eine Webkomponente eines benutzerdefinierten Widgets. Es wird durch die JSON-Eigenschaften in Tabelle 5.2 definiert.

Eigenschaft	Erforderlich/optional	Typ	Beschreibung
`kind`	erforderlich	`string`	Beschreibt, welche Art von Webkomponente dieses Objekt darstellt. Mögliche Werte sind: ▪ `main` (das eigentliche benutzerdefinierte Widget) ▪ `styling` (Formatbereich des benutzerdefinierten Widgets) ▪ `builder` (Builder-Bereich des benutzerdefinierten Widgets)
`tag`	erforderlich	`string`	eindeutiger Name des benutzerdefinierten Elements (das HTML-Tag) dieser Webkomponente
`url`	erforderlich	`string`	URL zur JavaScript-Datei der Webkomponente
`type`	optional	`string`	Kann zur Modularisierung von JavaScript genutzt werden.
`integrity`	erforderlich	`string`	Hash-Wert der JavaScript-Datei der Webkomponente. Der Hash-Wert hat das Format `hashAlgorithm-hashValue`.
`ignoreIntegrity`	optional	`boolean`	Gibt an, ob die Integritätsprüfung ignoriert werden kann.

Tabelle 5.2 Eigenschaften des webcomponents-Objekts

[»]

Tag

Um ein benutzerdefiniertes Widget von einem normalen HTML-Element zu unterscheiden, muss der eindeutige Name mindestens einen Bindestrich enthalten.

[+]

Erstellung von Tags

Sie können aus der ID des benutzerdefinierten Widgets den Tag ableiten. Ersetzen Sie hierzu alle Punkte mit Bindestrichen. Auf diesen Weg wird ein eindeutiger Tag erstellt.

Indem Sie die Hauptversionsnummer an den Tag anfügen, können Sie Verwechslungen zwischen mehreren Versionen eines benutzerdefinierten Widgets, die gleichzeitig zum Analytics Designer hinzugefügt werden, vermeiden.

properties-Objekt

Eigenschaften des properties-Objekts

Ein `properties`-Objekt spezifiziert die Eigenschaften eines benutzerdefinierten Widgets. Jeder JSON-Eigenschaftsname ist der Name einer Eigenschaft des benutzerdefinierten Widgets. Der Wert ist ein Objekt mit verschiedenen Eigenschaften (siehe Tabelle 5.3).

Eigenschaft	Erforderlich/ optional	Typ	Beschreibung
`type`	erforderlich	`string`	Typ der Eigenschaft des benutzerdefinierten Widgets. Mögliche Werte sind beispielsweise: ▪ `string` ▪ `number` ▪ `boolean` ▪ `integer` ▪ `string[]` ▪ `number[]` ▪ `boolean[]` ▪ `integer[]` Es können auch bestimmte Skript-API-Datentypen verwendet werden. Auch können einfache Objekttypen verwendet werden.
`description`	optional	`string`	Beschreibung der Eigenschaft des benutzerdefinierten Widgets

Tabelle 5.3 Eigenschaften des properties-Objekts

Eigenschaft	Erforderlich/ optional	Typ	Beschreibung
`default`	optional	abhängig vom Typ	Standardwert der Eigenschaft des benutzerdefinierten Widgets

Tabelle 5.3 Eigenschaften des properties-Objekts (Forts.)

[»]

Eigenschaften durch Skriptmethoden ändern

Möchten Sie eine Eigenschaft, die ein Array ist, durch eine Skriptmethode ändern, müssen Sie das geänderte Array der Eigenschaft nach der Änderung immer neu zuweisen.

methods-Objekt

Eigenschaften des methods-Objekts

Ein `methods`-Objekt spezifiziert die Skriptmethoden eines benutzerdefinierten Widgets. Jeder JSON-Eigenschaftsname ist der Name einer Eigenschaft des benutzerdefinierten Widgets. Der Wert ist ein Objekt mit den folgenden Eigenschaften (siehe Tabelle 5.4).

Eigenschaften	Erforderlich/ optional	Typ	Beschreibung
`description`	erforderlich	`string`	Beschreibung der Skriptmethode
`parameters`	optional	`array` von `parameters`-Objekten	Parameter der Skriptmethode. Wenn die Skriptmethode keinen Parameter hat, lassen Sie diese Eigenschaft weg.
`body`	optional	`string`	Implementierung der Skriptmethode (in der Skriptsprache des Analytics Designers)
`returnType`	optional	`string`	Rückgabetyp der Skriptmethode. Wenn die Skriptmethode keinen Rückgabewert hat, lassen Sie diese Eigenschaft weg.

Tabelle 5.4 Eigenschaften der methods-Methode

[«]

Body

Wenn Sie die body-Eigenschaft weglassen, sucht das benutzerdefinierte Widget-Framework eine sogenannte native JavaScript-Funktion dieses Namens in der JavaScript-Datei der Webkomponente, deren kind-Eigenschaft den Wert main hat, und ruft diese auf.

Wenn Sie eine Eigenschaft eines benutzerdefinierten Widgets in einer nativen JavaScript-Funktion ändern, senden Sie ein benutzerdefiniertes Ereignis propertiesChanged, um diese Änderung dem benutzerdefinierten Widget-Framework mitzuteilen. Weitere Informationen und ein Codebeispiel finden Sie in Abschnitt 5.4.3, »Webkomponente JavaScript des Formatbereichs«. Tun Sie dies nicht, kann dies zu veralteten Eigenschaftswerten führen, wenn Sie sie in einer Skriptmethode aufrufen.

parameters-Objekt

Eigenschaften des parameters-Objekts

Ein parameters-Objekt spezifiziert die Parameter einer Skriptmethode eines benutzerdefinierten Widgets. Das parameters-Objekt besitzt die JSON-Eigenschaften in Tabelle 5.5.

Eigenschaft	Erforderlich/ optional	Typ	Beschreibung
name	erforderlich	string	Name des Parameters
type	erforderlich	string	Typ des Parameters des benutzerdefinierten Widgets. Mögliche Werte sind beispielsweise: ▪ string ▪ number ▪ boolean ▪ integer ▪ string[] ▪ number[] ▪ boolean[] ▪ integer[] Es können auch bestimmte Skript-API-Datentypen oder einfache Objekttypen verwendet werden.

Tabelle 5.5 Eigenschaften des parameters-Objekts

Eigenschaft	Erforderlich/optional	Typ	Beschreibung
description	optional	string	Beschreibung des Parameters

Tabelle 5.5 Eigenschaften des parameters-Objekts (Forts.)

events-Objekt

Eigenschaften des events-Objekts

Ein `events`-Objekt spezifiziert die Events eines benutzerdefinierten Widgets. Jeder JSON-Eigenschaftsname eines `events`-Objekts ist der Name eines Events eines benutzerdefinierten Widgets. Das `events`-Objekt besitzt die folgende JSON-Eigenschaft (siehe Tabelle 5.6).

Eigenschaft	Erforderlich/optional	Typ	Beschreibung
description	optional	string	Beschreibung des Events

Tabelle 5.6 Eigenschaft des events-Objekt

types-Objekt

Ein `types`-Objekt spezifiziert die benutzerdefinierten Typen eines benutzerdefinierten Widgets. Benutzerdefinierte Datenstrukturen oder benutzerdefinierte Enumerationen können als benutzerdefinierte Typen verwendet werden. Innerhalb des benutzerdefinierten JSON-Widgets können benutzerdefinierte Typen als Typen für Eigenschaften, Argumente oder Rückgabetypen verwendet werden. In analytischen Applikationen können Sie benutzerdefinierte Typen als Typen für globale Variablen, Rückgabetypen und Skriptobjekt-Funktionsargumente verwenden.

Eindeutige Namensgebung

Jeder JSON-Eigenschaftsname eines `types`-Objekts ist der Name eines benutzerdefinierten Typs. Um Mehrfachvergaben von Namen benutzerdefinierter Typen zu vermeiden, wird intern jeder Name eines benutzerdefinierten Typs durch die Verwendung eines qualifizierten Namens eindeutig gemacht. Dieser enthält die ID des benutzerdefinierten Widgets. Sie müssen den qualifizierten Namen nicht spezifizieren.

[»]

Vordefinierte Typnamen

Wenn Namen für benutzerdefinierte Typen in `methods`-, `parameters`- und `properties`-Objekten verwendet werden, haben diese Vorrang vor den vordefinierten Typnamen.

Die JSON-Eigenschaften in Tabelle 5.7 können Sie zur Spezifikation von benutzerdefinierten Datenstrukturen nutzen.

Eigenschaften einer benutzerdefinierten Datenstruktur

Eigenschaften	Erforderlich/optional	Typ	Beschreibung
description	optional	string	Beschreibung der Datenstruktur
extends	optional	string	Die zu erweiternde Datenstruktur. Sie können Ihre eigenen benutzerdefinierten Datenstrukturen erweitern. Benutzerdefinierte Aufzählungen und einfache Typen (string, number, integer, boolean) können nicht erweitert werden.
properties	erforderlich	array von CustomType-Property-Objekten	Eigenschaften der Datenstruktur

Tabelle 5.7 Eigenschaften einer benutzerdefinierten Datenstruktur

Die JSON-Eigenschaften in Tabelle 5.8 können Sie zur Spezifikation von benutzerdefinierten Enumerationen nutzen.

Eigenschaften einer benutzerdefinierten Enumeration

Eigenschaften	Erforderlich/optional	Typ	Beschreibung
description	optional	string	Beschreibung der Enumeration
extends	erforderlich	string	Als möglicher Wert kann nur Enum verwendet werden. Dieses kennzeichnet den Typ als Aufzählung.
properties	erforderlich	array von Custom-EnumValue-Objekten	Eigenschaften der Enumeration

Tabelle 5.8 Eigenschaften einer benutzerdefinierten Enumeration

CustomTypeProperty-Objekt

Eigenschaften des CustomType-Property-Objekts

Ein CustomTypeProperty-Objekt spezifiziert eine Eigenschaft eines benutzerdefinierten Widgets. Das CustomTypeProperty-Objekt besitzt folgende JSON-Eigenschaften (siehe Tabelle 5.9).

Eigenschaft	Erforderlich/ optional	Typ	Beschreibung
name	erforderlich	string	Name der Eigenschaft
description	optional	string	Beschreibung der Eigenschaft
type	erforderlich	string	Typ der Eigenschaft. Sie können hier einen einfachen Typ (string, number, integer, boolean), eine Enumeration oder einen Typ, der als Argumenttyp oder Objektausdruck verwendet werden kann, verwenden.
mandatory	optional	boolean	Gibt an, ob diese Eigenschaft obligatorisch ist. Möchten Sie Instanzen dieses Typs erstellen, müssen Sie diese Eigenschaft angeben.

Tabelle 5.9 Eigenschaften des CustomTypeProperty-Objekts

[»]

Typen

In der Analytics-Designer-API-Referenz finden Sie alle Typen, die als Objektausdrücke oder Argumenttypen verwendet werden können. Suchen Sie hierzu im SAP Help Portal nach »SAP Analytics Cloud Analytics Designer API Reference Guide«. Können Typen als Argumenttypen verwendet werden, sind diese mit einem runden Icon und einem »T« ausgewiesen.

Können Typen als Objektausdrücke verwendet werden, steht am Anfang ihrer Klassendokumentation der Text »can be passed as a JSON object to method arguments«.

CustomEnumValue-Objekt

Eigenschaften des CustomEnumValue-Objekts

Ein CustomEnumValue-Objekt spezifiziert einen Wert einer benutzerdefinierter Enumeration eines benutzerdefinierten Widgets. Das CustomEnumValue-Objekt besitzt folgende JSON-Eigenschaften (siehe Tabelle 5.10).

Eigenschaft	Erforderlich/ optional	Type	Beschreibung
name	erforderlich	string	Name der Enumeration
description	optional	string	Beschreibung des Enumerationswert

Tabelle 5.10 Eigenschaften des CustomEnumValue-Objekts

dataBindings-Objekt

Eigenschaften des dataBindings-Objekts

Ein dataBindings-Objekt spezifiziert die Datenanbindung eines benutzerdefinierten Widgets. Es kann nur ein Objekt definiert werden. Werden mehrere Objekte angegeben, wird nur das erste Objekt verwendet. Das dataBindings-Objekt besitzt folgende JSON-Eigenschaft (siehe Tabelle 5.11).

Eigenschaft	Erforderlich/ optional	Typ	Beschreibung
feeds	erforderlich	array von feeds-Objekten	Feed von Datenanbindungen

Tabelle 5.11 Eigenschaft des dataBindings-Objekts

Namen der dataBindings-Objekte

Der Name eines Objekts wird durch den Schlüssel der dataBindings-Eigenschaft repräsentiert.

Wenn Sie ein dataBindings-Objekt in der JSON-Datei definieren, wird ein Standard-Builder-Bereich in der Designumgebung angezeigt. Haben Sie den Builder-Bereich über das Webcomponents-Objekt definiert, wird der automatisch erstellte Builder-Bereich nicht verwendet.

feeds-Objekt

Eigenschaften des feeds-Objekts

Das feeds-Objekt besitzt folgende JSON-Eigenschaften (siehe Tabelle 5.12).

Eigenschaft	Erforderlich/ optional	Typ	Beschreibung
id	erforderlich	string	eindeutige ID des Feeds

Tabelle 5.12 Eigenschaften des feeds-Objekts

Eigenschaft	Erforderlich/optional	Typ	Beschreibung
type	erforderlich	string	Definiert, was Sie dem entsprechenden Feed hinzufügen können. Mögliche Werte sind: dimension oder mainStructureMember (auch measure genannt)
description	optional	string	Beschreibung des Feeds

Tabelle 5.12 Eigenschaften des feeds-Objekts (Forts.)

Einfache Objekttypen

Zusätzlich zu einfachen Typen (string, number, integer, boolean), Skript-API-Datentypen, benutzerdefinierten Typen und Arrays dieser Typen, können Sie einen einfachen Objekttyp der Form Object<type> verwenden.

Dieser Typ repräsentiert ein JavaScript-Objekt mit Schlüsseln vom Typ string und Werten von Type<type>. Ein Typ Object<string> repräsentiert z. B. ein JavaScript-Objekt mit Schlüsseln vom Typ string und Werten vom Typ string.

Folgende Elemente von Type<type> werden unterstützt:

- einfache Typen (string, number, integer, boolean)
- benutzerdefinierte Typen

Beispiel zu einfachen Objekttypen

Das folgende Beispiel zeigt Ihnen, wie man ein Objekt vom Typ Object<number> verwendet. Dieses Objekt hat Schlüssel vom Typ string und Werte vom Typ number.

Das Objekt vom Typ Object<number> wird zuerst in der JSON-Datei des benutzerdefinierten Widgets definiert (siehe Listing 5.1).

```
{
    ...
    "properties": {
        "myNumbers": {
            "type": "Object<number>",
            "description": "A collection of number object"
        }
    },
```

```
    "methods": {
        "putNumber": {
            "parameters": [
                {"name": "name", "type": "string"},
                {"name": "value", "type": "number"}
            ],
            "description": "Adds a number, using a name, to the
collection."
        },
        "getNumber": {
            "parameters": [
                {"name": "name", "type": "string"}
            ],
            "returnType": "number",
            "description": "Returns a number, using a name, from
the collection."
        }
    }
}
```

Listing 5.1 Definition in der JSON-Datei des benutzerdefinierten Widgets

In Listing 5.2 werden Methoden definiert, die das Objekt verwenden.

```
putNumber (name, value) {
    this.myNumbers = this.myNumbers || {};
    this.myNumbers[name] = value;
}

getNumber (name) {
    return this.myNumbers[name];
}
```

Listing 5.2 Definition im Webkomponenten-JavaScript

Das Beispiel in Listing 5.3 erzeugt im ersten Schritt zwei Objekte vom Typ `Object<number>` mithilfe der `put`-Methode. Im Anschluss wird über die `get`-Methode eines dieser Objekte wieder ausgegeben.

```
var number1 = 1;
var number2 = 2;

customWidget.put("n1", number1);
```

```
customWidget.put("n2", number2);

var n = customWidget.get("n2");
```

Listing 5.3 Methoden verwenden

5.2.2 Webkomponente JavaScript

Wie in den vorangehenden Abschnitten erläutert, besteht ein benutzerdefiniertes Widget aus einer oder aus mehreren Webkomponenten. Dabei wird jede Webkomponente in einer Webkomponenten-JavaScript-Datei implementiert. Diese definiert ein benutzerdefiniertes Widget und implementiert dessen JavaScript-API. Ein Beispiel hierzu sehen Sie in Abschnitt 5.5, »Benutzerdefinierte Widgets auf mobilen Geräten«.

Lebenszyklus einer Webkomponente

Das Custom Widget Framework ruft während der Nutzungsdauer eines benutzerdefinierten Widgets bestimmte JavaScript-Funktionen der Webkomponente in einer festdefinierten Reihenfolge auf. Wenn Sie das Verhalten des benutzerdefinierten Widgets steuern möchten, können Sie diese JavaScript-Funktionen selbst implementieren. Eine ausführliche Erklärung zu jeder dieser Funktionen finden Sie im nächsten Abschnitt zur Webkomponente JavaScript-API.

Funktionsaufrufe beim erstmaligen Rendern

Wird das benutzerdefinierte Widget zum ersten Mal gerendert, ruft das Custom Widget Framework die folgende Sequenz an JavaScript-Funktionen auf:

1. `constructor()`
2. `onCustomWidgetBeforeUpdate()`
3. Property-Setter-Funktionen, zur Aktualisierung der Eigenschaften des benutzerdefinierten Widgets (falls vorhanden)
4. `onCustomWidgetAfterUpdate()`
5. `connectedCallback()`

Funktionsaufruf während der Aktualisierung

Wird das benutzerdefinierte Widget aktualisiert, ruft das Custom Widget Framework folgende Sequenz an JavaScript-Funktionen auf:

1. `onCustomWidgetBeforeUpdate()`
2. Property-Setter-Funktionen, zur Aktualisierung der Eigenschaften des benutzerdefinierten Widgets, falls vorhanden
3. `onCustomWidgetAfterUpdate()`

Funktionsaufrufe beim Löschen

Wird das benutzerdefinierte Widget aus dem Grafikbereich entfernt oder die analytische Applikation geschlossen, ruft das Custom Widget Framework folgende Sequenz an JavaScript-Funktionen auf:

1. `onCustomWidgetDestroy()`
2. `disconnectedCallback()`

Ausführung der onCustomWidgetDestroy-Funktion

Die Funktion `onCustomWidgetDestroy` wird unter zwei Bedingungen nicht ausgeführt:

- Wenn die Sichtbarkeit des benutzerdefinierten Widgets auf `false` gesetzt ist.
- Wenn das benutzerdefinierte Widget ein unsichtbarer Teil eines Containers ist.

Funktionsaufrufe während der Bearbeitung

Wird die Größe des benutzerdefinierten Widgets auf dem Canvas geändert, ruft das Custom Widget Framework die JavaScript-Funktion `onCustomWidget-Resize()`auf.

Verschieben des benutzerdefinierten Widgets

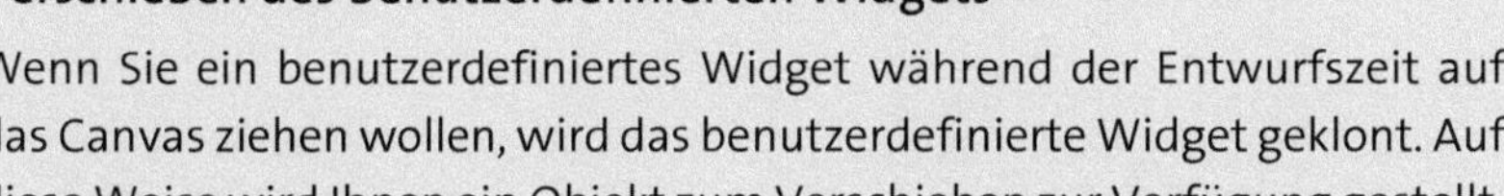

Wenn Sie ein benutzerdefiniertes Widget während der Entwurfszeit auf das Canvas ziehen wollen, wird das benutzerdefinierte Widget geklont. Auf diese Weise wird Ihnen ein Objekt zum Verschieben zur Verfügung gestellt. Dadurch werden der Konstruktor des benutzerdefinierten Widgets sowie die Callbacks `connectedCallback` und `disconnectedCallback` aufgerufen.

Webkomponente JavaScript-API

Die folgenden Funktionen stehen Ihnen über die JavaScript-API der Webkomponente eines benutzerdefinierten Widgets zur Verfügung.

constructor()-Funktion

Die Funktion `constructor()` können Sie implementieren, um JavaScript-Code auszuführen, wenn die Webkomponente initialisiert wird. Diese Funktion ist der Gegenspieler zur `onCustomComponentDestroy()`-Funktion.

onCustomWidget-BeforeUpdate(onChanged-Properties)

Die Funktion `onCustomWidgetBeforeUpdate(onChangedProperties)` können Sie implementieren, um JavaScript-Code auszuführen, bevor Eigenschaften des benutzerdefinierten Widgets aktualisiert werden. Das Argument `onChangedProperties` ist ein JavaScript-Objekt und enthält die geänderten Eigenschaften als Schlüssel-Wert-Paare. Der Name der Eigenschaft wird durch den Schlüssel definiert. Der Wert des Paares ist der geänderte Wert der Eigenschaft. Ruft das Custom Widget Framework die Funktion zum ersten Mal auf, wird eine vollständige Liste der Eigenschaften in onChangedProperties übergeben. Wird der Eigenschaftswert einer Eigenschaft in der JSON-Datei des benutzerdefinierten Widgets definiert, ist es der Standardwert; ansonsten ist er vom Typ undefined.

[+]

Zusätzliche Eigenschaften

Bei einem Sonderfall können zusätzliche Werte in onChangedProperties übergeben werden. Beim Aufruf von Webkomponenten, die das eigentliche benutzerdefinierte Widget (mit kind = main in der JSON-Datei des benutzerdefinierten Widgets) implementieren, werden folgende Werte zusätzlich beim ersten Aufruf übergeben (siehe Tabelle 5.13).

Eigenschaft	Typ	Beschreibung
widgetName	string	Name des Widgets
designMode	boolean	Gibt an, ob das benutzerdefinierte Widget aktuell im Analytics Designer verwendet wird. Mögliche Werte sind: ▪ true ▪ false
Event-Name, beispielsweise onClick	boolean	Gibt an, ob diesem Ereignis zu diesem Zeitpunkt ein Ereignisskript zugewiesen ist. Mögliche Werte sind: ▪ true ▪ false

Tabelle 5.13 Zusätzliche Eigenschaften der Methode onChangedProperties

onCustomWidgetAfterUpdate (onChangedProperties)

Die Funktion onCustomWidgetAfterUpdate(onChangedProperties) können Sie implementieren, um JavaScript-Code auszuführen, nachdem die Eigenschaften des benutzerdefinierten Widgets aktualisiert wurden.

Das Argument onChangedProperties ist ein JavaScript-Objekt und enthält die geänderten Eigenschaften als Schlüssel-Wert-Paare. Der Name der Eigenschaft wird durch den Schlüssel definiert. Der Wert des Paares ist der geänderte Wert der Eigenschaft.

Ruft das Custom Widget Framework die Funktion zum ersten Mal auf, wird eine vollständige Liste der Eigenschaften in onChangedProperties übergeben. Wird der Eigenschaftswert einer Eigenschaft in der JSON-Datei des benutzerdefinierten Widgets definiert, ist es der Standardwert; ansonsten ist er vom Typ `undefined`.

connectedCallback()-Funktion

Die Funktion `connectedCallback()` können Sie implementieren, um JavaScript-Code auszuführen, wenn Ihre Webkomponente des benutzerdefinierten Widgets mit dem HTML-DOM der Webseite verbunden wird. Folgende Situationen können die Funktion auslösen:

- Wenn Sie das benutzerdefinierte Widget in der Entwurfsumgebung verschieben. Hierbei wird das benutzerdefinierte Widget geklont, um zum Ziehen ein Objekt bereitzustellen.
- Wenn Sie das benutzerdefinierte Widget in der Entwurfsumgebung von einem Container in einen anderen verschieben.
- Wenn das benutzerdefinierte Widget, in der Entwurfsumgebung und zur Laufzeit, das erste Mal gerendert wird.
- Wenn Sie das benutzerdefinierte Widget zur Laufzeit von einem Container in einen anderen verschieben, indem die Skriptmethode `Widget.moveWidget()` verwendet wird.

[+]

Best Practices für die Funktion connectedCallback

Für benutzerdefinierte Widgets mit vielen Zustandsdaten ist es zu empfehlen, die Funktion `connectedCallback` so zu implementieren, dass sie jederzeit aufrufbar ist. Auf diese Weise können Sie den Zustand des benutzerdefinierten Widgets wiederherstellen. Für einfachere benutzerdefinierte Widgets mit wenigen Zustandsdaten kann es je nach Situation auch einfacher sein, dass benutzerdefinierte Widget neu zu erstellen; dafür kann die Funktion `disconnectedCallback` genutzt werden, auf die wir im nächsten Absatz eingehen.

disconnectedCallback()-Funktion

Die Funktion `disconnectedCallback()` können Sie implementieren, um JavaScript-Code auszuführen, wenn Ihre Webkomponente des benutzerdefinierten Widgets mit dem HTML-DOM der Webseite getrennt wird. Folgende Situationen können die Funktion auslösen:

- Wenn Sie das benutzerdefinierte Widget in der Entwurfsumgebung aus dem Canvas entfernen.
- Wenn Sie das benutzerdefinierte Widget in der Entwurfsumgebung in das Canvas ziehen. Hierbei wird das benutzerdefinierte Widget geklont, um zum Ziehen ein Objekt bereitzustellen.
- Wenn Sie das benutzerdefinierte Widget in der Entwurfsumgebung von einem Container in einen anderen verschieben.

- Wenn Sie die analytische Applikation schließen – in der Entwurfsumgebung und während der Laufzeit.
- Wenn Sie das benutzerdefinierte Widget zur Laufzeit von einem Container in einen anderen verschieben, indem die Skriptmethode `Widget.moveWidget()` verwendet wird.

Best Practices für die disconnectedCallback-Funktion

Für benutzerdefinierte Widgets mit vielen Zustandsdaten ist es zu empfehlen, die Funktion `disconnectedCallback` so zu implementieren, dass sie jederzeit aufrufbar ist. Auf diese Weise können Sie den Zustand des benutzerdefinierten Widgets speichern. Eine Ausnahme bildet hierbei das dauerhafte Entfernen eines benutzerdefinierten Widgets. Für einfachere benutzerdefinierte Widgets mit wenigen Zustandsdaten kann es je nach Situation nicht notwendig sein, die Zustandsdaten zu speichern.

onCustomWidget-Destroy()-Funktion

Die Funktion `onCustomWidgetDestroy()` können Sie implementieren, um JavaScript-Code auszuführen, wenn das benutzerdefinierte Widget zerstört wird. Diese Funktion ist der Gegenspieler zur `constructor()`-Funktion.

onCustomWidget-Resize()-Funktion

Die Funktion `onCustomWidgetResize(width,height)` können Sie implementieren, um JavaScript-Code auszuführen, wenn die Größe des benutzerdefinierten Widgets verändert wird. Das Argument `width` gibt die Breite und das Argument `height` die Höhe des benutzerdefinierten Widgets in Pixeln an.

Zusätzliche Hinweise zur Funktion

Die Funktion `onCustomWidgetResize` wird nur bei Webkomponenten mit einem Wert von `kind = main` in der JSON-Datei des benutzerdefinierten Widgets aufgerufen. Aus Leistungsgründen in Bezug auf die Größenänderung wird diese Funktion in bestimmten Zeitintervallen aufgerufen. Die Dauer der Zeitintervalle kann sich ändern.

Wann Sie diese Funktion nicht benutzen sollten

Wird das benutzerdefinierte Widget nicht von der Größenänderung beeinflusst, sollten Sie diese Funktion nicht implementieren. So vermeiden Sie, dass die (möglicherweise leere) Funktion während der Größenänderung wiederholt aufgerufen wird.

Property-Setter-Funktion

Um die Eigenschaften eines benutzerdefinierten Widgets festzulegen, können Sie *Property-Setter-Funktionen* nutzen. Property-Setter-Funktionen beginnen mit dem Schlüsselwort `set`, gefolgt von dem Namen der Eigenschaft. Der neue Eigenschaftswert wird als Argument der Funktion angegeben. Im folgenden Beispiel sehen Sie die Funktion für die Eigenschaft `color`:


```
set color(newColor) {
    this.style["background-color"] = newColor;
}
```

Property-Setter-Funktionen sind optional. Sie werden vom Custom Widget Framework aufgerufen, sofern sie implementiert sind. Sind sie nicht implementiert, werden sie übersprungen.

Getter-Funktion

Getter-Funktionen, die in ähnlicher Syntax mit dem Schlüsselwort `get` implementiert werden, werden vom Custom Widget Framework nicht erkannt und ignoriert.

[+]

Alternative zu Property-Setter-Funktionen

Je nach funktionalem Design eines benutzerdefinierten Widgets, gibt es auch den Ansatz, auf Property-Setter-Funktionen zu verzichten und stattdessen die Aktualisierung der Eigenschaftswerte in der Funktion `onCustomWidgetAfterUpdate` zu implementieren.

Skript-API-Datentypen in JavaScript-Funktionen verwenden

Während der Implementierung einer Webkomponente eines benutzerdefinierten Widgets können Sie bestimmte *Skript-API-Datentypen* in nativen JavaScript-Funktionen verwenden. Diese können dann beispielsweise als Funktionsargumente oder Rückgabewerte verwendet werden. Des Weiteren können Sie auch Funktionen aufrufen, die von diesen Skript-API-Datentypen bereitgestellt werden.

Eine native JavaScript-Funktion ist eine JavaScript-Funktion in einer Webkomponente Ihres benutzerdefinierten Widgets. Dem gegenüber stehen die Skriptmethoden, die Ihr benutzerdefiniertes Widget im Skript-Editor des Analytics Designers bereitstellt.

Vorgaben zur Verwendung von Skript-API-Datentypen

Bei der Verwendung von Skript-API-Datentypen in nativen JavaScript-Funktionen gelten die folgenden Regeln:

- Sie dürfen nur dokumentierte Funktionen aufrufen, die von einem Skript-API-Datentyp bereitgestellt werden.
- Sie müssen Ihren Code so aufbereiten, dass er den Rückgabewert eines Aufrufs für einen Skript-API-Datentyp korrekt akzeptiert und dieser asynchron zurückgegeben wird.

Damit Sie das korrekte Abrufen des Funktionsergebnisses garantieren können, wenden Sie eines der folgenden Programmiermuster in Ihrer nativen JavaScript-Funktion an:

1. Verwenden Sie die Schlüsselwörter `async` und `await`. Im Beispiel in Listing 5.4 sehen Sie, wie Sie die Funktion `getText` einer Schaltfläche aufrufen, die als Funktionsargument an die Funktion `myFunction` übergeben wurde:

   ```
   async function myFunction(Button button) {
        var text = await button.getText();
        // do something with the passed text
   }
   ```

   Listing 5.4 async-Funktion verwenden

2. Verwenden Sie nun die `then`-Funktion. Im Beispiel in Listing 5.5 sehen Sie, wie Sie die Funktion `getText` einer Schaltfläche aufrufen, die als Funktionsargument an die Funktion `myFunction` übergeben wurde:

   ```
   function myFunction(Button button) {
        button.getText().then(myOtherFunction(text) {
             // do something with the passed text
        });
   }
   ```

   Listing 5.5 then-Funktion verwenden

3. Falls Ihr Browser weder die Schlüsselwörter `async` und `await` noch die `then`-Funktion kennt, verwenden Sie einen Transpiler, der die Funktionalität eines der vorher beschriebenen Muster bietet.

Skript-API-Datentypen mit Typbibliotheken importieren

Sie können bei der Implementierung von benutzerdefinierten Widgets Skript-API-Datentypen verwenden. Hierzu zählen beispielsweise Eigenschaften, Methodenargumente und Rückgabewerte. Skript-API-Typen sind in Typbibliotheken gruppiert.

Typbibliotheken

Zurzeit ist die Verwendung von Typbibliotheken im Custom Widget Framework optional.

Typbibliotheken importieren

Um einen bestimmten Skript-API-Datentyp in Ihrer Webkomponente zu verwenden, müssen Sie die entsprechende Typbibliothek in der JSON-Datei des benutzerdefinierten Widgets anfordern. In diesem Beispiel sehen Sie, wie Sie in der JSON-Datei des benutzerdefinierten Widgets die Skript-API-Datentypen `input-controls` und `table` hinzufügen, um Sie in der Webkomponente zu verwenden:

```
"imports": ["table", "input-controls"]
```

Typbibliothek »standard«

Die Typbibliothek `standard` müssen Sie nicht der JSON-Datei des benutzerdefinierten Widgets hinzufügen. Diese wird automatisch geladen.

Eine Liste aller Typbibliotheken finden Sie im Analytics Designer API Reference Guide: *http://s-prs.de/v910907*.

Verwendung von Datenbindung

Datenbindung

Sie können in einer Webkomponente Datenbindungen verwenden. Diese müssen zuvor in der JSON-Datei des benutzerdefinierten Widgets definiert worden sein. Danach können Sie auf die Daten zugreifen und unterstützte APIs aufrufen.

ImBeispiel in Listing 5.6 sehen Sie, wie die Datenbindung `myDataBinding` in der JSON-Datei des benutzerdefinierten Widgets definiert wird:

```
"dataBindings": {
    "myDataBinding": {
        "feeds": [
            {
                "id": "dimensions",
                "description": "Dimensions",
                "type": "dimension"
            },
            {
                "id": "measures",
                "description": "Measures",
```

```
                    "type": "mainStructureMember"
                }
            ]
        }
    }
```

Listing 5.6 Beispiel einer Datenbindung

Auf die Daten zugreifen

Nachdem Sie die Datenbindung in der JSON-Datei hinterlegt haben, können Sie über den Namen der Datenbindung auf die Daten zugreifen:

```
this.myDataBinding
```

Die folgenden Eigenschaften stehen in `myDataBinding` zur Verfügung:

- Die Eigenschaftsdaten enthalten die Zeilen der Ergebnismenge.
- In den Datenzeilen wird der Alias `feedName_index` verwendet.
- Die Metadaten der Eigenschaft enthalten die erforderlichen Informationen zum Durchlaufen der Ergebnismenge.

Sie können Abfragen von Ergebnismengen, wie in Listing 5.7 zu sehen, wie folgt formulieren:

```
// Traverse result set
this.myDataBinding.data.forEach(row => {
    // Parse row
})
```

Listing 5.7 Datenabfrage einer Datenbindung

Datenbindungs-APIs aufrufen

Sie können die Funktion `getDataBinding` verwenden, um ein `dataBindings`-Objekt zu erhalten, das datengesteuerte APIs enthält, die das benutzerdefinierte Widget ausführen kann. Im Beispiel in Listing 5.8 sehen Sie, wie feedbezogene APIs verwendet werden, um eine Dimension hinzuzufügen:

```
const dataBinding = this.dataBindings.getDataBinding('myDataBinding')
await dataBinding.addDimensionToFeed("dimensions", dimensionId)
```

Listing 5.8 Verwendung von getDataBinding

Eine Liste aller APIs, die von einem `dataBindings`-Objekt gerufen werden können, finden Sie im Analytics Designer API Reference Guide: *http://s-prs.de/v910908*

Suchen Sie dort nach dem Stichwort »Data Binding«.

5.2.3 Formatbereich

Merkmale des Formatbereichs

Der Formatbereich ist ein Bereich im Analytics Designer, in dem Sie während der Erstellung der analytischen Applikation Eigenschaften des benutzerdefinierten Widgets, wie z. B. die Farbe, festlegen. Die Implementierung des Formatbereichs ist optional. Der Bereich befindet sich auf der Registerkarte **Format** des Designer-Bedienfeldes und trägt die Überschrift **Benutzerdefiniertes Widgets – zusätzliche Eigenschaften**. Auf der Registerkarte **Format** können nicht nur der Formatbereich, sondern auch weitere UI-Elemente eingestellt werden. Die Implementierung des Formatbereichs erfolgt ebenfalls als Webkomponente. Diese ist in einer separaten Webkomponenten-JavaScript-Datei enthalten.

Nutzbare Funktion der Webkomponente

In der Designumgebung erstellt der Analytics Designer für jedes benutzerdefinierte Widget einen separaten Formatbereich neben dem Canvas. Aufgrund dessen, dass der Formatbereich als Webkomponente implementiert ist, stehen dieselben Lebenszyklusfunktionen und Callbacks zur Verfügung, die auch von der eigentlichen Webkomponente (mit einem Wert von `kind = main` in der JSON-Datei) aufgerufen werden können. Eine Ausnahme bildet die Funktion `onCustomWidgetResize`. Denn diese Funktion wird nie aufgerufen.

Verhalten beim Entfernen des benutzerdefinierten Widgets

Wenn Sie ein benutzerdefiniertes Widget aus dem Canvas der Designumgebung löschen, wird der Formatbereich zerstört, und die Lebenszyklus- und Callback-Funktionen `disconnectedCallback` und `onCustomWidgetDestroy` werden aufgerufen. Hierbei gibt es keine definierte Reihenfolge. Wenn Sie den Status des Formatbereichs bereinigen müssen, empfehlen wir, dies in der Funktion `onCustomWidgetDestroy` zu tun.

5.2.4 Builder-Bereich

Merkmale des Builder-Bereichs

Der *Builder-Bereich* ist ein Bereich im Analytics Designer, in dem Sie Eigenschaften des benutzerdefinierten Widgets, wie z. B. Kennzahlen und Filter, während der Erstellung der analytischen Applikation festlegen. Die Implementierung des Builder-Bereichs ist optional. Dieser Bereich befindet sich auf der Registerkarte **Builder** des Designer-Bedienfeldes und trägt die Überschrift **Builder**. Der Builder-Bereich nimmt den ganzen Bildschirmbereich der Registerkarte **Builder** ein. Die Implementierung des Builder-Bereichs erfolgt ebenfalls als Webkomponente. Diese ist in einer separaten Webkomponenten-JavaScript-Datei enthalten.

Nutzbare Funktion der Webkomponente

In der Designumgebung erstellt der Analytics Designer für jedes benutzerdefinierte Widget einen separaten Builder-Bereich neben dem Canvas. Weil der Builder-Bereich als Webkomponente implementiert ist, stehen dieselben Lebenszyklusfunktionen und Callbacks zur Verfügung, die auch von der eigentlichen Webkomponente (mit einem Wert von `kind = main` in der JSON-Datei) aufgerufen werden können. Eine Ausnahme bildet die Funktion `onCustomWidgetResize`, denn diese Funktion wird nie aufgerufen.

Verhalten beim Entfernen des benutzerdefinierten Widgets

Wenn Sie ein benutzerdefiniertes Widget aus dem Canvas der Designumgebung löschen, wird der Builder-Bereich zerstört, und die Lebenszyklus- und Callback-Funktionen `disconnectedCallback` und `onCustomWidgetDestroy` werden aufgerufen. Hierbei gibt es keine definierte Reihenfolge. Müssen Sie den Status des Builder-Bereichs bereinigen, ist es zu empfehlen, dies in der Funktion `onCustomWidgetDestroy` zu tun.

5.3 Erstellung, Hochladen und Entfernen eines benutzerdefinierten Widgets

In diesem Abschnitt lernen Sie anhand eines einfachen Beispiels, wie Sie ein benutzerdefiniertes Widget erstellen, wie Sie dieses in Ihrem SAP-Analytics-Cloud-Tenant bereitstellen und auch, wie Sie ein benutzerdefiniertes Widget wieder entfernen.

Infrastrukturelle Voraussetzungen

Um ein benutzerdefiniertes Widget zu hosten, benötigen Sie einen Webserver. In dem Beispiel der folgenden Abschnitte wird auf einen lokalen Webserver zurückgegriffen. Genauere Informationen dazu und wie Sie diesen lokalen Webserver nutzen können, finden Sie in Abschnitt 5.4.3, »Webkomponente JavaScript des Formatbereichs«.

5.3.1 Erstellung eines benutzerdefinierten Widgets

Dateien ablegen

Um Ihnen zu zeigen, wie ein benutzerdefiniertes Widget angelegt wird, nutzen wir ein Beispiel-Widget. Es handelt sich um ein sehr einfach gehaltenes benutzerdefiniertes Widget. Das Widget ist ein farbiger Kasten, dessen Farbe und Transparenz Sie über den Builder- und Formatbereich definieren können.

Das benutzerdefinierte Widget besteht aus insgesamt fünf Dateien:

- **box.json**
- **box.js**
- **box_builder.js**
- **box_styling.js**
- **icon.png**

Das hier verwendete benutzerdefinierte Widget wird in Abschnitt 5.4 genauer beschrieben. Dort wird Ihnen auch der Quellcode zur Verfügung gestellt.

Erstellen Sie einen neuen Ordner auf Ihrem Desktop, und legen Sie dort die aufgelisteten Dateien ab. In unserem Beispiel wird dieser Ordner **box** genannt. Sollten Sie einen abweichenden Namen verwenden, müssten Sie gegebenenfalls die URLs zur Referenz auf die Ressourcendateien in der JSON-Datei ändern.

Abbildung 5.2 zeigt Ihnen die Ablage des benutzerdefinierten Widgets im übergeordneten Ordner **CustomWidget**.

CustomWidget

Name	Änderungsdatum	Größe	Art
box	Gestern, 16:55	--	Ordner
icon.png	Gestern, 11:05	10 KB	PNG-Bild
box.json	Gestern, 17:02	2 KB	text document
box.js	Gestern, 16:50	1 KB	text document
box_styling.js	Gestern, 16:54	1 KB	text document
box_builder.js	Gestern, 16:55	1 KB	text document

Abbildung 5.2 Benutzerdefiniertes Widgets ablegen

5.3.2 Hosting eines benutzerdefinierten Widgets

Benutzerdefiniertes Widget bereitstellen

Wie bereits zu Beginn von Abschnitt 5.2 erwähnt, ist die Voraussetzung, um ein eigenes benutzerdefiniertes Widget verwenden zu können, dass man eine Infrastruktur besitzt, um die Ressourcendatei auf einem Webserver zugänglich zu machen. Dafür gibt es einige Optionen, die sich in der Herangehensweise unterscheiden, aber dasselbe Resultat, nämlich das Hosting der Ressourcendateien liefern. Einige Optionen dafür sind:

- Sie können einen eigenen Webserver betreiben und über diesen die Ressourcendateien zugänglich machen.
- Sie können auf Hyperscalern, wie beispielsweise Amazon Web Services oder Microsoft Azure ausweichen. Diese können auch zum Hosting statischer Dateien verwendet werden.
- Das Hosting der Dateien über GitHub ist eine schnelle und einfache Lösung, besonders für Entwicklungs- und Testzwecke.
- Lokales Hosting ist eine weitere Option, um die statischen Ressourcendateien bereitzustellen. Ein Vorteil hierbei ist, dass die Dateien nicht extern aufrufbar sind und innerhalb Ihrer Firewall verweilen.

Lokalen Webserver nutzen

Wir werden in diesem Beispiel einen lokalen Webserver für das Hosting der Ressourcendateien verwenden. Hierzu verwenden wir das Paket `http-server` vom Paketmanager npm. Mit diesem Paket werden Dateien bzw. Ordner Ihres Desktops mit wenig Aufwand in Ihrem Netzwerk bereitgestellt. Es gibt auch andere Anbieter am Markt, die diese Aufgaben ebenso gut bewältigen.

Lokalen Webserver starten

Es gibt mehrere Möglichkeiten, npm-Pakete zu installieren. Eine davon ist die Installation über die JavaScript-Laufzeitumgebung *Node.js*. Dazu müssen Sie Node.js zunächst über *https://nodejs.org* herunterladen und installieren. Nun können Sie auf die npm-Bibliothek zugreifen. In der Beschreibung des `http-server`-Pakets, die Sie unter dieser URL aufrufen können *https://www.npmjs.com/package/http-server*, finden Sie verschiedenen Optionen zur Installation. Wenn Sie das Tool npx verwenden, können Sie das Skript, also den Webserver, ohne Installation starten.

Führen Sie diesen Befehl über das Terminal bzw. über die Konsole aus, wenn Sie sich im Ordner befinden, der auch den Ordner **box** beinhaltet:

```
npx http-server [path] [options]
```

Wie Sie Abbildung 5.3 entnehmen können, werden beim Start des Servers einige Eigenschaften ausgegeben. Ist der Start erfolgreich, wird die IP-Adresse mitsamt Port angezeigt. In dieser Abbildung ist der Server über die Adresse 127.0.0.1:8080 erreichbar. Diese können Sie auch direkt testen.

Abbildung 5.4 zeigt Ihnen, wie die Dateien im Webserver dargestellt werden. Korrekterweise wird uns angezeigt, dass es nun ein weiteres Verzeichnis gibt – den Ordner **box**.

```
CustomWidget % npx http-server
Starting up http-server, serving ./

http-server version: 14.1.1

http-server settings:
CORS: disabled
Cache: 3600 seconds
Connection Timeout: 120 seconds
Directory Listings: visible
AutoIndex: visible
Serve GZIP Files: false
Serve Brotli Files: false
Default File Extension: none

Available on:
  http://127.0.0.1:8080
  http://192.168.178.20:8080
Hit CTRL-C to stop the server
```

Abbildung 5.3 Start von HTTP-Server

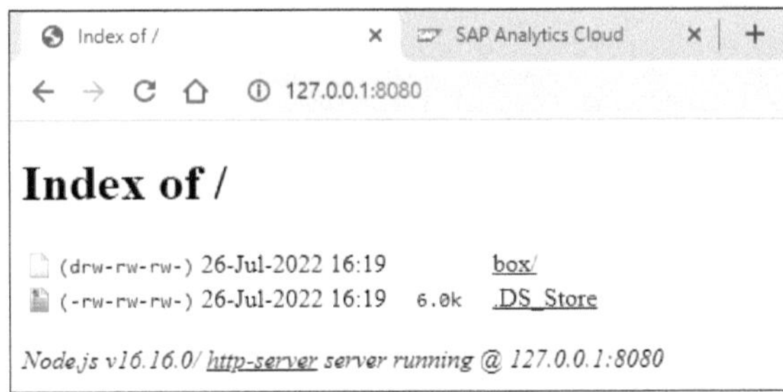

Abbildung 5.4 Aufgerufene Webserver-Adresse

Per Klick auf die Schaltfläche **box/**, und navigieren Sie zu den Ressourcendateien des benutzerdefinierten Widgets. Die Dateien werden aufgelistet dargestellt (siehe Abbildung 5.5). Gehen Sie noch eine Ebene tiefer. Indem Sie auf eine der Dateien klicken, wird Ihnen der Quellcode der betreffenden Datei angezeigt.

Benutzerdefiniertes Widget über den Webserver aufrufen

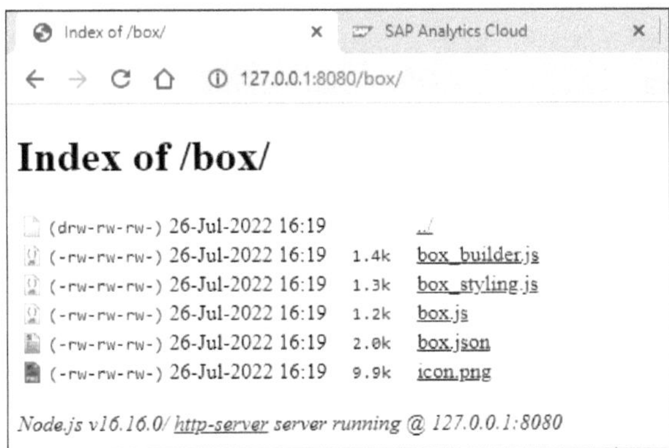

Abbildung 5.5 Ressourcendateien des benutzerdefinierten Widgets aufrufen

Das benutzerdefinierte Widget wurde nun erfolgreich über einen Webserver gehostet und von Ihrem Desktop aus erreichbar.

5.3.3 Hochladen eines benutzerdefinierten Widgets

Benutzerdefiniertes Widget in SAP Analytics Cloud hinzufügen

In diesem Abschnitt zeigen wir Ihnen, wie Sie ein benutzerdefiniertes Widget in SAP Analytics Cloud hochladen. Das Wort »hochladen« ist hier nicht ganz passend, denn die Ressourcendateien bleiben in Ihrer Verantwortung und werden über den Webserver zur Verfügung gestellt. Lediglich die JSON-Datei des benutzerdefinierten Widgets wird hochgeladen.

Folgenden Prozess müssen Sie zum Hochladen des benutzerdefinierten Widgets befolgen:

1. Öffnen Sie in der Navigationsleiste von SAP Analytics Cloud den Menüpunkt **Analytic Applications**, und wechseln Sie dort auf die Registerkarte **Benutzerdefinierte Widgets** (siehe Abbildung 5.6).

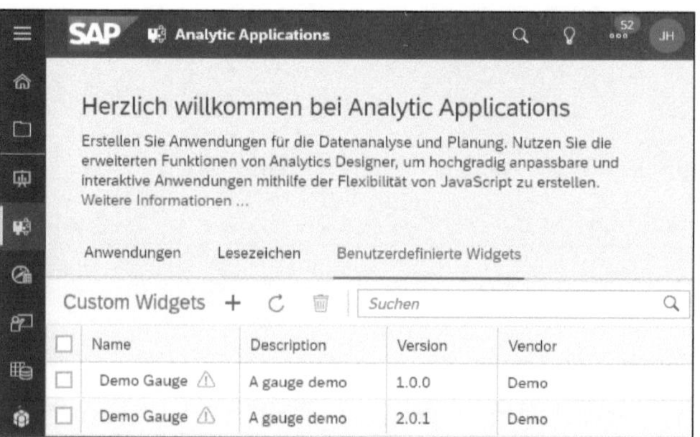

Abbildung 5.6 Benutzerdefinierte Widgets verwalten

2. Klicken Sie auf das Plus-Icon.
3. Im Dialogfenster **Datei hochladen**, klicken Sie auf die Schaltfläche **Datei auswählen**, falls sich das Popup zur Auswahl von Dateien im Dateisystem nicht automatisch öffnet (siehe Abbildung 5.7).

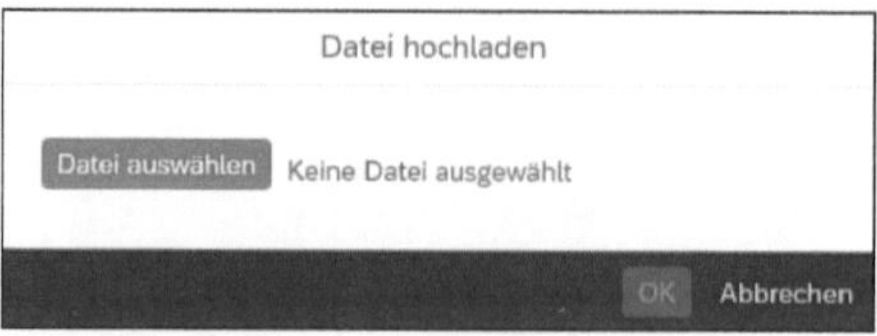

Abbildung 5.7 Dialogfenster zur Auswahl der JSON-Datei

4. Wählen Sie eine JSON-Datei aus, in unserem Beispiel die Datei **box.json**.

Nutzen Sie die **box.json**-Datei so, wie wir Sie Ihnen zur Verfügung stellen, sollte nach der Selektion der Datei ein Hinweis angezeigt werden (siehe Abbildung 5.8). Er bezieht sich darauf, dass sich das benutzerdefinierte Widget aktuell noch im sogenannten *Entwicklungsmodus* befindet. Dies resultiert daraus, dass in der JSON-Datei Integritätsprüfungen unterdrückt werden. Für Entwicklungs- und Testzwecke stellt dies kein Problem dar. Für die produktive Verwendung des benutzerdefinierten Widgets empfehlen wir aber, die Integritätsprüfung zu aktivieren. In Abschnitt 5.4.1 wird das JSON-Dokument genauer betrachtet. Dort erfahren Sie auch, wie Sie die Integritätsprüfung aktivieren und deaktivieren können.

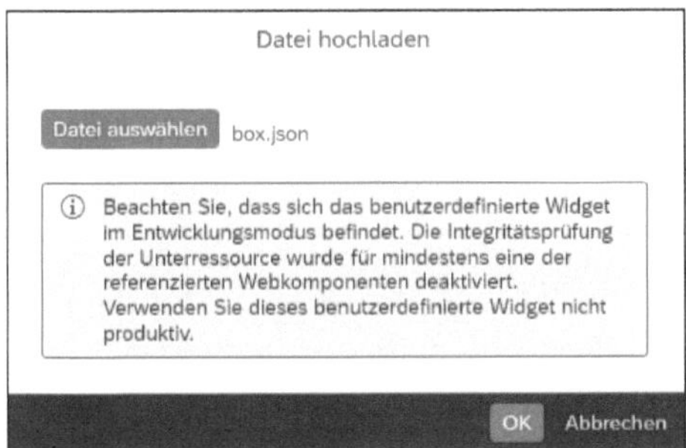

Abbildung 5.8 Hinweis auf den Entwicklermodus

Nachdem die JSON-Datei hochgeladen worden ist, wird Ihnen in Auflistung auf der Registerkarte **Benutzerdefinierte Widgets** ein neues benutzerdefiniertes Widget angezeigt. Da sich das benutzerdefinierte Widget noch im Entwicklungsmodus befindet, erhält es in dieser Ansicht einen gelben Warnhinweis (siehe Abbildung 5.9).

Abbildung 5.9 Alle benutzerdefinierten Widgets auflisten

Benutzerdefiniertes Widget einfügen

Nachdem Sie das benutzerdefinierte Widget hochgeladen haben, können Sie es in eine analytische Applikation einbinden. Öffnen Sie dafür Ihre Applikation, und klicken Sie auf das Plus-Icon im Bereich **Einfügen** der Kopfzeile. Somit klappt sich das Menü aus. Der unterste Punkt dieses Menü heißt **Custom Widgets**. Wählen Sie diesen Menüpunkt aus, klappt sich ein weiteres Untermenü auf, in dem alle zur Verfügung stehenden benutzerdefinierten Widgets aufgelistet werden. Klicken Sie hier auf das benutzerdefinierte Widget, um es Ihrer analytischen Applikation hinzuzufügen (siehe Abbildung 5.10).

Beachten Sie, dass Sie eine besondere Berechtigung benötigen, um benutzerdefinierte Widgets hochzuladen und zu aktualisieren.

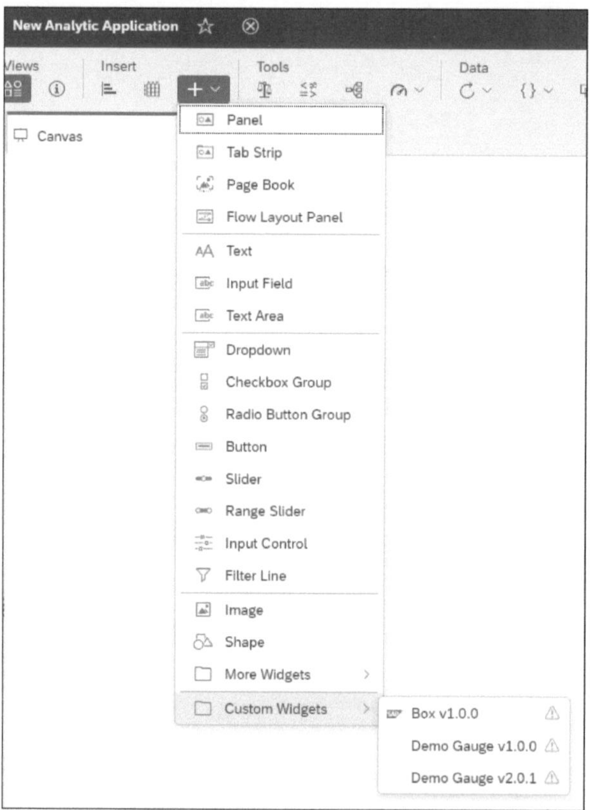

Abbildung 5.10 Benutzerdefinierte Widgets einfügen

Versionierung

Benutzerdefinierte Widgets besitzen eine Versionsnummer. Abbildung 5.9 zeigt Ihnen, in welchem Format diese gepflegt wird. In unserem Beispiel besitzt das benutzerdefinierte Widget die Versionsnummer 1.0.0. Dabei steht jede der Zahlen für eine von drei Dimensionen: `majorVersion`, `minorVersion`, `patchVersion`. Der Versionsstand wird auch über das Referenzdokument, die JSON-Datei, definiert. In SAP Analytics Cloud können Sie benutzerdefinierte Widgets mit unterschiedlichen Versionsständen hochladen. Wichtig ist hierbei, dass sich der Versionstand von der Hauptversion unterscheidet. Wird ein benutzerdefiniertes Widget mit gleicher Hauptversion hochgeladen, wird immer das existierende Widget überschrieben – auch unabhängig vom Minor-Versionsstand. Wenn Ihnen z. B. aktuell ein benutzerdefiniertes Widget der Version 2.2.0 in SAP Analytics Cloud vorliegt und Sie ein nun Widget des Versionsstandes 2.1.0 oder 2.3.0 hochladen, wird die bestehende Version 2.1.0 unabhängig vom Versionsstand des hochzuladenden Widgets überschrieben.

5.3.4 Entfernen eines benutzerdefinierten Widgets

Benutzerdefiniertes Widget entfernen

Benutzerdefinierte Widgets können Sie in wenigen Schritten wieder von Ihrem SAP-Analytics-Cloud-Tenant entfernen:

1. Öffnen Sie, wie in Abbildung 5.6 gezeigt, den Menüpunkt **Analytic Applications** in SAP Analytics Cloud, und wechseln Sie auf die Registerkarte **Benutzerdefinierte Widgets**.
2. Wählen Sie das benutzerdefinierte Widget, das Sie entfernen möchten.
3. Klicken Sie zum Entfernen auf das Papierkorb-Icon.
4. Bestätigen Sie den Vorgang über das erscheinende Dialogfenster, indem Sie auf die Schaltfläche **Löschen** klicken.

5.4 Ein Beispiel für ein benutzerdefiniertes Widget: Die bunte Box

Funktionen der bunten Box

In diesem Abschnitt führen wir Sie durch den Code eines einfachen benutzerdefinierten Widgets, der *bunten Box*. Wie der Name schon verrät, handelt es sich bei diesem benutzerdefinierten Widget um eine bunte Box. Genauer gesagt, handelt es sich um eine rote Box mit schwarzen Rand. Dennoch werden anhand von diesem Beispiel alle relevanten Themen eines benutzerdefinierten Widgets abgedeckt:

- Es kann dem Canvas hinzugefügt werden.
- Es kann verschoben und in der Größe verändert werden.
- Es fügt Skriptmethoden dem Skripteditor hinzu.
- Es fügt einen Builder- und einen Formatbereich hinzu, in denen die Eigenschaften des benutzerdefinierten Widgets in der Designumgebung geändert werden können.

Das benutzerdefinierte Widget setzt sich aus drei Webkomponenten zusammen: der eigentlichen Box, dem Builder-Bereich und dem Formatbereich der Box. Das Beispiel besteht aus den Dateien in Tabelle 5.14.

Datei	Beschreibung
box.json	JSON-Datei des benutzerdefinierten Widgets. Den Quellcode finden Sie in Abschnitt 5.4.1.
box.js	Webkomponente JavaScript der Box. Den Quellcode finden Sie in Abschnitt 5.4.2.
box_styling.js	Webkomponente JavaScript des Formatbereichs der Box. Den Quellcode finden Sie in Abschnitt 5.4.3.
box_builder.js	Webkomponente JavaScript des Builder-Bereichs der Box. Den Quellcode finden Sie in Abschnitt 5.4.4.
icon.png	Icon der Box. Ein Icon der Auflösung 16 × 16 Pixel.

Tabelle 5.14 Auflistung der Dateien des Beispiel-Widgets

In Abbildung 5.11 sehen Sie, wie das benutzerdefinierte Widget aussieht. Zusätzlich sehen Sie in dieser Abbildung auch, dass der Formatbereich für das benutzerdefinierte Widget geöffnet ist. Bei diesem benutzerdefinierten Widget stehen zusätzliche Eigenschaften zur Verfügung. Im Bereich **Box Properties** können Sie z. B. die Farbe der Box definieren.

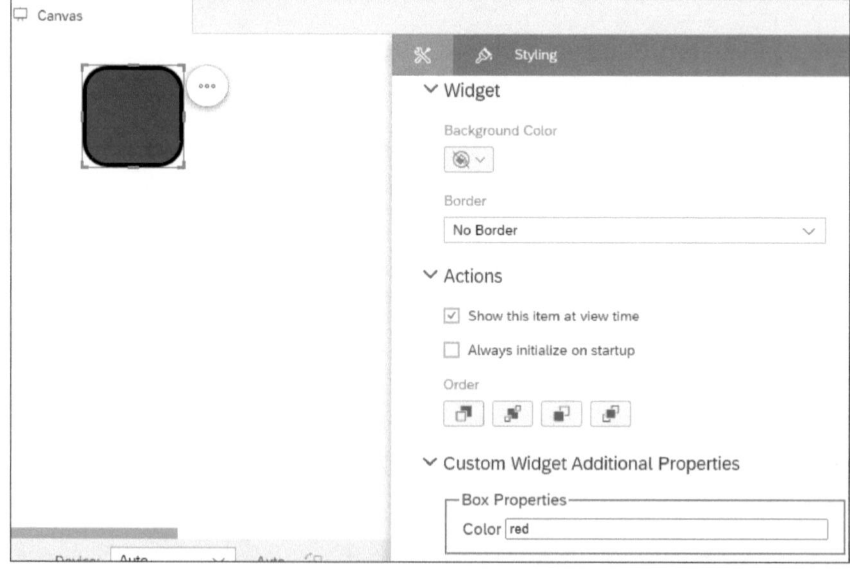

Abbildung 5.11 Benutzerdefiniertes Widget mit geöffnetem Formatbereich

Abbildung 5.12 zeigt Ihnen nochmals das benutzerdefinierte Widget, diesmal aber mit geöffnetem Builder-Bereich. Auch stehen Ihnen unter dem Punkt **Box Properties** zusätzliche Einstellungsmöglichkeiten zur Verfügung. In diesem Fall können Sie einstellen, wie transparent die Farbe des benutzerdefinierten Widgets sein soll.

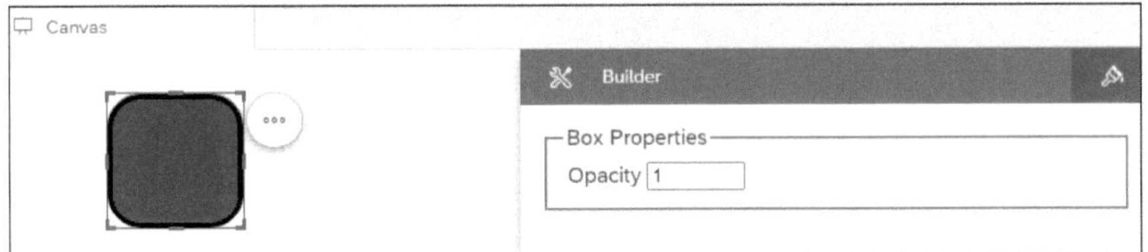

Abbildung 5.12 Benutzerdefiniertes Widget mit geöffnetem Builder-Bereich

5.4.1 JSON-Datei des benutzerdefiniertes Widgets

Damit Sie unser Beispiel-Widget nachvollziehen können, zeigt Listing 5.9 den Quellcode der JSON-Datei **box.json** des benutzerdefinierten Widgets (siehe Listing 5.9).

```
{
     "id": "com.sample.box",
     "version": "1.0.0",
     "name": "Box",
     "description": "A colored box",
     "newInstancePrefix": "Box",
     "icon": "http://127.0.0.1:8080/box/icon.png",
     "vendor": "Sample",
     "eula": "",
     "license": "",
     "webcomponents": [
          {
               "kind": "main",
               "tag": "com-sample-box",
               "url": "http://127.0.0.1:8080/box/box.js",
               "integrity": "",
               "ignoreIntegrity": true
          },
          {
               "kind": "styling",
               "tag": "com-sample-box-styling",
               "url": "http://127.0.0.1:8080/box/box_styling.js",
               "integrity": "",
```

```
            "ignoreIntegrity": true
        },
        {
            "kind": "builder",
            "tag": "com-sample-box-builder",
            "url": "http://127.0.0.1:8080/box/box_builder.js",
            "integrity": "",
            "ignoreIntegrity": true
        }
    ],
    "properties": {
        "color": {
            "type": "string",
            "description": "Background color",
            "default": "red"
        },
        "opacity": {
            "type": "number",
            "description": "Opacity",
            "default": 1
        },
        "width": {
            "type": "integer",
            "default": 100
        },
        "height": {
            "type": "integer",
            "default": 100
        }
    },
    "methods": {
        "setColor": {
            "description": "Sets the background color.",
            "parameters": [
                {
                    "name": "newColor",
                    "type": "string",
                    "description": "The new background color"
                }
            ],
            "body": "this.color = newColor;"
        },
        "getColor": {
```

```
                "returnType": "string",
                "description": "Returns the background color.",
                "body": "return this.color;"
            }
        },
        "events": {
            "onClick": {
                "description": "Called when the user clicks the Box."
            }
        }
}
```

Listing 5.9 Quellcode der Datei box.json

Im Folgenden möchten wir nun auf die einzelnen Abschnitte der JSON-Datei des benutzerdefinierten Widgets eingehen. Wir beginnen mit dem obersten Abschnitt der JSON-Datei (siehe Listing 5.10).

```
"id": "com.sample.box",
"version": "1.0.0",
"name": "Box",
"description": "A colored box",
"newInstancePrefix": "Box",
"icon": "http://127.0.0.1:8080/box/icon.png",
"vendor": "Sample",
"eula": "",
"license": "",
```

Listing 5.10 Erster Abschnitt der Datei box.json

Das benutzerdefinierte Widget hat die eindeutige ID `com.sample.box`, die Version 1.0.0. und den Namen »Box«, der in SAP Analytics Cloud angezeigt wird. Des Weiteren besitzt das benutzerdefinierte Widget die Beschreibung »A colored box«, die beispielsweise in den Tooltipps verwendet wird. Das Präfix der neuen Instanz des benutzerdefinierten Widgets ist »Box«. Das Icon für die bunte Box wird über eine URL zur Verfügung gestellt. Der Anbieter ist Sample. Die Endnutzervereinbarung und das Lizenzfeld wurden leer gelassen.

Das benutzerdefinierte Bunte-Box-Widget setzt sich aus drei Webkomponenten zusammen (siehe Listing 5.11).

```
"webcomponents": [
    {
        "kind": "main",
```

```
            "tag": "com-sample-box",
            "url": "http://127.0.0.1:8080/box/box.js",
            "integrity": "",
            "ignoreIntegrity": true
        },
        {
            "kind": "styling",
            "tag": "com-sample-box-styling",
            "url": "http://127.0.0.1:8080/box/box_styling.js",
            "integrity": "",
            "ignoreIntegrity": true
        },
        {
            "kind": "builder",
            "tag": "com-sample-box-builder",
            "url": "http://127.0.0.1:8080/box/box_builder.js",
            "integrity": "",
            "ignoreIntegrity": true
        }
    ],
```

Listing 5.11 Webkomponenten definieren

Webkomponenten

Die erste Webkomponente ist die eigentliche bunte Box, die durch den Typ `main` klassifiziert ist. Der Name der Komponente lautet `com-sample-box`. Die zweite Webkomponente ist der Formatbereich des benutzerdefinierten Widgets. Diese Komponente wird durch den Typ `styling` definiert. Der Name dieser Komponente lautet `com-sample-box-styling`. Die dritte Webkomponente ist der Builder-Bereich des benutzerdefinierten Widgets. Diese wird durch den Typ `builder` definiert. Der Name dieser Komponente lautet `com-sample-box-builder`. Auf die JavaScript-Datei der Webkomponenten wird jeweils über eine URL verwiesen. In diesen Beispielen wurde kein Hash-Wert hinzugefügt, um die Integrität der referenzierten Dateien zu überprüfen. Bei allen Webkomponenten wurde die Eigenschaft `ignoreIntegrity` auf `true` gesetzt und somit die Integritätsüberprüfung ausgesetzt.

Als Nächstes betrachten wir die Eigenschaften des benutzerdefinierten Widgets in Listing 5.12.

```
"properties": {
    "color": {
        "type": "string",
        "description": "Background color",
        "default": "red"
```

```
    },
    "opacity": {
        "type": "number",
        "description": "Opacity",
        "default": 1
    },
    "width": {
        "type": "integer",
        "default": 100
    },
    "height": {
        "type": "integer",
        "default": 100
    }
},
```

Listing 5.12 Eigenschaften definieren

Eigenschaften und ihre Bedeutung

Die Eigenschaft `color` gibt die Farbe der Box an. Sie ist vom Typ `string`, und der Standardwert ist `red`. Die Eigenschaft `opacity` gibt die Deckkraft bzw. Transparenz der Box an. Sie ist vom Typ Number und hat einen Standardwert von 1. Der Wert kann zwischen 0 und 1 liegen, wobei 1 bedeutet, dass das benutzerdefinierte Widget den Hintergrund komplett überdeckt.

Die Eigenschaften `width` und `height` geben die initiale Höhe und Breite der Box an. Beide sind vom Wert Integer mit einem Standardwert von 100 Pixel. Die Eigenschaften `width` und `height` sind spezielle Eigenschaften im Custom Widget Framework. Implementierte Setter-Funktionen werden für diese Eigenschaften nicht aufgerufen.

Im nächsten Abschnitt der JSON-Datei werden die Skriptmethoden definiert, wie Sie in Listing 5.13 sehen.

```
"methods": {
    "setColor": {
        "description": "Sets the background color.",
        "parameters": [
            {
                "name": "newColor",
                "type": "string",
                "description": "The new background color"
            }
        ],
        "body": "this.color = newColor;"
    },
```

```
        "getColor": {
            "returnType": "string",
            "description": "Returns the background color.",
            "body": "return this.color;"
        }
    },
```

Listing 5.13 Methoden definieren

Es werden zwei Skriptmethoden definiert: setColor und getColor. Die Funktion setColor hat ein Argument, die neue Farbe. Die body-Eigenschaft der Methode nimmt das Argument und setzt es als neue Farbe in die Eigenschaft color des benutzerdefinierten Widgets. Die Funktion getColor besitzt keine Argumente. Dafür enthält die body-Eigenschaft einen Code der einen Wert als String zurückliefert – die aktuelle Farbe der Box.

Als Letztes wird in dem JSON-Dokument ein onClick-Event definiert (siehe Listing 5.14).

```
"events": {
    "onClick": {
        "description": "Called when the user clicks the Box."
    }
}
```

Listing 5.14 Events definieren

5.4.2 Webkomponente JavaScript

Der Code in Listing 5.15 zeigt den Quellcode der JavaScript-Datei **box.js** der Webkomponente des benutzerdefinierten Widgets. Der Code wird in den folgenden Abschnitten genauer beschrieben.

```
(function () {
    let template = document.createElement("template");
    template.innerHTML = `
        <style>
        :host {
            border-radius: 25px;
            border-width: 4px;
            border-color: black;
            border-style: solid;
            display: block;
        }
```

```
        </style>
    ;

    class Box extends HTMLElement {
        constructor() {
            super();
            let shadowRoot = this.attachShadow({ mode: "open" });

shadowRoot.appendChild(template.content.cloneNode(true));
            this.addEventListener("click", event => {
                var event = new Event("onClick");
                this.dispatchEvent(event);
            });
            this._props = {};
        }

        onCustomWidgetBeforeUpdate(changedProperties) {
            this._props = { ...this._props, ...changedProperties };
        }

        onCustomWidgetAfterUpdate(changedProperties) {
            if ("color" in changedProperties) {
                this.style["background-color"] =
changedProperties["color"];
            }
            if ("opacity" in changedProperties) {
                this.style["opacity"] = changedProperties[
"opacity"];
            }
        }
    }

    customElements.define("com-sample-box", Box);
})();
```

Listing 5.15 Quellcode der Datei box.js

Definition des benutzerdefinierten Elements und seiner JavaScript-API

Die Webkomponente definiert ein neues benutzerdefiniertes Element `com-sample-box` und verknüpft es mit einer JavaScript-API. Diese wird in unserem Beispiel durch die Klasse `Box` dargestellt (siehe Listing 5.16).

```
(function() {
    ...
    class Box extends HTMLElement {
    ...
    }

    customElements.define("com-sample-box", Box);
})();
```

Listing 5.16 Neues benutzerdefiniertes Element definieren

Aufbau der Implementierung

Der gesamte JavaScript-Code der Datei ist in einer selbstausführenden JavaScript-Funktion verschachtelt. Dadurch wird der Geltungsbereich ihrer Variablen vom globalen Geltungsbereich isoliert. Die JavaScript-API des neuen benutzerdefinierten Elements ist in der `Box`-Klasse implementiert, die die JavaScript-API der `HTMLElement`-Klasse erweitert. Der Aufruf von `customElements.define()` definiert ein neues benutzerdefiniertes Element mit dem Namen `com-sample-box` und verknüpft es mit der JavaScript-API, die durch die Klasse `Box` repräsentiert wird. Beachten Sie, dass `com-sample-box` derselbe Name ist wie der Eigenschaftswert des Tags des Eigenschaftsnamen des ersten Elements im Array von Webkomponenten in der JSON-Datei des benutzerdefinierten Widgets.

Erstellen eines Template-Objekts

Der nächste Abschnitt des Codes erstellt eine Vorlage eines HTML-Elements (siehe Listing 5.17):

```
let template = document.createElement("template");
template.innerHTML = `
    <style>
    :host {
        border-radius: 25px;
        border-width: 4px;
        border-color: black;
        border-style: solid;
        display: block;
    }
    </style>
`;
```

Listing 5.17 HTML-Vorlage definieren

Vorteile der HTML-Vorlage

Für Webkomponenten sind Template-Objekte ein wichtiger Bestandteil. Das Beispiel aus siehe Listing 5.17 erstellt ein Template-HTML-Objekt, das als Vorlage für das Schatten-DOM-HTML-Objekt dient. Dieses stellt das HTML-DOM der Box dar, das getrennt vom HTML-DOM der Webseite existiert. Erst beim Rendern des benutzerdefinierten Widgets, wird es dem HTML-DOM der Webseite hinzugefügt. Durch diese Trennung können Sie z. B. Änderungen auf das Schatten-DOM-Element anwenden, ohne auf das HTML-DOM der Webseite Rücksicht zu nehmen.

Die Vorlage aus dem Beispiel-Widget ist sehr einfach. Sie definiert einen CSS-Stil aus mehreren CSS-Eigenschaften zusammen mit dem CSS-Selektor `:host`. Dem Template-Objekt wird dieser CSS-Stil zugewiesen. Der Selektor `:host` wählt die Wurzel des Schatten-DOM-Element aus – also die Wurzel der Vorlage. Mit der CSS-Eigenschaft `display` wird die Darstellung des benutzerdefinierten HTML-Elements konfiguriert. Mögliche Werte sind beispielsweise `block`, `flex` oder `inline-block`.

Definition der JavaScript-API des benutzerdefinierten Elements

Im nächsten Abschnitt wird die JavaScript-API des benutzerdefinierten Elements durch die Klasse `Box` definiert. Diese erweitert die Klasse `HTMLElement`:

```
class Box extends HTMLElement {
    . . .
}
```

Implementierung der Constructor-Funktion

Wie Sie im Code der JavaScript-Datei sehen, ist die erste Funktion, die durch die JavaScript-API definiert wird, die `constructor()`-Funktion (siehe Listing 5.18).

```
constructor() {
    super();
    let shadowRoot = this.attachShadow({ mode: "open" });
    shadowRoot.appendChild(template.content.cloneNode(true));
    this.addEventListener("click", event => {
        var event = new Event("onClick");
        this.dispatchEvent(event);
    });
    this._props = {};
}
```

Listing 5.18 constructor()-Funktion definieren

Funktionsweise der constructor()-Funktion

Als Erstes wird die Funktion super() aufgerufen. Danach wird das Schatten-DOM-Wurzel-Element erstellt und eine Kopie des Template-Objekts dem Schatten-DOM-Wurzel-Element als untergeordnetes Element hinzugefügt. Zuletzt wird zu dem benutzerdefinierten Element ein Event Listener ergänzt. Dieses wartet auf click-Events und löst, sobald ein solches eintritt, ein onClick-Ereignis aus. Achten Sie auf die richtige Namensgebung. Der Name des Ereignisses onClick muss derselbe sein wie im Abschnitt events der JSON-Datei des benutzerdefinierten Widgets.

Um die Verwaltung der Eigenschaften der Webkomponente zu erleichtern, wird noch ein leeres _props-Objekt initialisiert.

Umgang mit Aktualisierungen des benutzerdefinierten Widgets

Durch die Implementierung der Funktionen onCustomWidgetBeforeUpdate und onCustomWidgetAfterUpdate bearbeitet die bunte Box Aktualisierungen ihrer beiden Eigenschaften color und opacity. Diese sind im properties-Array der JSON-Datei definiert.

Die Funktion onCustomWidgetBeforeUpdate führt die Eigenschaften des im übergebenen changedProperties-Objekt mit denen des _props-Objekts zusammen. Somit enthält _props alle Eigenschaften der Box, bevor diese aktualisiert wird, wie Sie hier sehen:

```
onCustomWidgetBeforeUpdate(changedProperties) {
    this._props = { ...this._props, ...changedProperties };
}
```

Die Funktion onCustomWidgetAfterUpdate nutzt die übergebenen Eigenschaften des changedProperties-Objekts, um die CSS-Stile color und opacity des benutzerdefinierten Widgets anzupassen (siehe Listing 5.19).

```
onCustomWidgetAfterUpdate(changedProperties) {
    if ("color" in changedProperties) {
        this.style["background-color"] = changedProperties[
"color"];
    }
    if ("opacity" in changedProperties) {
        this.style["opacity"] = changedProperties["opacity"];
    }
}
```

Listing 5.19 onCustomWidgetAfterUpdate-Funktion

Implementierung von Property-Setter-Funktionen

Ein anderer Weg, um die Aktualisierung der Eigenschaften `color` und `opacity` der Box zu implementieren, ist die Nutzung von Property-Setter-Funktionen.

> **Verwendung von Property-Setter-Funktionen**
>
> Die Nutzung dieses Ansatzes ist nur für einfache benutzerdefinierte Widgets mit wenigen, voneinander unabhängigen Eigenschaften sinnvoll. Je mehr Eigenschaften das benutzerdefinierte Widget hat, desto wahrscheinlicher ist es, dass (komplexe) Abhängigkeiten zwischen den Eigenschaften entstehen. Bei mehreren Eigenschaften ist die Verwaltung der Abhängigkeiten durch die Implementierung einer `onCustomWidgetAfterUpdate`-Funktion der bevorzugte Ansatz.

Der Code in Listing 5.20 zeigt Ihnen die Implementierung einer Property-Setter-Funktion:

```
set color(newColor) {
     this.style["background-color"] = newColor;
}

set opacity(newColor) {
    this.style["opacity"] = newColor;
}
```

Listing 5.20 Property-Setter-Funktion für die Eigenschaften des benutzerdefinierten Widgets

Property-Setter-Funktionen tragen den Namen der Eigenschaft, der in der JSON-Datei des benutzerdefinierten Widgets definiert ist. Gemäß der Objekt-Accessor-Notation nutzt eine Setter-Funktion das Schlüsselwort `set`.

Die Implementierung ist simpel. In diesem Beispiel wird einer Setter-Funktion der Eigenschaft `color` der übergebene Wert der neuen Farbe der CSS-Eigenschaft `background-color` des benutzerdefinierten Elements zugewiesen.

5.4.3 Webkomponente JavaScript des Formatbereichs

Der Code in Listing 5.21 zeigt Ihnen den Quellcode der JavaScript-Datei **box_styling.js** des Formatbereichs der Box. Im Formatbereich des Analytics Designers können Sie die Farbe der Box ändern. Im Folgenden wird der Quellcode Schritt für Schritt erklärt. Dieser ist der JavaScript-Datei der Webkomponente der Box sehr ähnlich.

```
(function () {
     let template = document.createElement("template");
     template.innerHTML = `
          <form id="form">
               <fieldset>
                    <legend>Box Properties</legend>
                    <table>
                         <tr>
                              <td>Color</td>
                               <td><input id="styling_color" type=
"text" size="40" maxlength="40"></td>
                         </tr>
                    </table>
                    <input type="submit" style="display:none;">
               </fieldset>
          </form>
     `;

     class BoxStylingPanel extends HTMLElement {
          constructor() {
               super();
               this._shadowRoot = this.attachShadow({ mode: "open"
});
               this._
shadowRoot.appendChild(template.content.cloneNode(true));
               this._
shadowRoot.getElementById("form").addEventListener("submit", this._
submit.bind(this));
          }

          _submit(e) {
               e.preventDefault();
               this.dispatchEvent(new
CustomEvent("propertiesChanged", {
                    detail: {
                         properties: {
                              color: this.color
                         }
                    }
```

```
            }));
        }

        set color(newColor) {
            this._shadowRoot.getElementById("styling_color").value
= newColor;
        }

        get color() {
             return this._shadowRoot.getElementById("styling_
color").value;
        }
    }

    customElements.define("com-sample-box-styling",
BoxStylingPanel);
})();
```

Listing 5.21 Quellcode der Datei box_styling.js

Definition des benutzerdefinierten Elements und seiner JavaScript-API

Die Webkomponente definiert ein neues benutzerdefiniertes Element `com-sample-box-styling` und verknüpft es mit einer JavaScript-API. Diese wird im Beispiel durch die Klasse `BoxStylingPanel` dargestellt.

```
(function() {
    ...
    class BoxStylingPanel extends HTMLElement {
    ...
    }

    customElements.define("com-sample-box-styling",
BoxStylingPanel);
})();
```

Listing 5.22 Benutzerdefiniertes Element in der Datei box_styling.js definieren

Aufbau der Implementierung

Der gesamte JavaScript-Code der Datei ist in einer selbstausführenden JavaScript-Funktion verschachtelt. Dadurch wird der Geltungsbereich ihrer Variablen vom globalen Geltungsbereich isoliert. Die JavaScript-API des neuen benutzerdefinierten Elements ist in der `BoxStylingPanel`-Klasse implementiert, die die JavaScript-API der `HTMLElement`-Klasse erweitert. Der

Aufruf von `customElements.define()` definiert ein neues benutzerdefiniertes Element mit dem Namen `com-sample-box-styling` und verknüpft es mit der JavaScript-API, die durch die Klasse `BoxStylingPanel` repräsentiert wird.

Erstellen eines Template-Objekts

Der folgende Code erstellt eine Vorlage eines HTML-Elements:

```
let template = document.createElement("template");
template.innerHTML = `
    <form id="form">
        <fieldset>
            <legend>Box Properties</legend>
            <table>
                <tr>
                    <td>Color</td>
                    <td><input id="styling_color" type="text"
size="40" maxlength="40"></td>
                </tr>
            </table>
            <input type="submit" style="display:none;">
        </fieldset>
    </form>
`;
```

Listing 5.23 HTML-Vorlage definieren

Dieses Beispiel erstellt ein Template-HTML-Objekt, das als Vorlage für das Schatten-DOM-HTML-Objekt dient. Dieses stellt das HTML-DOM des Formatbereichs der Box dar.

Diese Template-Objekt definiert ein einfaches Formular mit der ID `form`. Dieses Formular enthält eine Tabelle mit einem Eingabefeld und der ID `styling_color` sowie einer Länge von maximal 40 Zeichen.

Definition eines versteckten Eingabefeldes

Die Definition eines versteckten Eingabefeldes vom Typ `submit` ist ein Trick, damit das Formular funktioniert, wenn das Formular mehr als ein Eingabeelement enthält. Allerdings ist dies erst notwendig, sobald Sie mehr Eingabeelemente hinzufügen.

Definition der JavaScript-API des benutzerdefinierten Elements

Die JavaScript-API des benutzerdefinierten Elements wird durch die Klasse `BoxStylingPanel` definiert. Diese erweitert die Klasse `HTMLElement`:

```
class BoxStylingPanel extends HTMLElement {
    . . .
}
```

Listing 5.24 Die Klasse BoxStylingPanel definieren

Implementierung der Constructor-Funktion

Die erste Funktion, die durch die JavaScript-API definiert wird, ist die `constructor()`-Funktion:

```
constructor() {
    super();
    this._shadowRoot = this.attachShadow({ mode: "open" });
    this._shadowRoot.appendChild(template.content.cloneNode(true));
    this._
shadowRoot.getElementById("form").addEventListener("submit",
this._submit.bind(this));
}
```

Listing 5.25 contructor()-Funktion definieren

Funktionsweise der constructor()-Funktion

Als Erstes wird die Funktion `super()` aufgerufen. Danach wird das Schatten-DOM-Wurzel-Element erstellt. Eine Referenz darauf wird in der lokalen Variable `_shadowRoot` gespeichert, da das Schatten-DOM-Wurzel-Element später in den Setter- und Getter-Funktionen referenziert wird. Dann wird eine Kopie des Template-Objekts dem Schatten-DOM-Wurzel-Element als untergeordnetes Element hinzugefügt. Zuletzt wird dem benutzerdefinierten Element ein Event Listener hinzugefügt. Dieses wartet auf `submit`-Events und löst, sobald ein solches eintritt, die Event-Handler-Funktion `_submit()` aus. Durch den Aufruf von `bind()` und die Übergabe von `this` an `_submit()` wird sichergestellt, dass in `_submit()` das Schlüsselwort `this` auf das benutzerdefinierte Element verweist.

Die `_submit()`-Funktion ist wie folgt implementiert:

```
_submit(e) {
    e.preventDefault();
    this.dispatchEvent(new CustomEvent("propertiesChanged", {
        detail: {
            properties: {
```

```
                        color: this.color
                    }
                }
            }));
        }
```

Listing 5.26 _submit()-Funktion definieren

Funktionsweise der _submit()-Funktion

Die _submit()-Funktion ruft die Funktion preventDefault() für das übergebene Ereignisobjekt auf. Diese verhindert das Übertragen des Formulars an den Server.

Danach wird ein benutzerdefiniertes Ereignis mit dem Namen propertiesChanged erstellt. Das benutzerdefinierte Ereignis enthält JSON-Informationen, die definieren, welche Eigenschaften sich geändert haben und welche neuen Eigenschaftswerte diese annehmen. In diesem Beispiel handelt es sich um die Eigenschaft color des benutzerdefinierten Widgets. Ihr neuer Eigenschaftswert wird durch die Ausführung von this.color abgerufen, die implizit die Getter-Funktion der Eigenschaft color der Klasse BoxStylingPanel aufruft.

Implementierung von Property-Setter- und Property-Getter-Funktionen

Der folgende Code zeigt Ihnen die Implementierung von Property Setter- und Property-Getter-Funktion:

[»]

Verwechselungsgefahr

Dies ist eine andere Funktion als die Setter-Funktion der Eigenschaft color der Klasse Box.

```
set color(newColor) {
    this._shadowRoot.getElementById("styling_color").value =
 newColor;
}

get color() {
    return this._shadowRoot.getElementById("styling_color").value;
}
```

Listing 5.27 Getter- und Setter-Funktionen implementieren

Funktionsweise von set color

Die Setter-Funktion setzt die Textdarstellung der neuen Farbe in das Eingabefeld des Formatbereichs der Box. Diese Funktion wird nicht direkt aufgerufen, sondern vom Custom Widget Framework, wenn der Formatbereich der Box erstellt wird und dem Eingabefeld einen initialen Wert zuweist.

Funktionsweise von get color

Die Getter-Funktion gibt den Text des Eingabefeldes des Formatbereichs der Box zurück. Diese Funktion wird indirekt von der `_submit()`-Funktion des Event Handlers während des Erstellens der JSON-Informationen aufgerufen, wenn die aktuelle Farbe durch `this.color` abgerufen wird.

5.4.4 Webkomponente JavaScript des Builder-Bereichs

Der folgende Code zeigt Ihnen den Quellcode der JavaScript-Datei des Builder-Bereichs der Box (**box_builder.js**). Im Formatbereich des Analytics Designers können Sie die Deckkraft der Box ändern.

Im Folgenden wird der Quellcode in Listing 5.28 Schritt für Schritt erklärt. Dieser ist der JavaScript-Datei der Webkomponente des Formatbereichs der Box sehr ähnlich.

```
(function () {
     let template = document.createElement("template");
     template.innerHTML = `
          <form id="form">
               <fieldset>
                    <legend>Box Properties</legend>
                    <table>
                         <tr>
                              <td>Opacity</td>
                              <td><input id="builder_opacity" type=
"text" size="5" maxlength="5"></td>
                         </tr>
                    </table>
                    <input type="submit" style="display:none;">
               </fieldset>
          </form>
          <style>
          :host {
               display: block;
               padding: 1em 1em 1em 1em;
          }
          </style>
     `;

     class BoxBuilderPanel extends HTMLElement {
          constructor() {
```

```
                    super();
                    this._shadowRoot = this.attachShadow({ mode: "open"
});
                    this._shadowRoot.appendChild(template.content.
cloneNode(true));
                    this._
shadowRoot.getElementById("form").addEventListener("submit",
this._submit.bind(this));
                }

                _submit(e) {
                    e.preventDefault();
                    this.dispatchEvent(new
CustomEvent("propertiesChanged", {
                        detail: {
                            properties: {
                                opacity: this.opacity
                            }
                        }
                    }));
                }

                set opacity(newOpacity) {
                    this._shadowRoot.getElementById("builder_
opacity").value = newOpacity;
                }

                get opacity() {
                    return this._shadowRoot.getElementById("builder_
opacity").value;
                }
            }

            customElements.define("com-sample-box-builder",
BoxBuilderPanel);
})();
```

Listing 5.28 Quellcode der Datei box_builder.js

Definition des benutzerdefinierten Elements und seiner JavaScript-API

Die Webkomponente definiert ein neues benutzerdefiniertes Element `com-sample-box-builder` und verknüpft es mit einer JavaScript-API. Diese wird im Beispiel durch die Klasse `BoxBuilderPanel` dargestellt (siehe Listing 5.29).

```
(function() {
    ...
    class BoxBuilderPanel extends HTMLElement {
    ...
    }

    customElements.define("com-sample-box-
builder", BoxBuilderPanel);
})();
```

Listing 5.29 Benutzerdefiniertes Element in box_builder.js definieren

Aufbau der Implementierung

Der gesamte JavaScript-Code der Datei ist in einer selbst ausführenden JavaScript-Funktion verschachtelt. Dadurch wird der Geltungsbereich ihrer Variablen vom globalen Geltungsbereich isoliert. Die JavaScript-API des neuen benutzerdefinierten Elements ist in der `BoxBuilderPanel`-Klasse implementiert, die die JavaScript-API der `HTMLElement`-Klasse erweitert. Der Aufruf von `customElements.define()` definiert ein neues benutzerdefiniertes Element mit dem Namen `com-sample-box-builder` und verknüpft es mit der JavaScript-API, die durch die Klasse `BoxBuilderPanel` repräsentiert wird.

Erstellen eines Template-Objekts

Der nächste Abschnitt des Codes, den Sie in Listing 5.30 sehen, erstellt eine Vorlage eines HTML-Elements.

```
let template = document.createElement("template");
template.innerHTML = `
    <form id="form">
        <fieldset>
            <legend>Box Properties</legend>
            <table>
                <tr>
                    <td>Opacity</td>
                    <td><input id="builder_opacity" type="text"
size="5" maxlength="5"></td>
                </tr>
            </table>
            <input type="submit" style="display:none;">
        </fieldset>
    </form>
    <style>
    :host {
```

```
            display: block;
            padding: 1em 1em 1em 1em;
        }
        </style>
`;
```

Listing 5.30 HTML-Vorlage definieren

Das Listing 5.30 erstellt ein Template-HTML-Objekt, das als Vorlage für das Schatten-DOM-HTML-Objekt dient. Dieses stellt das HTML-DOM des Builder-Bereichs der Box dar.

Dieses Template-Objekt definiert ein einfaches Formular mit der ID `form`. Dieses Formular enthält eine Tabelle mit einem Eingabefeld und der ID `builder_opacity` und einer Länge von maximal fünf Zeichen.

Definition eines versteckten Eingabefeldes

Die Definition eines versteckten Eingabefeldes vom Typ `submit` ist ein Trick, damit das Formular funktioniert, wenn das Formular mehr als ein Eingabeelement enthält. Dies zwar jetzt noch notwendig, aber spätestens dann, wenn Sie mehr Eingabeelemente hinzufügen.

Der Selektor `:host` wählt die Wurzel des Schatten-DOM-Element aus – also die Wurzel der Vorlage. Mit der CSS-Eigenschaft `display` wird die Darstellung des benutzerdefinierten HTML-Elements konfiguriert. In diesem Fall als `block`. Die CSS-Eigenschaft `padding` sorgt dafür, dass das Formular ausreichend Platz hat.

Definition der JavaScript-API des benutzerdefinierten Elements

Die JavaScript-API des benutzerdefinierten Elements wird durch die Klasse `BoxBuilderPanel` definiert. Diese erweitert die Klasse `HTMLElement`:

```
class BoxBuilderPanel extends HTMLElement {
    . . .
}
```

Implementierung der Constructor-Funktion

Die erste Funktion, die durch die JavaScript-API definiert wird, ist die `constructor()`-Funktion (siehe Listing 5.31).

```
constructor() {
    super();
```

```
    this._shadowRoot = this.attachShadow({ mode: "open" });
    this._shadowRoot.appendChild(template.content.cloneNode(true));
    this._shadowRoot.getElementById("form").
addEventListener("submit", this._submit.bind(this));
}
```

Listing 5.31 constructor()-Funktion definieren

Funktionsweise der constructor()-Funktion

Als Erstes wird die Funktion `super()` aufgerufen, wie Sie es schon von der JavaScript-API im Format-Bereich kennen. Danach wird das Schatten-DOM-Wurzel-Element erstellt. Eine Referenz darauf wird in der lokalen Variable `_shadowRoot` gespeichert, da das Schatten-DOM-Wurzel-Element später in den Setter- und Getter-Funktionen referenziert wird. Dann wird eine Kopie des Template-Objekts dem Schatten-DOM-Wurzel-Element als untergeordnetes Element hinzugefügt. Zuletzt wird ein Event Listener dem benutzerdefinierten Element hinzugefügt. Dieses wartet auf `submit`-Events und löst, sobald ein solches eintritt, die Event Handler-Funktion `_submit()` aus. Durch den Aufruf von `bind()` und die Übergabe von `this` an `_submit()` wird sichergestellt, dass in `_submit()` das Schlüsselwort `this` auf das benutzerdefinierte Element verweist.

Die `_submit()`-Funktion wird auch hier wie folgt implementiert (Listing 5.32):

```
_submit(e) {
    e.preventDefault();
    this.dispatchEvent(new CustomEvent("propertiesChanged", {
        detail: {
            properties: {
                color: this.opacity
            }
        }
    }));
}
```

Listing 5.32 _submit()-Funktion implementieren

Funktionsweise der _submit()-Funktion

Die `_submit()`-Funktion ruft die Funktion `preventDefault()` für das übergebene Ereignisobjekt auf. Diese verhindert das Übertragen des Formulars an den Server. Danach wird ein benutzerdefiniertes Ereignis mit dem Namen `propertiesChanged` erstellt. Das benutzerdefinierte Ereignis enthält JSON-Informationen, die definieren, welche Eigenschaften sich geändert haben und welche neuen Eigenschaftswerte diese annehmen. In diesem Beispiel ist es die Eigenschaft `opacity` des benutzerdefinierten Widgets. Ihr neuer Eigenschaftswert wird durch die Ausführung von `this.opacity` abgerufen, die implizit die Getter-Funktion der Eigenschaft `opacity` der Klasse `BoxBuilderPanel` aufruft.

Implementierung von Property-Setter- und Property-Getter-Funktionen

Der Code in Listing 5.33 zeigt Ihnen die Implementierung von Property-Setter- und Property-Getter-Funktionen:

```
set opacity(newOpacity) {
    this._shadowRoot.getElementById("builder_opacity").value =
 newOpacity;
}

get opacity() {
    return this._shadowRoot.getElementById("builder_
opacity ").value;
}
```

Listing 5.33 Getter- und Setter-Funktionen implementieren

Funktionsweise der Setter-Funktion Die Setter-Funktion setzt die Textdarstellung der neuen Deckkraft in das Eingabefeld des Builder-Bereichs der Box. Diese Funktion wird nicht direkt aufgerufen, sondern vom Custom Widget Framework, wenn der Builder-Bereich der Box erstellt wird und dem Eingabefeld einen initialen Wert zuweist.

Funktionsweise der Getter-Funktion Die Getter-Funktion gibt den Text des Eingabefeldes des Builder-Bereichs der Box zurück. Diese Funktion wird indirekt von der `_submit()`-Funktion des Event Handlers während der Erstellung der JSON-Informationen aufgerufen, wenn die aktuelle Deckkraft durch `this.opacity` abgerufen wird.

5.5 Benutzerdefinierte Widgets auf mobilen Geräten

In diesem Abschnitt erklären wir Ihnen, was Sie beachten müssen, wenn Sie benutzerdefinierte Widgets auf mobilen Endgeräten verwenden möchten und welche Besonderheiten bei der Entwicklung zu beachten sind.

5.5.1 Aktivierung des benutzerdefinierten Widgets für mobile Geräte

supportsMobile Um benutzerdefinierte Widgets für mobile Geräte zu aktivieren, müssen Sie die Eigenschaft `supportsMobile` auf `true` setzen. Weitere Informationen zu dieser Eigenschaft finden Sie Abschnitt 5.4.1, »JSON-Datei des benutzerdefiniertes Widgets«.

Kontrolle vor Aktivierung

Überprüfen Sie zuerst, ob Ihr benutzerdefinierte Widget auf mobilen Geräten ordnungsgemäß funktioniert, bevor Sie diese Eigenschaft aktivieren.

5.5.2 Erkennen des Endgeräts

Die Eigenschaft mobileMode verwenden

Sie können zur Laufzeit erkennen, ob das benutzerdefinierte Widget gerade auf einem mobilen Gerät verwendet wird. Haben Sie Eigenschaft `supportsMobile` aktiviert, wird die Eigenschaft `mobileMode` im `OtherProperties`-Array an die Funktionen `onCustomWidgetBeforeUpdate` und `onCustomWidgetAfterUpdate` übergeben. Weitere Informationen dazu finden Sie im nächsten Abschnitt.

5.5.3 Tipps für die Entwicklung von benutzerdefinierten Widgets für mobile Geräte

Wenn Sie ein benutzerdefiniertes Widget für ein mobiles Endgerät entwickeln, sollten Sie einige Empfehlungen beachten:

Vergrößern Sie die Bereiche, die Sie zur Benutzerinteraktion nutzen

Interaktion vereinfachen

Bereiche, die in Ihrem benutzerdefinierten Widget eine Interaktion ermöglichen, sollten ausreichend groß sein. So können Sie als Maßnahme beispielsweise anklickbare Elemente vergrößern, wenn das benutzerdefinierte Widget auf einem mobilen Gerät ausgeführt wird. Ihre Anwender und Anwenderinnen können dann leichter mit ihrem Finger auf das Element tippen.

Bieten Sie Alternativen zu Funktionstasten

Alternativen für komplexe Eingaben

Benutzerinteraktionen können in einer Desktop-Umgebung durch die Verwendung von Funktionstasten, wie z. B. der Steuerungs- oder der Umschalttaste, initiiert werden. Auf mobilen Geräten stehen solche Tastenaktionen nicht zur Verfügung. Sollte Ihr benutzerdefiniertes Widget solche Tastenaktionen auf dem Desktop unterstützen, müssen Sie bei der Verwendung auf mobilen Geräten eine Alternative bieten. Alternative Benutzerinteraktionen sollten sich an den Richtlinien und Standards für Benutzerinteraktion für mobile Geräte orientieren und diese befolgen.

In Listing 5.34 sehen Sie ein benutzerdefiniertes Widget, das den Vorgang `doAction` nach einer Benutzerinteraktion ausführt. Die spezifische Benutzerinteraktion hängt davon ab, ob das benutzerdefinierte Widget auf einem mobilen oder auf einem nicht mobilen Gerät verwendet wird. Sie werden wie folgt implementiert: Bei einem benutzerdefinierten Widget, das auf einem nicht mobilen Gerät ausgeführt wird, müssen Sie auf das benutzerdefinierte Widget klicken und gleichzeitig die Umschalttaste drücken, um den Vorgang auszulösen. Bei einem benutzerdefinierten Widget, das auf einem mobilen Gerät ausgeführt wird, müssen Sie mit zwei Fingern auf das benutzerdefinierte Widget tippen, um den Vorgang auszulösen.

```
class ColoredBox extends HTMLElement {
     constructor() {
          ...
          this._myEventListenersRegistered = false;
     }

     onCustomWidgetBeforeUpdate(changedProps) {
          this._props = { ...this._props, ...changedProps };
          // registers the event listeners when not in design mode,
          // when the event listeners haven`t been registered yet,
          // and when in mobile mode
          if (this._props["designMode"] === false &&
!this._myEventListenersRegistered) {
               this._props["mobileMode"] && this._props["mobileMode"]
=== true ?
               this.registerTwoFingerTapListener() :
               this.registerShiftClickListener();
               this._myEventListenersRegistered = true;
          }
     }

     registerTwoFingerTapListener() {
          this.addEventListener("touchstart", event => {
               event.preventDefault();
               if (event.targetTouches.length === 2) {
                    // at view time, touching with two fingers
                    // performs the action below
                    this.doAction();
               }
          });
     }

     registerShiftClickListener() {
```

```
        this.addEventListener("click", event => {
            const shiftKey = event.shiftKey;
            if (shiftKey) {
                // at view time, shift-clicking performs
                // the action below
                this.doAction();
            } else {
                this.dispatchEvent(new Event("onClick"));
            }
        });
    }

    doAction() {
        // do something
    }
```

Listing 5.34 Benutzerdefinierte Widgets mobil nutzbar machen

Das Beispiel registriert einen von zwei Event Listenern, wenn sich das benutzerdefinierte Widget im Ansichtsmodus befindet. Es wird ein Event Listener registriert, der die Operation `doAction` aufruft, wenn das benutzerdefinierte Widget auf einem nicht mobilen Gerät ausgeführt und angeklickt und gleichzeitig die Umschalttaste gedrückt wird. Wenn das benutzerdefinierte Widget auf einem mobilen Gerät aufgerufen wird, wird ein Event Listener registriert, der die Operation `doAction` ausführt, wenn das benutzerdefinierte Widget mit zwei Fingern angetippt wird.

5.6 Export von benutzerdefinierten Widgets

Analytic Application exportieren

Ein benutzerdefiniertes Widget verhält sich im Ansichtsmodus wie andere Widgets auch. Ebenso wie Ihre Anwenderinnen und Anwender ein PDF Ihrer analytischen Applikation erstellen und dieses exportieren können, ist dies auch bei Ihrem benutzerdefinierten Widget möglich.

Dabei kann es möglicherweise zu Problemen bei der Darstellung Ihres benutzerdefinierten Widgets beim PDF-Export kommen. Beachten Sie daher die folgenden Punkte:

- Achten Sie auf die Exportbeschränkungen. Testen Sie diese im Vorfeld.
- Setzen Sie die Eigenschaft `supportExport` in der JSON-Datei Ihres benutzerdefinierten Widgets auf `true`.

[!]

Unterstützte JavaScript-Bibliotheken

Bei der Erstellung der PDF-Dateien werden JavaScript-PDF-Generatoren- und JavaScript-Bibliotheken verwendet, die möglicherweise nicht alle JavaScript-Bibliotheken Ihrer benutzerdefinierten Widgets unterstützen. So kann es z. B. vorkommen, dass bei der Verwendung von D3.js Diagrammachsen nicht exportiert werden. Es kann auch zu Hindernissen bei benutzerdefinierten Widgets mit besonderen CSS-Eigenschaften kommen.

5.7 Best Practices

Hilfreiche Tipps und Tricks zu verschiedenen Themen rund um benutzerdefinierte Widgets finden Sie im SAP Analytics Cloud Custom Widget Developer Guide (*http://s-prs.de/v910909*) im Abschnitt zu den Best Practices.

Kapitel 6
Bereitstellung und Betrieb analytischer Applikationen

In diesem Kapitel werden verschiedene Möglichkeiten zur Bereitstellung von analytischen Applikationen beleuchtet. Außerdem wird auf Themen des Betriebs wie das Performance Monitoring der analytischen Applikationen und die Benachrichtigungen über aktualisierte Daten eingegangen.

Was Sie erwartet

In diesem Kapitel schauen wir uns mit Ihnen gemeinsam die verschiedenen Möglichkeiten an, um Applikationen mit anderen Benutzerinnen oder Benutzern zu teilen (siehe Abschnitt 6.1, »Teilen von analytischen Applikationen innerhalb von SAP Analytics Cloud«). Das Teilen von Applikationen kann über das Dateisystem oder über den SAP-Analytics-Cloud-Katalog erfolgen. Zudem gibt es hierbei noch zusätzliche Einstellungsmöglichkeiten für die mobile App. Außerdem gehen wir darauf ein, wie Sie Ihre Applikationen in andere Websites einbetten können (siehe Abschnitt 6.2, »Einbetten von analytischen Applikationen in Websites«). Ein großer Teil dieses Kapitels ist in Abschnitt 6.3, »Performance Monitoring«, dem *Performance Monitoring* gewidmet. Da Applikationen im Gegensatz zu Stories deutlich komplexer und individueller sind, kann es eher zu Performanceprobleme kommen. Hier gibt es einige Bordmittel und Möglichkeiten, wie Sie mögliche Performanceprobleme entdecken und eingrenzen können (siehe Abschnitt 6.3.2, »Best Practices für die Performance«).

6.1 Teilen von analytischen Applikationen innerhalb von SAP Analytics Cloud

Applikationen teilen

Zunächst gehen wir etwas näher auf das Teilen und Verwalten von Applikationen in SAP Analytics Cloud ein. Hier schauen wir uns besonders die verschiedenen Verwaltungs- und Bereitstellungsmöglichkeiten über den Katalog oder das Dateisystem in SAP Analytics Cloud an.

Zuletzt werfen wir noch einen Blick auf das Lifecycle Management. Gerade bei Applikationen ist eine mehrstufige Systemlandschaft von großer Bedeutung, wodurch auch zwischen diesen Systemen der Content transportiert werden muss.

6.1.1 Teilen und Verwalten von Inhalten

Grundsätzlich gibt es zwei Möglichkeiten zum Teilen von Applikationen. Zudem gibt es auch noch die dritte Möglichkeit, bei der Sie jedoch nicht die Applikation an sich teilen, sondern den Inhalt Ihrer Applikation per PDF-Datei versenden. Diese drei Möglichkeiten schauen wir uns nun genauer an.

Dateisystem

Im Bereich **Dateien** von SAP Analytics Cloud haben Sie die Möglichkeit, Ihre Applikationen mit anderen Anwendern und Anwenderinnen zu teilen. Es kann sich dabei um einzelne Personen, aber auch um Teams handeln.

[»]

Voraussetzung zum Teilen von Objekten

Applikationen können mit den Anwenderinnen und Anwendern nur geteilt werden, wenn ihnen im Vorfeld die entsprechende Berechtigung dazu erteilt worden ist (siehe Abbildung 6.1).

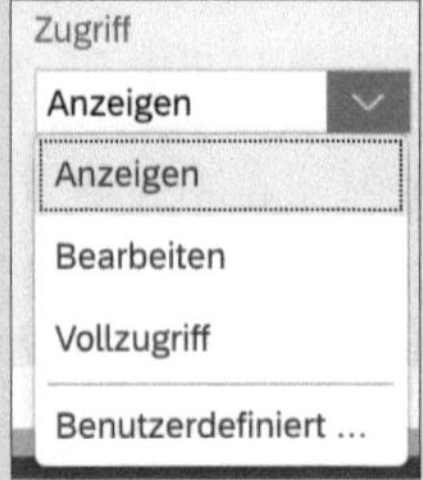

Abbildung 6.1 Teiloptionen für eine Applikation

Es gibt vier verschiedene Berechtigungsmöglichkeiten:

- **Anzeigen**
  Mit dieser Berechtigung kann eine Anwenderin oder ein Anwender die Applikation lesen und kopieren sowie Kommentare sehen und hinzufügen.
- **Bearbeiten**
  Mit dieser Berechtigung kann die Applikation aktualisiert und bearbeitet werden.

- **Vollzugriff**
  Mit dieser Berechtigung kann die Applikation gelöscht und geteilt und die Kommentare in der Applikation gelöscht werden.
- **Benutzerdefiniert**
  Mit dieser Option können Sie die einzelnen vordefinierten Berechtigungen anpassen (siehe Abbildung 6.2).

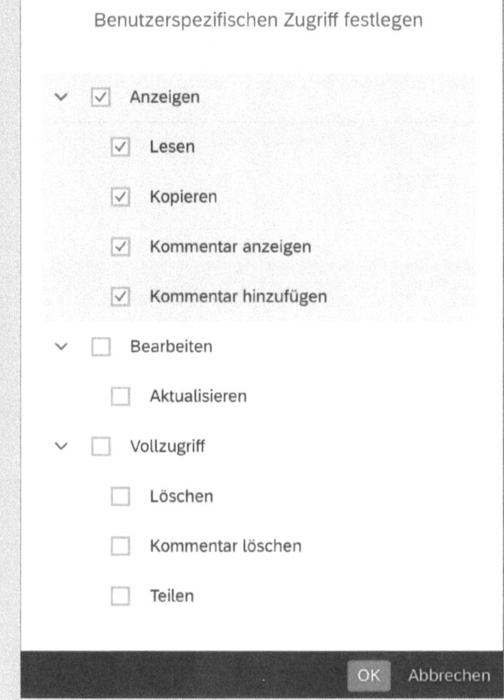

Abbildung 6.2 Einstellungsmöglichkeiten für den benutzerspezifischen Zugriff

Wenn Sie eine Applikation im Dateisystem teilen, haben Sie zudem auch die Möglichkeit, die zu teilende URL über die Schaltfläche **Verknüpfung anpassen** anzupassen.

Eigene URL erstellen

Dabei können Sie URL-Parameter mitgeben und die URL durch Schlüsselwörter teilweise ersetzen, damit diese kürzer und damit leichter zu merken ist. Ein Beispiel sehen Sie in Abbildung 6.3.

So wird aus der URL *https://demo.eu10.sapanalytics.cloud/sap/fpa/ui/tenants/9c5ff/bo/application/1AB01886262CB3AD71215EF548463BB0?mode=present* die URL *https://demo.eu10.sapanalytics.cloud/link/Demo*. Die neue URL ist deutlich kürzer und dadurch auch einfacher zu merken.

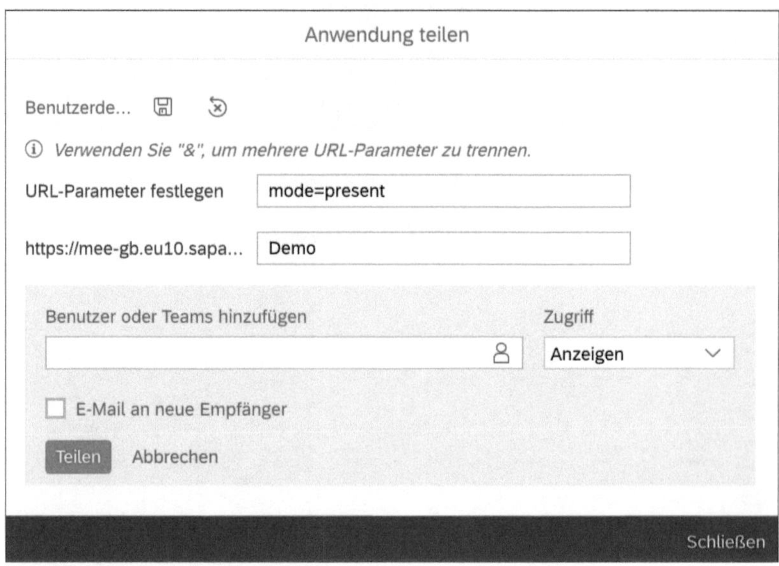

Abbildung 6.3 URL anpassen

Optional haben Sie die Möglichkeit, den Empfänger zusätzlich per E-Mail über das Teilen der Anwendung zu informieren oder auch ein globales Lesezeichen als Standard angeben. Zusätzlich können Sie als Anwendungsdesigner Ihren Anwenderinnen und Anwendern die Möglichkeit geben, das Dialogfeld zum Teilen der Laufzeit zu öffnen:

```
Application.openShareApplicationDialog();
```

Analytics-Katalog

Applikationen mit dem Analytics-Katalog teilen

Auch können Sie Ihre Applikationen über den *Analytics-Katalog* von SAP Analytics Cloud teilen. Dieser kann von Ihrem Administrator aktiviert werden. Ist dieser aktiviert, finden Sie auf Ihrer Startseite eine entsprechende Registerkarte **Katalog** (siehe Abbildung 6.4).

Der Katalog ist der zentrale Zugriffspunkt innerhalb von SAP Analytics Cloud. Sie können die Kacheln der einzelnen Katalogkacheln individualisieren und weitere Registerkarten hinzufügen. Zudem haben Sie die Möglichkeit, eigene Filterkriterien festzulegen.

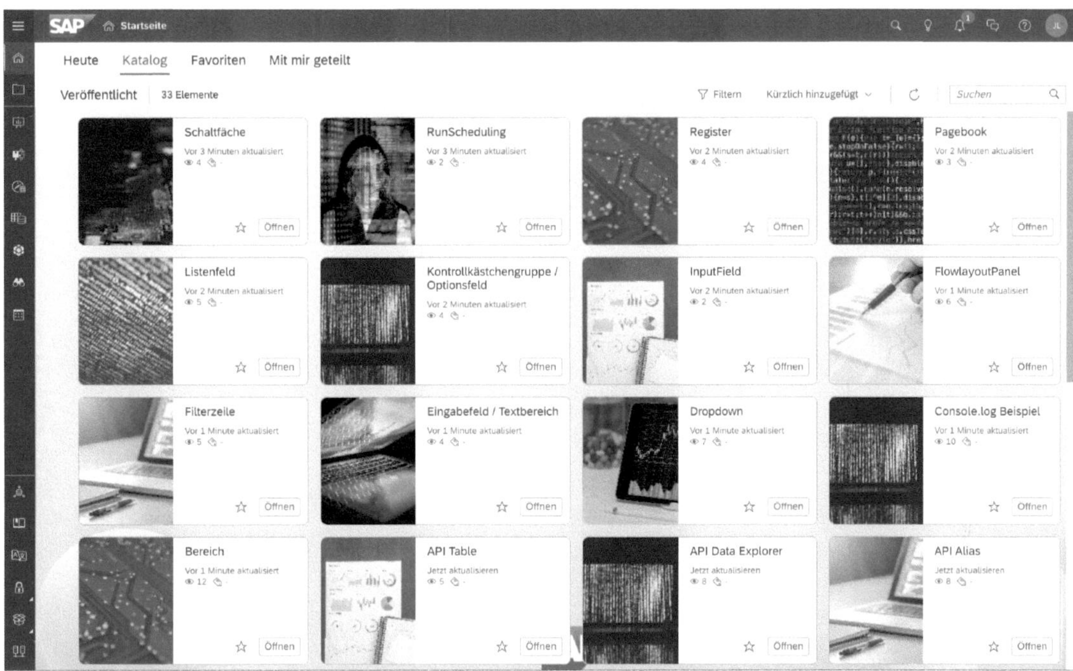

Abbildung 6.4 Übersicht des Katalogs

Wenn Sie Ihre Applikation im Katalog veröffentlichen möchten, können Sie deren Freigabe auf der Teamebene, nicht aber auf der Benutzerebene vornehmen. Dabei können Sie festlegen, ob Sie einen Lesezugriff gewähren möchten (siehe Abbildung 6.5):

- **Ohne Lesezugriff**
  Vergeben Sie keinen Lesezugriff, sehen die Anwenderinnen und Anwender aus dem Team die Kachel in Ihrem Katalog, aber können nicht auf die Applikation zugreifen. Allerdings können Sie über diese Kachel eine Zugriffsanfrage verschicken.
- **Mit Lesezugriff**
  Teams mit einem Lesezugriff können die Kachel und die dahinterstehende Applikation öffnen.

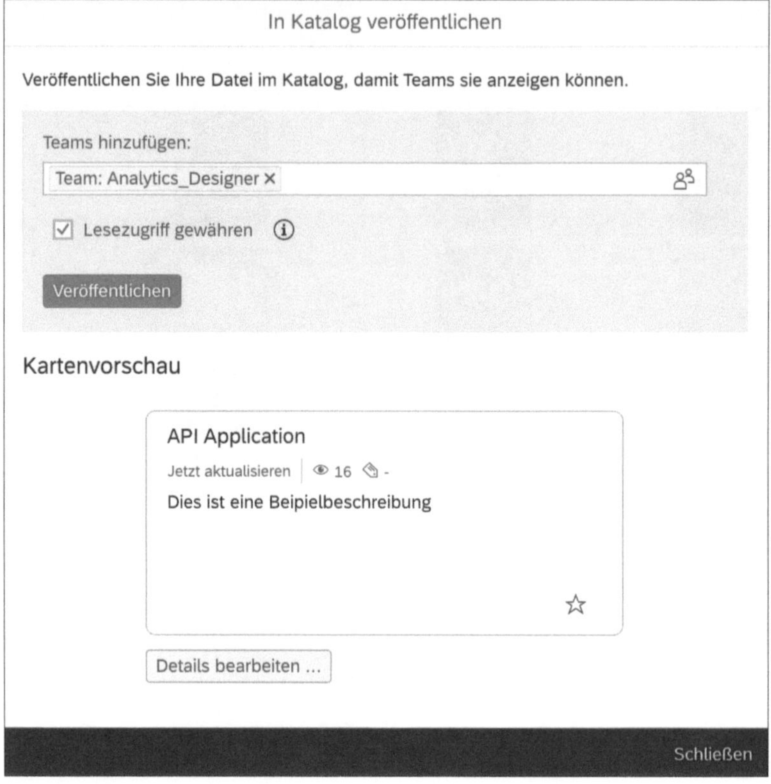

Abbildung 6.5 Veröffentlichung einer Applikation im Katalog

Alle Berechtigungen müssen richtig vergeben werden

Zusätzlich zur Leseberechtigung im Katalog benötigen Anwenderinnen und Anwender auch die Berechtigung zum Lesen der Applikation und der dazugehörigen Modelle.

Veröffentlichung von Applikationen

Applikationen versenden

Eine weitere Möglichkeit, um Ihre Applikation zu teilen, ist das Veröffentlichen einer Applikation. Dabei wird Ihre Applikation in ein PDF-Dokument umgewandelt und per E-Mail an die Anwenderinnen und Anwender von SAP Analytics Cloud und an externe Personen versendet.

Die Häufigkeit der möglichen Versandzeitpunkte ist abhängig von Ihrer lizenzierten Anzahl an SAP-Analytics-Cloud-Usern. Die aktuelle Anzahl an verfügbaren Veröffentlichungen können Sie dabei in Ihrer Systemübersicht überprüfen (siehe Abbildung 6.6).

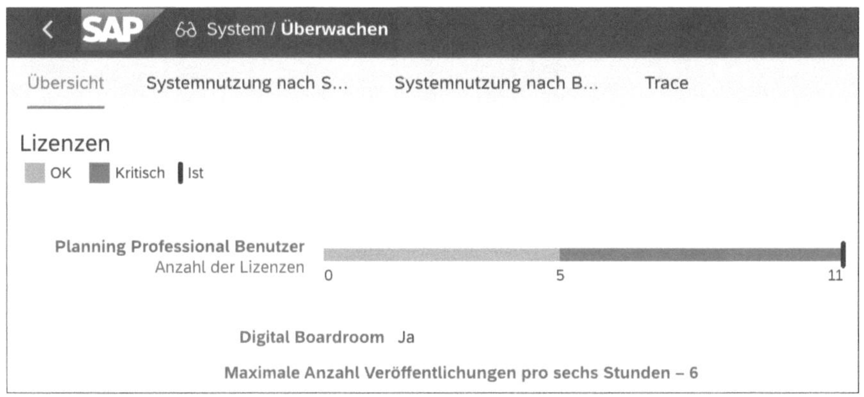

Abbildung 6.6 Übersicht der verfügbaren Veröffentlichungen

Den Zeitpunkt dieser Veröffentlichung können Sie zu einem vordefinierten Zeitpunkt oder in regelmäßigen Wiederholungen einplanen. Dabei können Sie neben den standardmäßigen Einstellungen, die Ihnen auch in Stories zur Verfügung stehen, zusätzlich verfügbare Skriptvariablen anpassen.

Beschränkter Versand an externe Personen

Der Versand an externe Personen ist auf drei E-Mail-Adressen begrenzt.

Um diese Funktion in Ihrer Applikation verwenden zu können, müssen Sie ein technisches Objekt für den PDF-Export anlegen (siehe Abbildung 6.7).

In diesem Objekt können Sie die eingeschlossenen Widgets auswählen sowie allgemeine Einstellungen vornehmen:

- **Feld »Ausrichtung«**
  Über das Feld **Ausrichtung** haben Sie die Möglichkeit, zwischen Querformat und Hochformat zu wählen.
- **Feld »Papiergröße«**
  Über das Feld **Papiergröße** haben Sie die Möglichkeit, zwischen vordefinierten Größen zu wählen. Zusätzlich steht Ihnen noch die Option **Automatisch** zur Verfügung.
- **Feld »Position der Seitenzahlen«**
  Über das Feld **Position der Seitenzahlen** können Sie auswählen, ob Seitenzahlen eingeblendet werden sollen, und wenn ja, ob diese in der Kopf- oder in der Fußzeile angezeigt werden sollen.
- **Feld »Name der exportierten Datei«**
  Im Feld **Name der exportierten Datei** können Sie einen Namen für die exportierte Datei vergeben.

- **Kennzeichen »Export im Hintergrund aktivieren«**
  Über das Kennzeichen **Export im Hintergrund aktivieren** können Sie entscheiden, ob der Export im Hintergrund stattfinden soll. Dabei kann es zu längeren Wartezeiten kommen.
- **Kennzeichen »Exportierte Widgets vollständig anzeigen«**
  Über das Kennzeichen **Exportierte Widgets vollständig anzeigen** können Sie das Drucken als Bericht aktivieren. Aktuell wird nur die Tabelle unterstützt. Zudem können Sie entscheiden, ob Sie die Elemente **Kopfzeile**, **Fußzeile**, **Anhänge** und **Kommentare** aktivieren möchten.

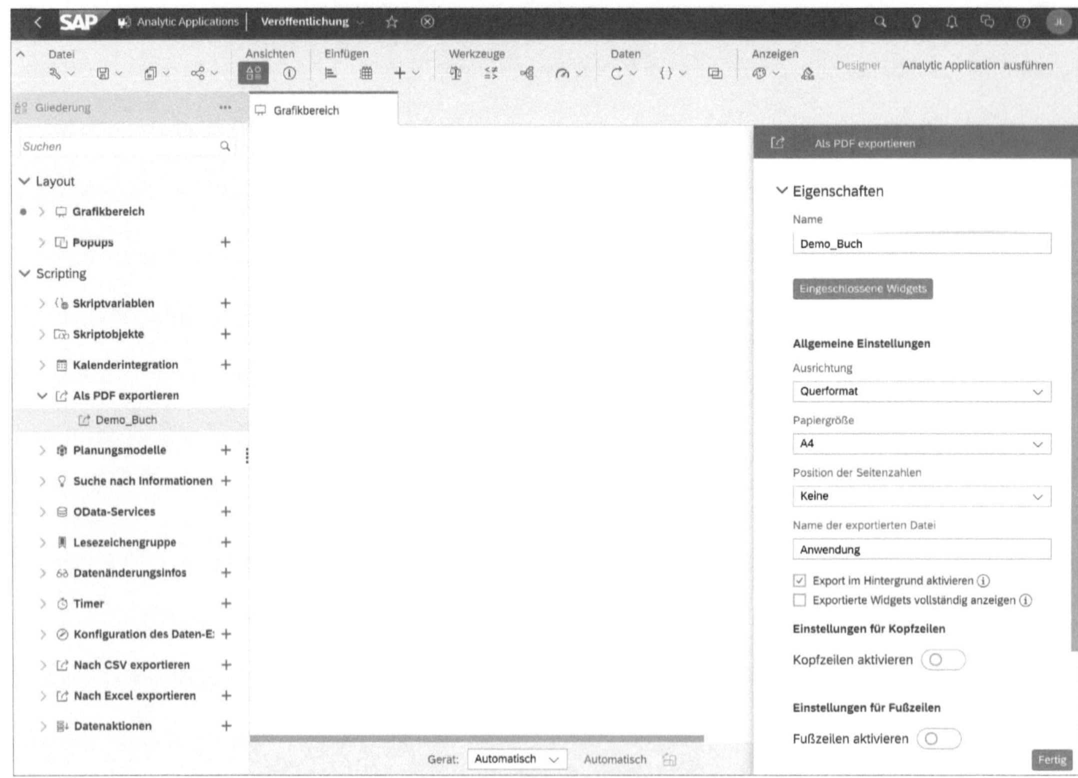

Abbildung 6.7 Objekt als PDF-Datei exportieren

Um eine Applikation über eine Veröffentlichung zu verschicken, haben Sie zwei Einstellungsmöglichkeiten. Diese finden Sie im Bereich **Format** zu Ihrem Grafikbereich (siehe Abbildung 6.8):

- **PDF-Export automatisch generieren**
  Diese Option ist die Standardeinstellung. Dabei wird das PDF-Dokument automatisch generiert, sobald das Rendern der Applikation abgeschlos-

sen ist. Eine Applikation ist vollständig gerendert, sobald die letzte Zeile des `onInitialization`-Events ausgeführt worden ist.
Bei dieser Option müssen Sie kein Skript verfassen.

- **PDF-Export per API manuell generieren**
  Diese Option können Sie verwenden, wenn Sie erweiterte Einstellungen mit Skripten vornehmen und den Zeitpunkt des Exports genauer steuern möchten. Hier können Sie z. B. ein Skript in Ihrem `onInitialization`-Event an der gewünschten Stelle einfügen:

```
If (Application.isRunBySchedulePublication()) {
     Scheduling.publish();
}
```

Einstellungen für Einplanen von Veröffentlichung

ⓘ *Bevor Sie eine PDF-Datei generieren können, müssen Sie der Gliederung zunächst "Export als PDF" hinzufügen.*

◉ PDF-Export automatisch generieren ⓘ

○ PDF-Export per API manuell generieren ⓘ

Abbildung 6.8 Einstellungsmöglichkeiten zu einer Veröffentlichung

Mobile App

Mobile Apps verwenden

Zusätzlich zu diesen drei Möglichkeiten können Sie Ihre Applikation auch in einer mobilen App zur Verfügung stellen. Dazu müssen Sie in den Details der jeweiligen Applikation den Schalter **Unterstützung von Mobilgeräten** aktivieren (siehe Abbildung 6.9).

Abbildung 6.9 Unterstützung von Mobilgeräten aktivieren

Übersetzung

Wenn Sie Ihre Applikationen mit unterschiedlichen Personen teilen, steigt die Wahrscheinlichkeit, dass Sie sie in unterschiedlichen Sprachen zur Verfügung stellen möchten. Auch diese Möglichkeit steht Ihnen für Ihre Applikation zur Verfügung.

Um die Übersetzung für eine Applikation zu ermöglichen, müssen Sie diese Option in den Details zur Applikation aktivieren (siehe Abbildung 6.10).

Abbildung 6.10 Übersetzung aktivieren

Sobald diese Option aktiviert ist, finden Sie Ihre Applikation im Menü **Übersetzung** von SAP Analytics Cloud und können die gewünschten Übersetzungen für die verschiedenen Elemente hinterlegen (siehe Abbildung 6.11).

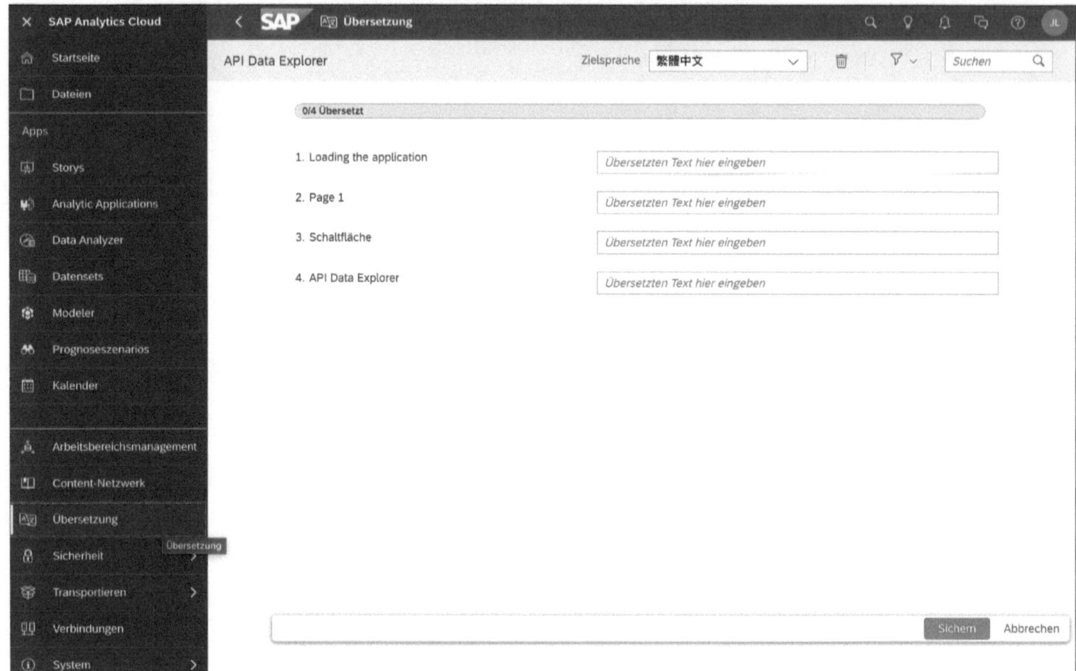

Abbildung 6.11 Applikation übersetzen

Umfang einer Übersetzung

Beachten Sie, dass nur die Elemente der analytischen Applikation übersetzt werden; die Übersetzung Ihrer Daten müssen Sie hingegen in Ihrer Datenquelle konfigurieren.

6.1.2 Lifecycle Management

Transporte in SAP Analytics Cloud

Ein hoher Grad an Individualisierungsmöglichkeiten steigert den Bedarf einer mehrstufigen Systemlandschaft in SAP Analytics Cloud. So kann sichergestellt werden, dass Änderungen an Applikationen richtig funktionieren, ohne dass dies Einfluss auf die produktiven Applikationen nimmt.

[«]

Passende Releaseversionen

Das Zielsystem muss entweder dieselbe Releaseversion oder eine höhere Version des Quellsystems verwenden. Wenn das Zielsystem einen älteren Stand verwendet, werden analytische Applikationen möglicherweise nicht unterstützt.

Um nun zwischen den verschiedenen Systemen Objekte transportieren zu können, gibt es zwei verschiedene Möglichkeiten in SAP Analytics Cloud, die wir uns im Folgenden genauer ansehen.

Beide Möglichkeiten finden Sie in Ihrem SAP-Analytics-Cloud-Menü unter dem Punkt **Transportieren**. Hier haben Sie einen Bereich für das **Exportieren** und einen Bereich für das **Importieren** (siehe Abbildung 6.12).

Abbildung 6.12 Menüoptionen für Transporte

Transport über das Content-Netzwerk

Über die Option **Exportieren** können Sie Ihre Inhalte über die Cloud verschieben und diese so mit anderen Systemen teilen.

[«]

Speicherplatz

Ein System kann bis zu 300 MB exportierten Inhalt kostenlos speichern.

Zunächst müssen Sie einen neuen Export anlegen. Dazu gehen Sie über den Pfad **Transportieren • Exportieren** und legen hier im Bereich **Content-Netzwerkspeicher** über das Plus-Icon ein neues Paket an. Sie können nun auswählen, welche Inhalte im Paket enthalten sein sollen (siehe Abbildung 6.13).

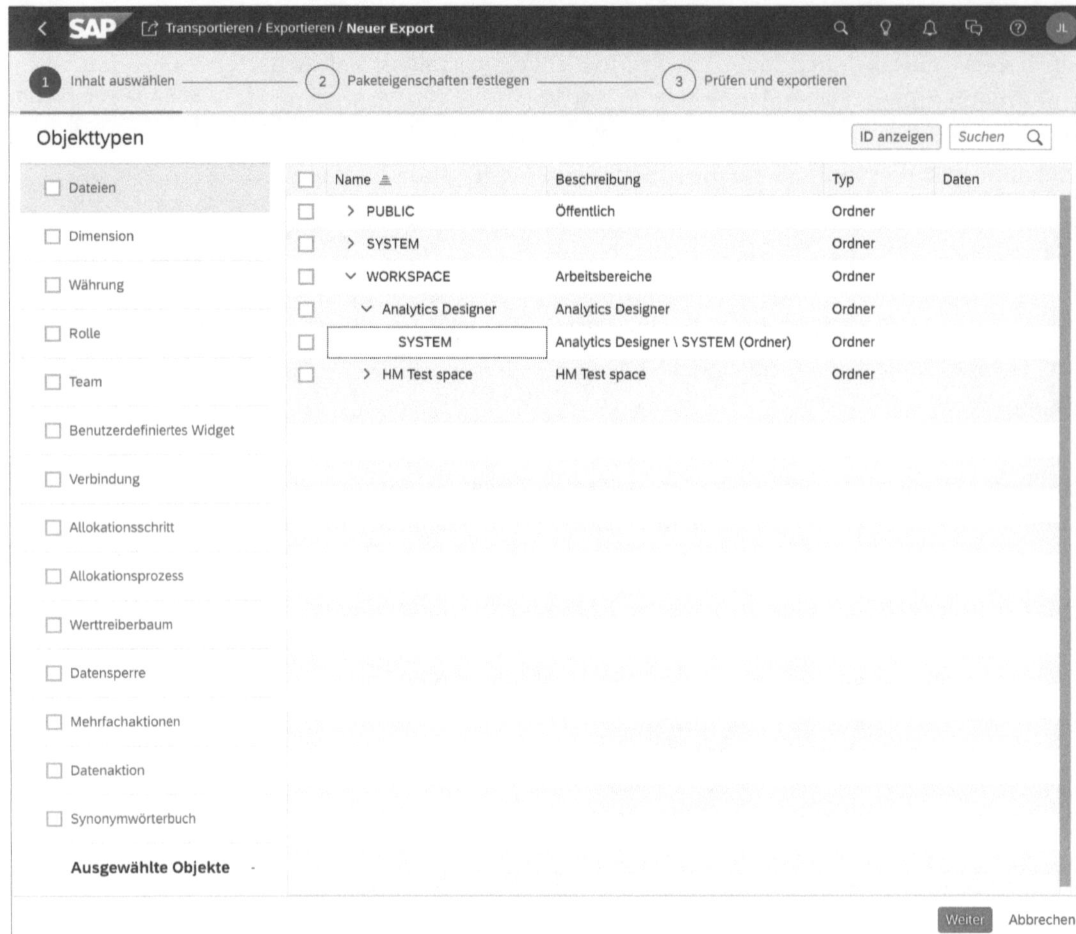

Abbildung 6.13 Inhalt für einen Export auswählen

Im nächsten Schritt können Sie für Ihr Paket einen Namen, eine Beschreibung sowie Detailinformationen eintragen. Zudem werden hier die Ziele dieses Inhalts festgelegt. Hier können Sie für jedes Ziel einstellen, über welche Zugriffe es verfügen soll (siehe Abbildung 6.14).

Im letzten Schritt erhalten Sie noch einmal eine Übersicht Ihrer Inhalte und Einstellungen, um diese zu überprüfen. Ist alles korrekt eingestellt, können Sie Ihren Export starten.

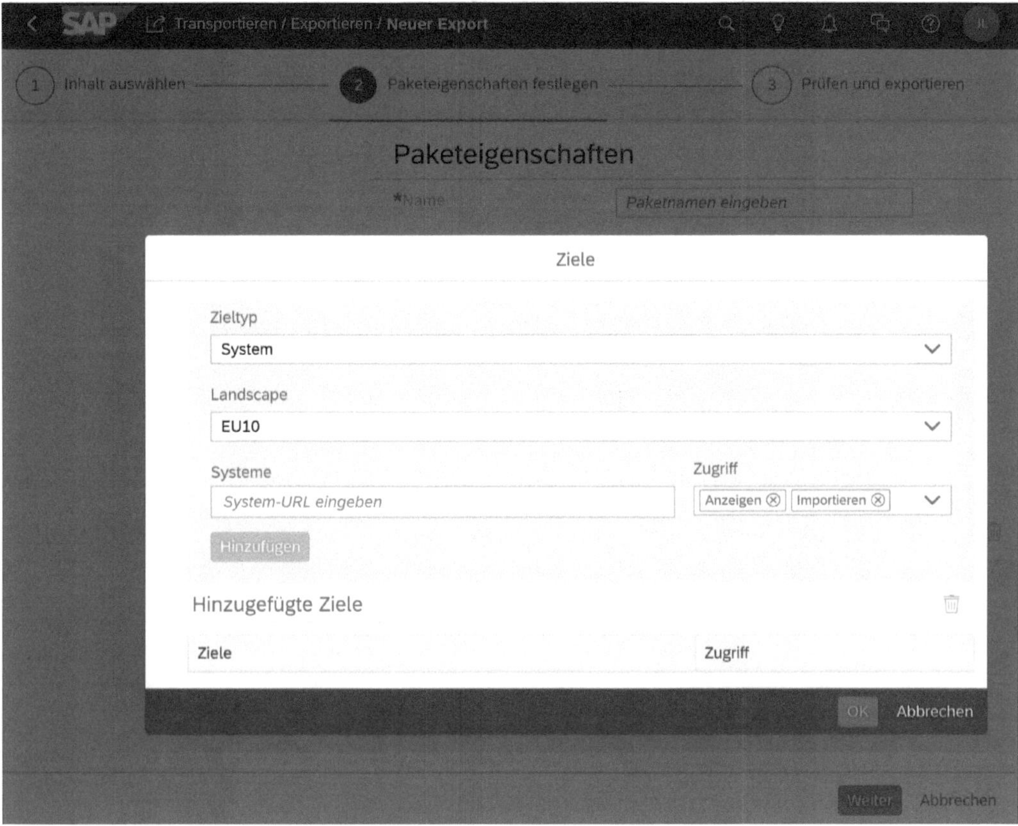

Abbildung 6.14 Paketeigenschaften festlegen

Den Fortschritt des jeweiligen Exports können Sie in Ihren Benachrichtigungen verfolgen. Sobald der Export abgeschlossen ist, erhalten Sie eine Benachrichtigung.

Um die Inhalte über diesen Weg zu importieren, wählen Sie unter **Transportieren** den Punkt **Importieren**. Hier sehen Sie alle zur Verfügung stehenden Inhalte. Dabei sehen Sie jeweils den Namen und eine Beschreibung des Inhalts sowie die URL des Tenants, der diesen Inhalt bereitstellt (siehe Abbildung 6.15).

Wenn Sie einen Inhalt auswählen, haben Sie die gleichen Möglichkeiten, wie Sie sie bereits vom Import aus dem öffentlichem Content-Netzwerk her kennen.

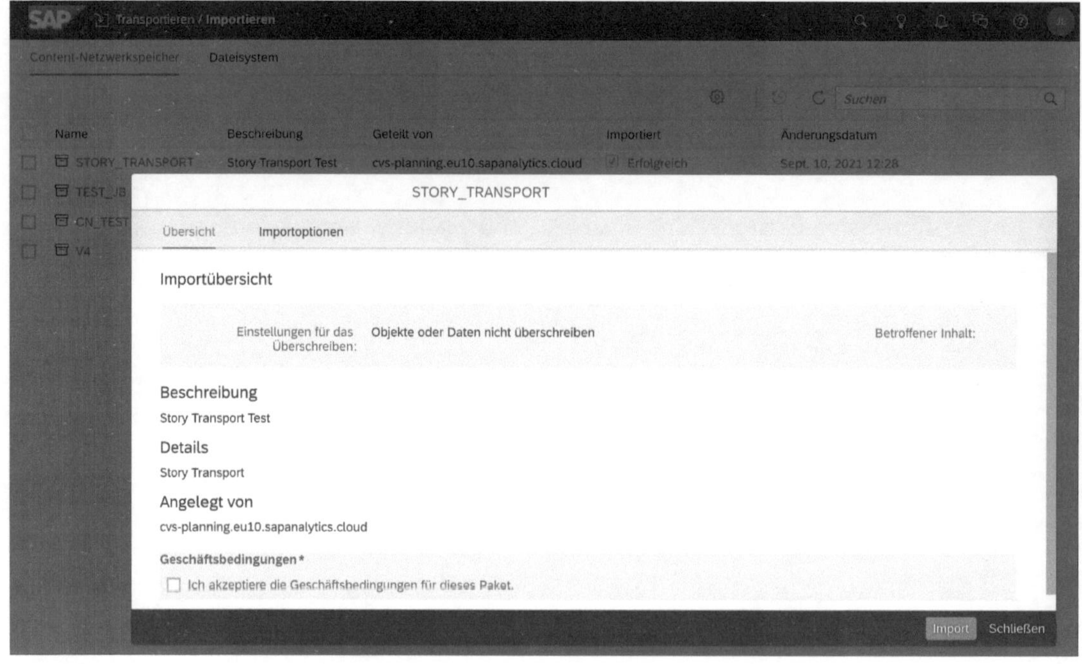

Abbildung 6.15 Inhalte über das private Content-Netzwerk importieren

Transport über das Dateisystem

Eine weitere Möglichkeit ist der Transport über das Dateisystem. Dabei werden die Inhalte zwischen den Systemen über TGZ-Dateien verschoben. Auch hier sehen Sie eine Übersicht der bisherigen Exporte und Informationen. Über das Plus-Icon legen Sie einen neuen Export an.

Im nächsten Schritt können Sie in einer Übersicht die gewünschten Inhalte wählen, die im Export enthalten sein sollen.

Auswählbare Inhalte

Sie können im Bereich **Dateien** nur auf den öffentlichen Ordner zugreifen.

Die ausgewählten Objekte werden Ihnen nun auf der rechten Seite in einer Übersicht angezeigt. Über das Icon in der rechten oberen Ecke kann der Export gestartet werden. Im Anschluss können Sie für Ihren Export noch einen Namen vergeben (siehe Abbildung 6.16).

Das Ergebnis ist eine TGZ-Datei. Diese können Sie nun in Ihr Zielsystem importieren.

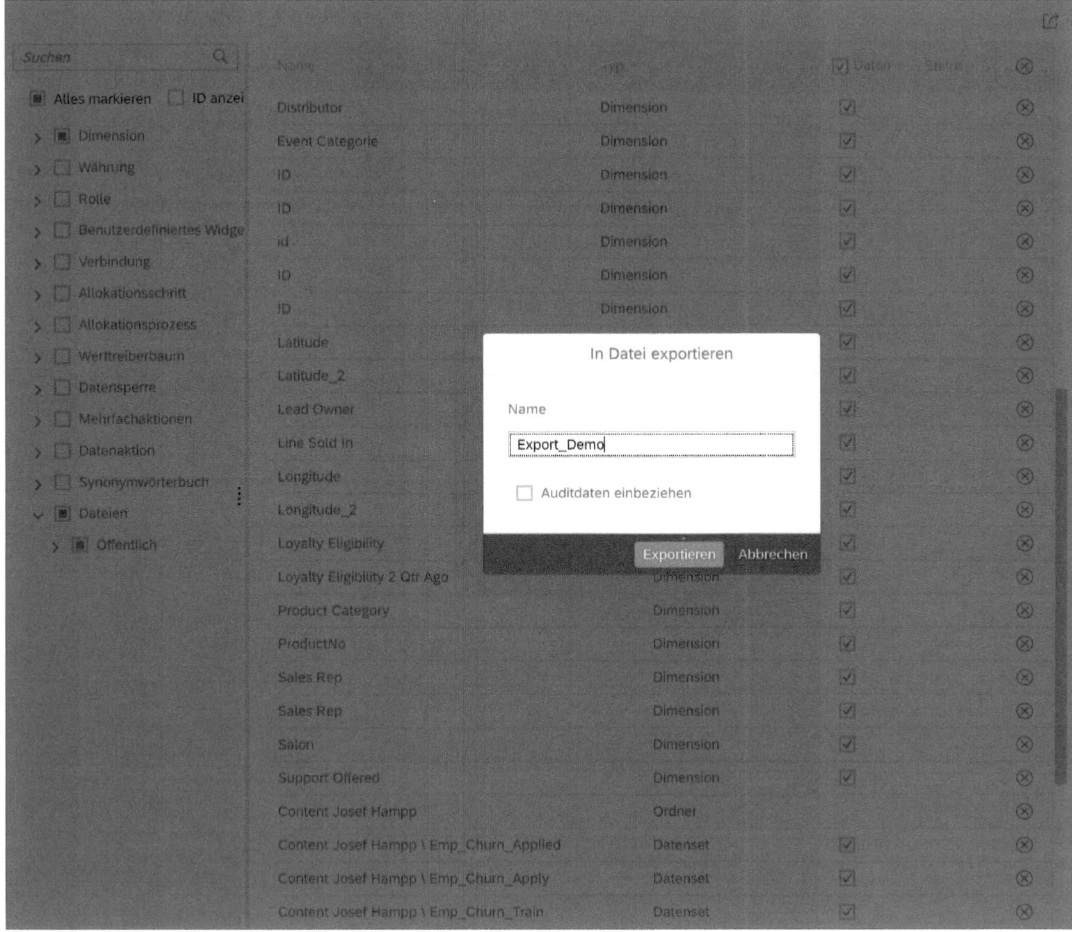

Abbildung 6.16 Export über das Dateisystem

6.2 Einbetten von analytischen Applikationen in Websites

Integration mit anderen Websites

In SAP Analytics Cloud haben Sie die Möglichkeit, Ihre Applikationen in Websites einzubetten. Umgekehrt ist es ebenso möglich, in Ihre Applikationen Websites einzubetten. Dazu verwenden Sie das Website-Widget, über das Sie eine Nachrichtenkommunikation zwischen dem jeweiligen Host und dem eingebetteten Objekt herstellen können. Über die APIs zum Senden von Nachrichten können diese beiden Szenarien umgesetzt werden.

6.2.1 Einbetten einer Applikation

Um eine Applikation in eine HTML-Seite einzubetten, nutzen Sie ein iFrame (siehe Abbildung 6.17). *iFrames* sind HTML-Elemente, die zur Strukturierung von Websites verwendet werden. Zunächst müssen Sie die Applikation als vertrauenswürdige Ursprungsadresse hinzufügen. Die entsprechenden Einstellungen finden Sie unter **System • Administration • App-Integration • Vertrauenswürdige Ursprungsadressen**.

Nun können Sie die Kommunikation zwischen der HTML-Seite und der Applikation auslösen. Dazu nutzen Sie die Methode `postMessage`.

```
Application.postMessage (receiver: PostMessageReceiver, message:
string, targetOrigin: string);
```

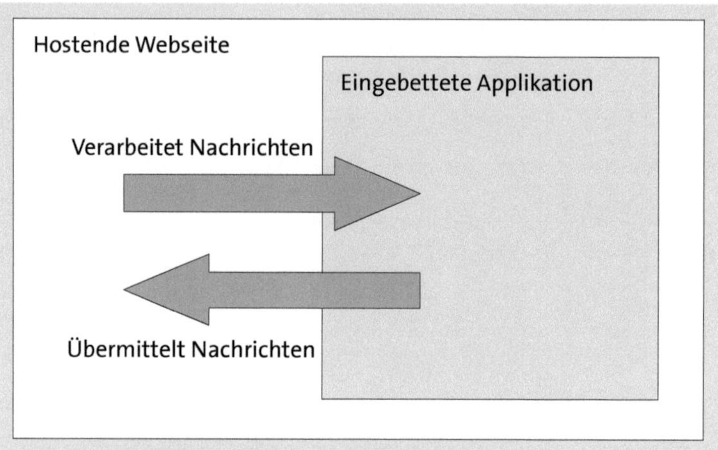

Abbildung 6.17 Applikation in eine Website einbetten

Zudem können Sie mit dem Event `onPostMessageReceived` Nachrichten verarbeiten, die von der gehosteten Website gesendet worden sind.

Überprüfung der Adresse

Prüfen Sie beim Empfang von Nachrichten die Ursprungsadresse, da sonst Daten von einer schädlichen Website abgefangen werden könnten.

6.2.2 Einbetten einer Webanwendung

Über das Website-Widget können auch Webanwendungen in Ihre Applikation eingebettet werden und hier eine Kommunikation herstellen (siehe Abbildung 6.18).

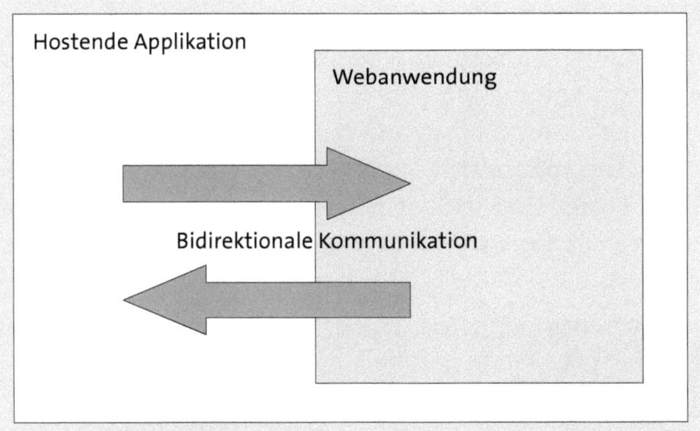

Abbildung 6.18 Website in eine Applikation einbetten

Mit der `postMessage`-Methode können Sie von Ihrer Applikation Nachrichten an die Webanwendung senden.

```
WebPage_1.postMessage(message: string, targetOrigin: string)
```

Wenn die Nachrichten von der hostenden Applikation gesendet werden, ist deren Verarbeitung von der eingebetteten Anwendung abhängig:

- Bei einer SAP-Analytics-Cloud-Anwendung wird der Empfang über das `onPostMessageReceived`-Event verarbeitet.
- Bei einer Webanwendung können Sie die Nachricht über das Event `window.on("message")` verarbeiten.

Möchte die hostende Applikation jedoch von der eingebetteten Website empfangen werden, findet die Verarbeitung mit dem `onPostMessageReceived`-Event statt.

Bei einer eingebetteten Applikation können Nachrichten über die `postMessage`-Methode gesendet werden; bei einer Webanwendung müssen Sie das Ereignis `window.parent.postMessage` verwenden.

6.3 Performance Monitoring

Performance überwachen

Mit der Möglichkeit der Erstellung von Applikationen in SAP Analytics Cloud gibt es viele Individualisierungsmöglichkeiten in Ihren Dashboards. Jedoch kann es hierbei durch nicht optimal geschrieben Code oder Wechselwirkungen zwischen verschiedenen Codezeilen auch zu Performanceeinbußen kommen.

6.3.1 Performancetools

SAP Analytics Cloud bietet verschiedene Tools, um die Performance Ihrer Applikation zu überprüfen und um potenzielle »Bremsen« aufzudecken. Natürlich können Sie sich mit den zugrundeliegenden Modellen dieser Applikationen auch eigene Applikationen bauen oder die bestehenden Applikationen anpassen. Diese sehen wir uns nun gemeinsam an. Gehen Sie in der Navigationsleiste auf **System • Performance**, um die Tools zu öffnen (siehe Abbildung 6.19).

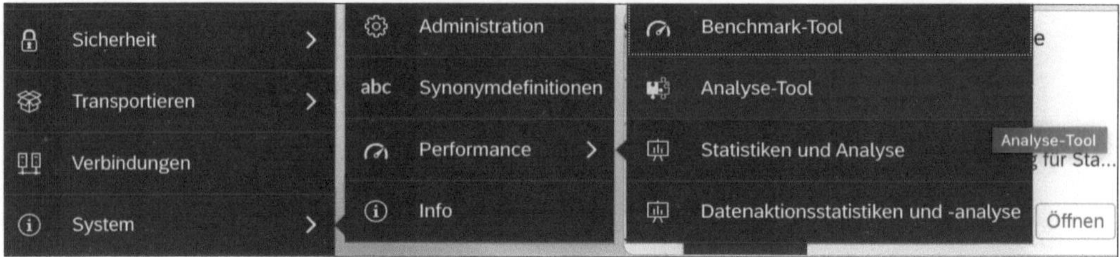

Abbildung 6.19 Menü der Performancetools

Performance Analysis Tool

Leistungsanalyse

Wir beginnen mit dem *Performance Analysis Tool*. Dieses Tool kann Ihnen bei der Behebung von Performanceproblemen helfen. Sie können sich zur Orientierung mit dem folgendem Entscheidungspfad behelfen (siehe Abbildung 6.20).

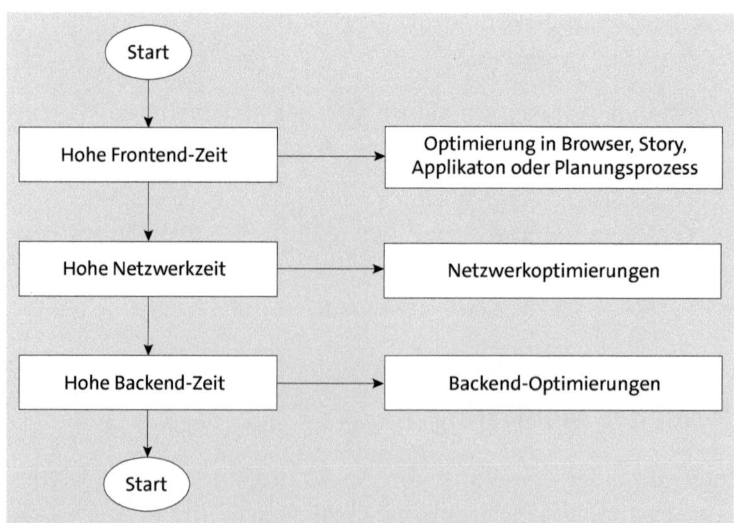

Abbildung 6.20 Entscheidungspfad zur Optimierung

Um die Stelle zu finden, an der Sie Optimierungen vornehmen können bzw. sollten, gehen Sie den Entscheidungspfad durch. Es gibt drei Hauptkategorien, in denen Optimierungsbedarf bestehen kann:

Optimierungen vornehmen

- Browser, Story, Applikation oder Planungsprozess
- Netzwerk
- Backend

Ist die Frontend-Zeit besonders hoch, sollten Sie zuerst Ihren Browser und Client prüfen. Prüfen Sie, ob das Problem weiterhin besteht, wenn Sie alle anderen Registerkarten und Anwendungen geschlossen haben. Sie verwenden eine virtuelle Maschine? In einem solchen Falle prüfen Sie, ob das Problem auch bei einem physischen Computer besteht. Auch Ihre Bandbreite oder ein Drittanbieter-Proxy können sich negativ auswirken. Wenn Sie sichergestellt haben, dass die langsame Performance nicht an Ihrem Browser oder Client liegt, schauen Sie sich als Nächstes Ihre Applikation an.

Haben Sie entlang der Best Practices gehandelt, oder werden z. B. sehr viele Widgets bereits bei der Initialisierung der Applikation geladen, obwohl Sie hier nicht benötigt werden, sollten Sie dies optimieren.

Netzwerk

Ist die Netzwerkzeit besonders hoch, sollten Sie Ihren Reverse Proxy, das VPN und Ihr Netzwerk prüfen. Wenn möglich, prüfen Sie, ob das Problem reproduzierbar ist, wenn Sie ohne VPN zugreifen. Auch Probleme in Ihrem jeweiligen SAP-Rechenzentrum können hier zu Verzögerungen führen – prüfen Sie auch hier den Status im SAP Trust Center.

Backend

Ist Ihre Auslastung im Backend besonders hoch, haben Sie kein in SAP Analytics Cloud entstehendes Problem und müssen sich Ihre jeweilige Datenquelle genauer anschauen.

Gehen Sie hierzu am besten eine Abfrage nach der anderen durch und versuchen Sie so, die problematische Abfrage genauer einzugrenzen. Haben Sie eine kritische Abfrage gefunden, schauen Sie diese Join für Join durch und nehmen danach an den notwendigen Stellen Optimierungen vor.

Anwendung

Wenn Sie in die Applikation einsteigen, haben Sie zunächst die Möglichkeit, die kommende Ergebnismenge durch verschiedene Filterkriterien einzuschränken (siehe Abbildung 6.21). Dabei können Sie neben dem Datum der Session auch nach der Ressource oder nach Benutzer oder Benutzerin einschränken. Mit einem Klick auf die Such-Schaltfläche werden Ihnen die Sessions angezeigt, die Ihren Suchkriterien entsprechen.

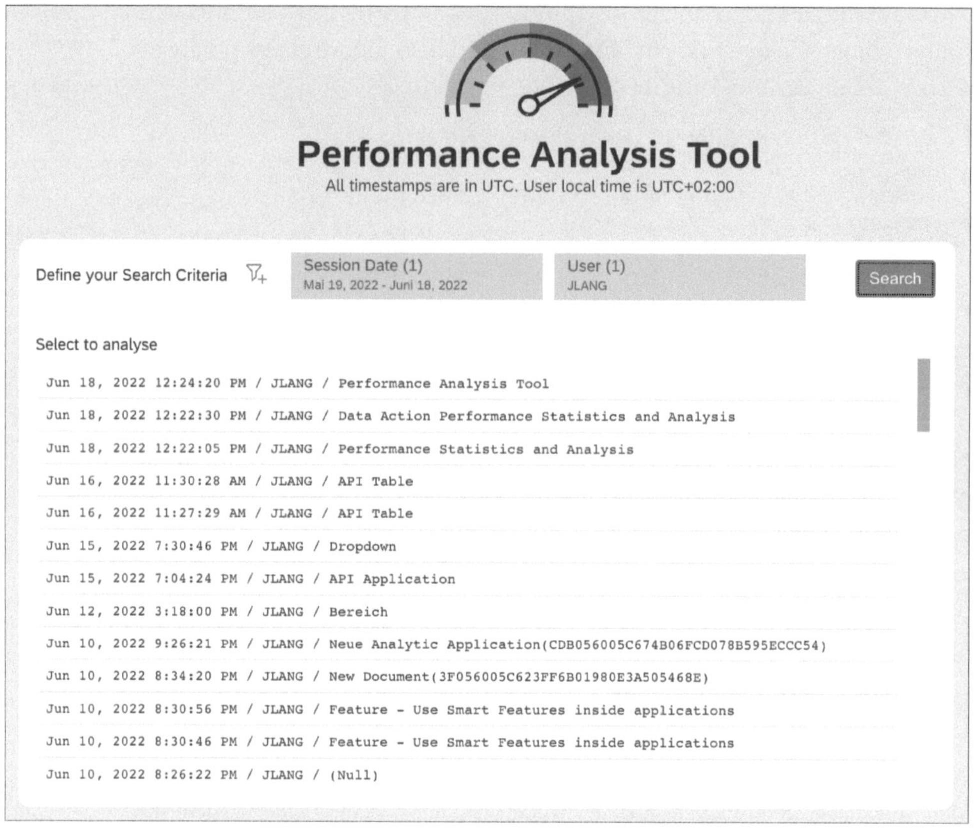

Abbildung 6.21 Einstieg in das Performance Analysis Tool

Aus dieser Ergebnisliste können Sie nun die gewünschte Session auswählen.

In der erscheinenden Ansicht sehen Sie detaillierte Informationen zu dieser Session (siehe Abbildung 6.22). Mit diesen Informationen können Sie nun Schwachstellen oder Probleme in Ihrer Applikation aufdecken. Es werden Ihnen u. a. die Startzeit der Applikation, die fünf zeitintensivsten Charts und auch die Modelle mit der größten Backend-Zeit angezeigt.

Der untere Bereich der Übersicht liefert Ihnen noch detaillierte Informationen zu den einzelnen Bereichen. So können sich die Seitenladzeiten, die Widgets und die generelle Runtime genauer anschauen. Diese Bereiche können Sie auch weiterfiltern, z. B. nach einer bestimmten Action oder Seite oder nach einem bestimmten Widget.

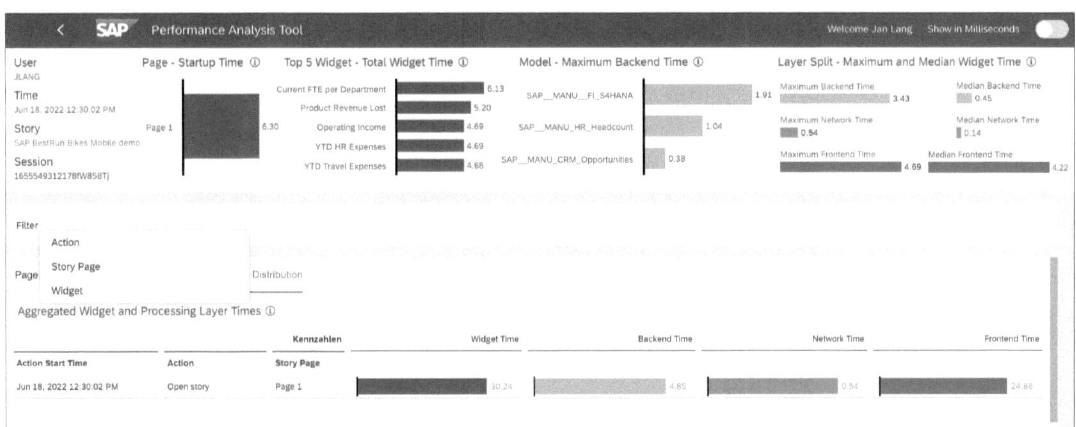

Abbildung 6.22 Detailansicht der Performanceanalyse

Benchmark-Tool

Benchmark-Vergleiche

Das *Benchmark-Tool* hilft Ihnen dabei festzustellen, ob Ihr Client oder Netzwerk für Ihre Performanceprobleme verantwortlich ist (siehe Abbildung 6.23). Dazu können Sie einen Client-Test oder einen Netzwerktest ausführen.

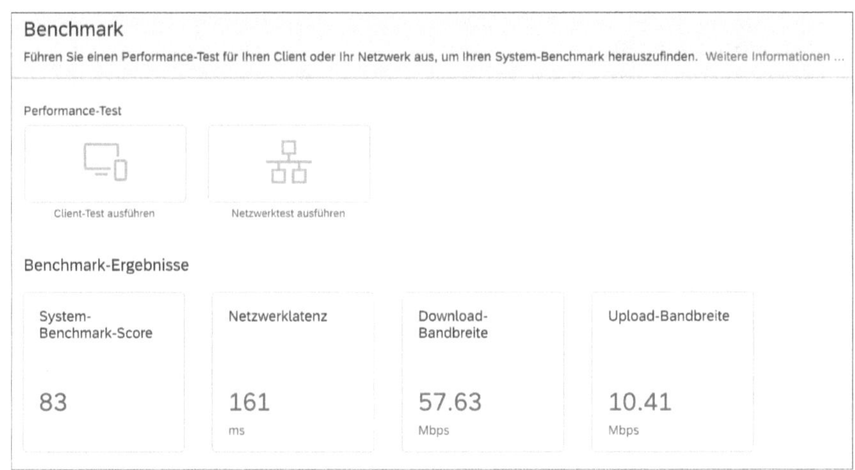

Abbildung 6.23 Benchmark-Vergleich

Das Ergebnis des *Client-Tests* ist ein Benchmark-Score. Dieser Score wird auf der Basis von mehreren Benchmark-Messungen berechnet. Das Ergebnis Ihres Scores liegt in einer der drei Einstufungen:

Grenzwerte des Benchmarkings

- mehr als oder gleich 75: ausgezeichnet
- weniger als 75, aber mehr als oder gleich 50: gut
- weniger als 50: schlecht

Um Ihren Client-Score zu verbessern, sollten Sie auf die CPU-intensiven Anwendungen und Prozesse auf Ihrem Rechner achten, die sich negativ auf die Performance von SAP Analytics Cloud auswirken.

[»]

Optimale Bedingungen

Verzichten Sie während des Tests darauf, zwischen Browserregisterkarten zu wechseln oder diese zu minimieren.

Nach dem Client-Test können Sie den Netzwerktest ausführen. Das Ergebnis des Netzwerktests liefert drei Kennzahlen zurück:

- **Netzwerklatenz**
  Diese Kennzahl ist das Ergebnis einer Berechnung auf der Grundlage Ihrer Latenz und Systembandbreite. Die Latenz entspricht dabei der Zeit, die zwischen der Anforderung und der Antwort des SAP-Analytics-Cloud-Servers verstrichen ist.
- **Download-Bandbreite**
  Diese Kennzahl gibt die Datenmenge an, die vom SAP-Analytics-Cloud-Server an den Client in Megabit pro Sekunden übertragen wird.
- **Upload-Bandbreite**
  Diese Kennzahl entspricht der Datenmenge, die vom Client an den SAP-Analytics-Cloud-Server in Megabit pro Sekunde übertragen wird.

[»]

Aktivitäten während des Tests

Bedenken Sie, dass während des Performancetests das Herunterladen von mehreren Hundert Megabyte möglich ist. Auch andere Download-Aktivitäten im Hintergrund können sich negativ auf die Analyse auswirken.

Statistiken und Analyse

Statistiken und Analyse

Diese Übersicht hilft Ihnen dabei, nicht nur Fragen zu Ihrem Backend zu beantworten, sondern beleuchtet auch einige Frontend-Themen. Im Bereich **SAP Analytics Cloud KPIs** finden Sie Informationen zu generellen KPIs Ihres Systems, wie z. B. zur aktiven Anwenderin oder zum Anwender, zu Modellen, aber auch zur Verwendung von Ressourcen (siehe Abbildung 6.24).

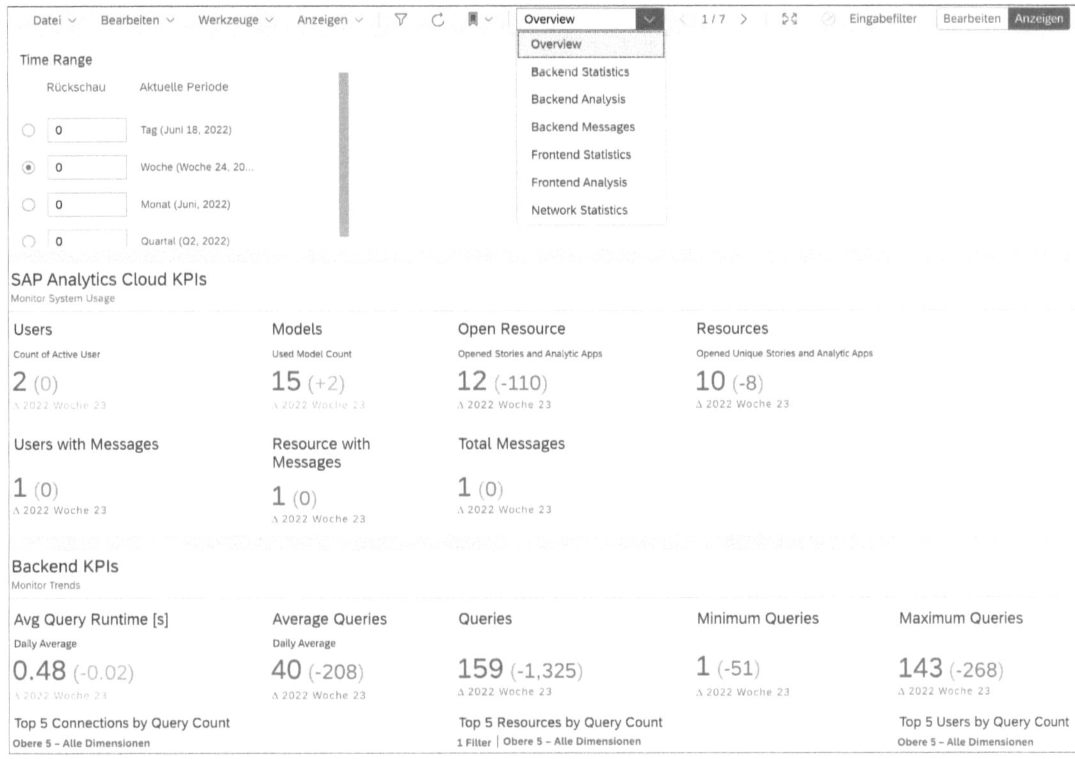

Abbildung 6.24 Übersicht der Performancestatistiken

Der Bereich **Backend KPIs** liefert eine Übersicht der Backend-KPIs. Hier finden Sie Informationen zu durchschnittlichen Laufzeiten oder auch zur Anzahl der Querys. Der Bereich des Frontends ist dabei sehr auf die Anzahl der Logins fokussiert.

Über ein Dropdown-Menü können Sie in weitere Seiten abspringen, in denen Sie noch detaillierte Informationen erhalten.

Datenaktionsstatistiken und -analyse

Statistiken zu Datenaktionen

Diese Story ist sehr ähnlich zu den zuvor beleuchteten Statistiken und Analysen. Allerdings liegt hier der Fokus auf der Planung und den darin enthaltenen Datenaktionen (siehe Abbildung 6.25).

Sie erhalten hier eine Übersicht zu den aktiven Planungsanwenderinnen und -anwendern und zu deren verwendeten Modellen sowie eine Übersicht über die Anzahl der Datenaktionen in unterschiedlichen Kontexten wie z. B. im Kalender oder die Verwendung in Applikationen.

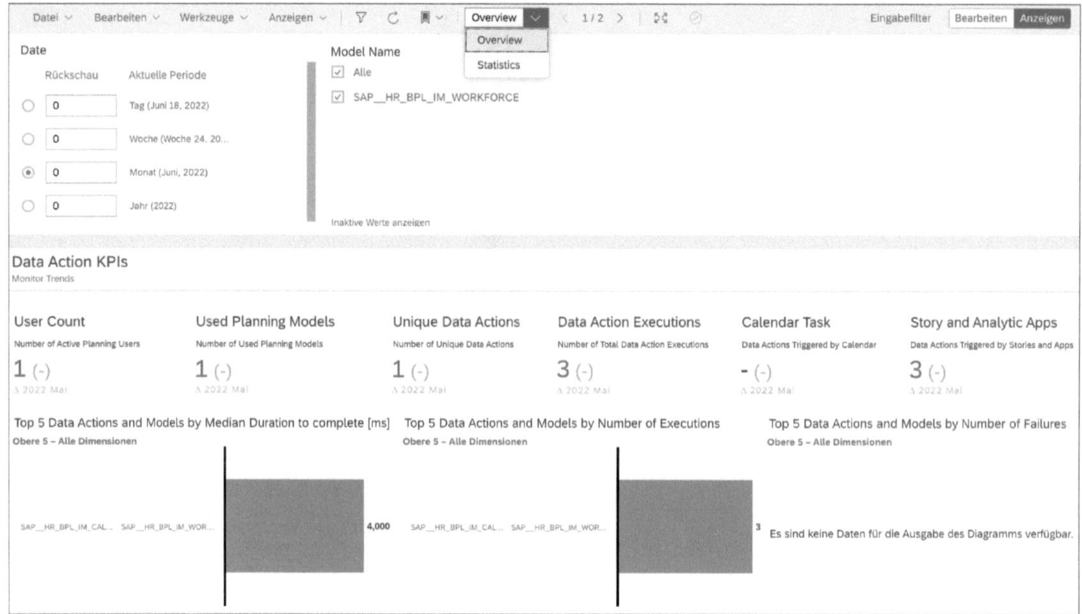

Abbildung 6.25 Performanceübersicht der Data Actions

Popup zur Analyse der Skriptperformance

Skriptperformance prüfen

Eine weitere Möglichkeit, um die Performance Ihrer Applikationen zu überprüfen, haben Sie über das *Popup zur Skriptperformance* (siehe Abbildung 6.27). Mit dieser Möglichkeit können Sie die Performance Ihrer Skripte zur Laufzeit prüfen. Um dieses Popup nutzen zu können, müssen Sie Ihre Applikation in einem entsprechenden Modus ausführen (siehe Abbildung 6.26).

Um diesen Modus aufzurufen, gibt es zwei Möglichkeiten:

- **Über eine Anpassung der URL**
  Um die Applikation über die URL in diesem Modus aufzurufen, müssen Sie den Parameter `APP_PERFORMANCE_LOGGING=true` in Ihre Applikations-URL einfügen. Platzieren Sie den Parameter dabei vor der # in Ihrer URL, und stellen Sie dem Parameter ein Fragezeichen voran, wie hier zu sehen:
  `/app.html?APP_PERFORMANCE_LOGGING=true#/`
- **Über die Skriptperformance-Schaltfläche**
  Die Skriptperformance-Schaltfläche ( ) erledigt die soeben beschriebenen manuellen Schritte für Sie. Diese Schaltfläche können Sie über den Änderungsmodus Ihrer Applikation aufrufen, den Sie im Bereich **Werkzeuge** finden.

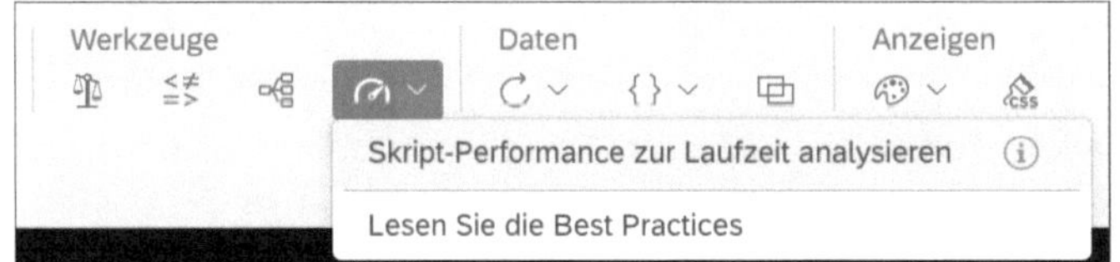

Abbildung 6.26 Performance-Popup aufrufen

Wenn Sie den Parameter in die URL eingetragen oder die Applikation über die Schaltfläche aufgerufen haben und die Anwendung fertig geladen ist, können Sie das Popup über die Tastenkombination [Strg] + [⇧] + [A] oder [Strg] + [⇧] + [Z] aufrufen.

Im Anschluss daran wird das Popup mit den Ladezeiten für die verschiedenen Skripte geöffnet. Wenn Sie mit der Maus über den jeweiligen Balken fahren, wird Ihnen die genaue Ausführungszeit angezeigt.

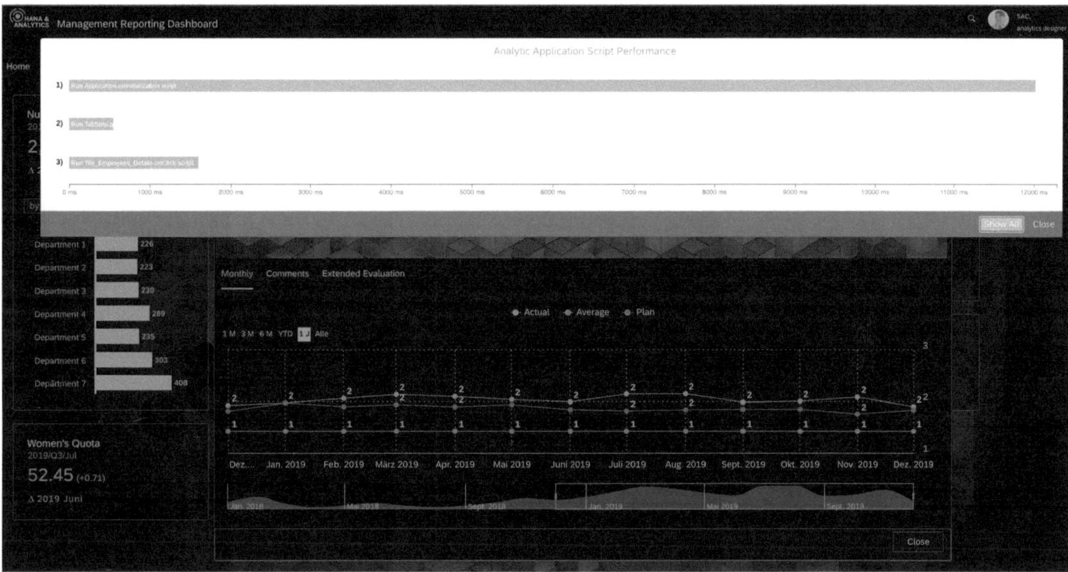

Abbildung 6.27 Performance-Popup anzeigen

Falls es performancerelevante Ereignisse gibt, werden diese in einem roten Balken unter dem auslösenden Ereignis angezeigt. Aktuell gibt es zwei Fälle, die angezeigt werden können:

- Warten auf ein anderes Widget im Hintergrund
- Aufruf der Beschreibung für ein Element einer Dimension

Browserentwicklungstools und -Debugger

Nutzung der Browserentwicklertools

Sie haben die Möglichkeit, Ihre Skripte in den Entwicklungstools Ihres Webbrowsers zu suchen und anzeigen zu lassen. Wir zeigen Ihnen diese nun am Beispiel des Browsers Google Chrome. Damit ein Skript gefunden werden kann, muss es zuvor mindestens einmal in der aktuellen Sitzung ausgeführt worden sein. Die Entwicklungstools von Google Chrome können Sie entweder mit einem Tastendruck auf `F12` oder über das Menü von Google Chrome öffnen. Hier finden Sie die Entwicklungstools unter **Weitere Tools • Entwicklertools** (siehe Abbildung 6.28).

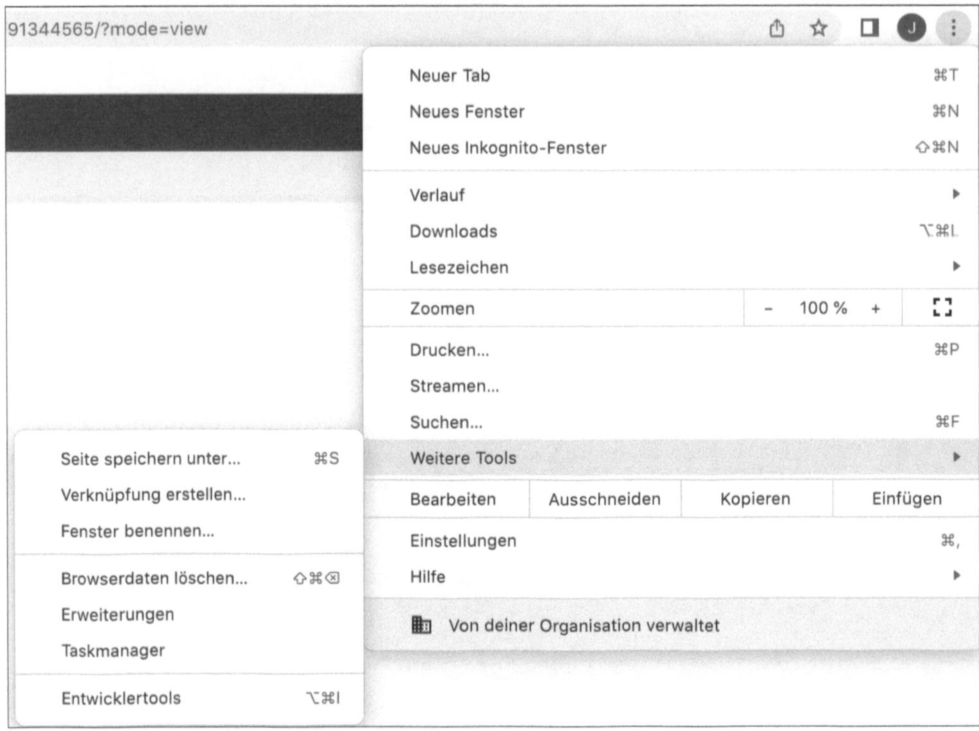

Abbildung 6.28 Entwicklertools öffnen

Nun befinden Sie sich in den Entwicklertools von Google Chrome, in denen Sie Sie nach Ihren Skripten suchen können – entweder über ein Suchfeld oder über die Baumstruktur (siehe Abbildung 6.29). Um das Suchfeld zu öffnen, drücken Sie `Strg` + `P` auf Ihrer Tastatur. Dort können Sie nun den Namen Ihres Widgets oder Ihrer Funktion suchen. Während der Suche werden Ihnen Namensvorschläge angezeigt.

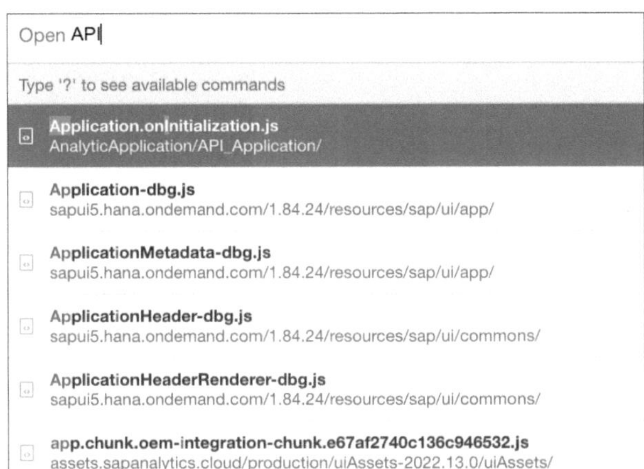

Abbildung 6.29 Suchleiste in den Entwicklertools

Sie können Ihr Skript allerdings auch über die Baumstruktur auf der linken Seite suchen (siehe Abbildung 6.30). Diese finden Sie unter dem Punkt **sandbox.worker.main**. Darunter sehen Sie Ihre Applikation und deren Elemente.

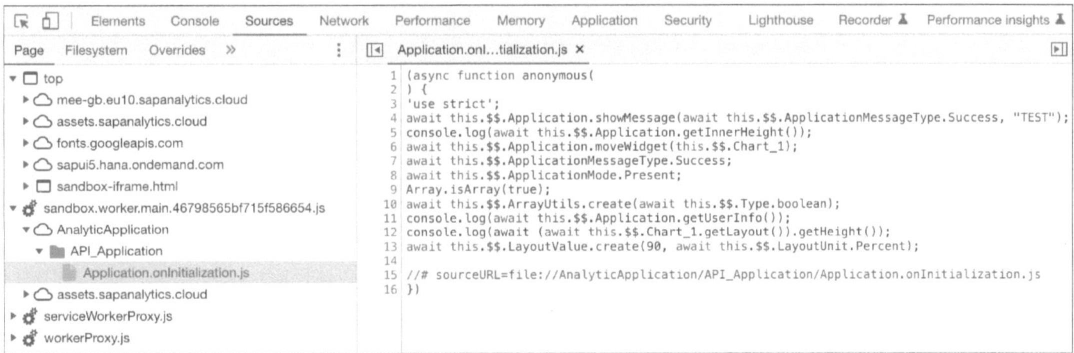

Abbildung 6.30 Menüstruktur

Außerdem können Sie in den Entwicklungstools auch den *Debug-Modus* von SAP Analytics Cloud verwenden. Sie starten den Debug-Modus, indem Sie Ihrer Applikation den URL-Parameter `debug=true` mitgeben. Das Skript wird nun automatisch angehalten, sobald Sie eine definierte Stelle erreichen. Um einen Breakpoint in Ihre Applikation einzubauen, fügen Sie Ihrem Code die Anweisung `debugger;` hinzu.

Eine weitere Möglichkeit, um einen Breakpoint festzulegen, finden Sie ebenfalls in den Entwicklertools. Dazu öffnen Sie das anzuhaltende Skript und markieren in den Entwicklertools die Zeile, in der es anhalten soll. Um einen Breakpoint zu entfernen, klicken Sie diesen noch einmal an (siehe Abbildung 6.31).

Abbildung 6.31 An einem Breakpoint stoppen

6.3.2 Best Practices für die Performance

Empfehlung

Im letzten Teil dieses Kapitels geben wir Ihnen Best Practices im Bereich der Performance von Applikationen an die Hand, die Sie bei der Erstellung von Applikationen beachten sollten. Grundsätzlich sind auch alle Best Practices aus der SAP-Analytics-Cloud-Story relevant.

Pausieren von Aktualisierungen

Bei der Erstellung einer Applikation haben Sie die Möglichkeit, Einstellungen für Datenaktualisierungen vorzunehmen (siehe Abbildung 6.32). Diese Einstellungen können Sie entweder im Builder oder über eine API vornehmen.

Auf diese Weise können Sie die Performance Ihrer Applikation verbessern und unnötige Datenaktualisierungen vermeiden. Hierzu stehen Ihnen drei verschiedene Modi zur Verfügung:

- **Immer aktualisieren**
  Dies ist die Standardeinstellung in jeder Applikation. In diesem Modus wird dieses Chart immer aktualisiert.
- **Nur aktive Widgets aktualisieren**
  Dieser Modus bietet die Möglichkeit, unnötige Datenaktualisierungen zu vermeiden. Dabei werden nämlich nur sichtbare Widgets aktualisiert und die Aktualisierung von unsichtbaren Widgets pausiert. Sobald ein unsichtbares Widget sichtbar wird, werden alle zuvor ausgeführten Aktionen, die zu einer Datenaktualisierung führen, auf dieses Widget angewendet.
- **Immer pausieren**
  In diesem Modus findet zur Laufzeit keine Datenaktualisierung statt.

Abbildung 6.32 Datenaktualisierungen im Builder

Über die RefreshPaused-API können Sie Ihren Nutzern die Möglichkeit geben, Datenaktualisierungen zu starten und zu stoppen. Dabei überschreibt das Scripting die Einstellungen im Builder-Bereich.

Inaktive Widgets

Widgets, die sich in inaktiven Registern, Buchseiten und Popups befinden, werden als unsichtbar behandelt.

Laden im Hintergrund

Ladeverhalten von Widgets

Sie können die Performance Ihrer Applikation verbessern, indem Sie einstellen, dass Widgets im Hintergrund geladen werden. Ist diese Option aktiviert, kann dies die Startperformance Ihrer Applikation verbessern. Dadurch werden zum Start der Applikation alle am Anfang sichtbaren Widgets geladen. Im nächsten Schritt werden die unsichtbaren Widgets im Hintergrund initialisiert.

Dies erhöhte die Performance gegenüber den Endanwenderinnen und Endanwendern, da die direkt sichtbaren Widgets schneller angezeigt werden. Um diese Option anzupassen, müssen Sie im Änderungsmodus Ihrer Applikation in die Einstellungen der Applikation gehen (siehe Abbildung 6.33).

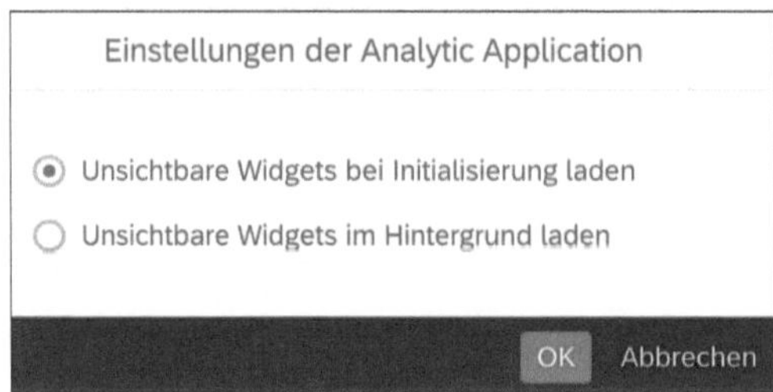

Abbildung 6.33 Widgets im Hintergrund laden

Eine weitere Möglichkeit, um eine Applikation im entsprechenden Modus aufzurufen, bietet der URL-Parameter `loadInvisibleWidgets`. Dabei wird die Einstellung in der Applikation überschrieben.

Der URL-Parameter `loadInvisibleWidgets` kann zwei verschiedene Werte enthalten:

- **loadInvisibleWidgets=onInitialization**
  Über den Wert `loadInvisibleWidgets=onInitialization` werden der Standardmodus erzwungen und alle Widgets am Anfang geladen.
- **loadInvisibleWidgets=inBackground**
  Über den Wert `loadInvisibleWidgets=inBackground` wird der Modus aktiviert, um die unsichtbaren Widgets im Hintergrund zu laden.

Widget-Initialisierung beim Start

Initialisierung von Widgets

Mit dieser Option können Sie pro Widget entscheiden, ob dieses direkt bei der Initialisierung der Applikation geladen werden soll. So können Sie die Initialisierung eines Widgets beim Start erzwingen, um dieses im `onInitialization`-Event zu verwenden, ohne auf die Initialisierung des Widgets im Hintergrund warten zu müssen (siehe Abbildung 6.34).

Das Widget wird nun mit allen anderen sichtbaren Widgets beim Start initialisiert, auch wenn es sich im Hintergrund befindet. Die Einstellung hierzu finden Sie im Designer im Bereich **Format**.

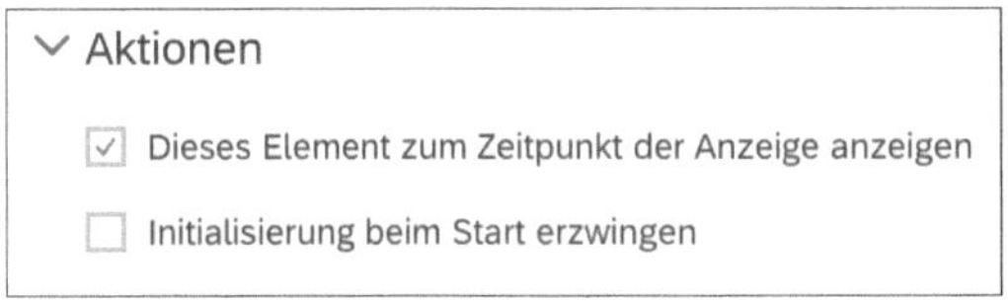

Aktionen

☑ Dieses Element zum Zeitpunkt der Anzeige anzeigen

☐ Initialisierung beim Start erzwingen

Abbildung 6.34 Initialisierung eines Widgets erzwingen

Optimierter Ansichtsmodus

Optimierter Ansichtsmodus

Sehr hilfreich ist die Funktion *Optimierter Ansichtsmodus*. Dieser Modus sorgt dafür, dass das Laden der Inhalte zur Laufzeit beschleunigt wird. Der optimierte Ansichtsmodus bringt dabei verschiedene Verbesserungen der Benutzerfreundlichkeit mit sich. Allerdings gibt es auch einige Einschränkungen, und es sind nicht alle Funktionen aus dem Standardmodus verfügbar.

Da der optimierte Ansichtsmodus im Standard deaktiviert ist, müssen Sie ihn für jede Applikation aktivieren, indem Sie auf das Speichern-Icon klicken und dort die Option **Optimierten Ansichtsmodus aktivieren** einstellen (siehe Abbildung 6.35). Bei der Aktivierung der Option wird Ihre Applikation gespeichert und im Anschluss mit der aktivierten Option des optimierten Ansichtsmodus neu geladen.

Abbildung 6.35 Optimierte Ansicht

Kapitel 7
Ausblick

In diesem abschließenden Kapitel geben wir Ihnen einen Ausblick auf die Road Map von SAP Analytics Cloud und auf die des Analytics Designers. Dabei werden kommende Funktionen mit besonderer Relevanz für das Applikationsdesign herausgearbeitet.

Im letzten Kapitel dieses Buches möchten wir Ihnen in Abschnitt 7.1, »Road Map«, zunächst einen Ausblick geben, welche Neuerungen Sie künftig in SAP Analytics Cloud erwarten können. Zudem möchten wir in Abschnitt 7.2, »Das optimierte Story-Erlebnis«, insbesondere auf eine anstehende Neuerung eingehen: das optimierte Story-Erlebnis.

7.1 Road Map

Beginnen wir mit der Road Map und den zu erwarteten Neuerungen. Der Zeitpunkt, zu dem diese Neuerungen erscheinen werden, kann sich jederzeit verschieben, und die Neuerungen können auch komplett gestrichen werden.

Wir können an dieser Stelle nur einen Ausblick über den aktuellen Stand der Road Map im Sommer 2022 geben. Da die Road Map stetigen Änderungen unterliegt, können sich Veröffentlichungsdatum und Funktionsumfang einzelner Road-Map-Items jederzeit ändern.

Road Map Explorer

Eine aktuelle Road Map finden Sie im SAP Road Map Explorer (siehe *https://roadmaps.sap.com/welcome*), den Sie in Abbildung 7.1 sehen. Dort können Sie im Suchfeld das gewünschte Produkt eingeben – in unserem Fall »SAP Analytics Cloud«.

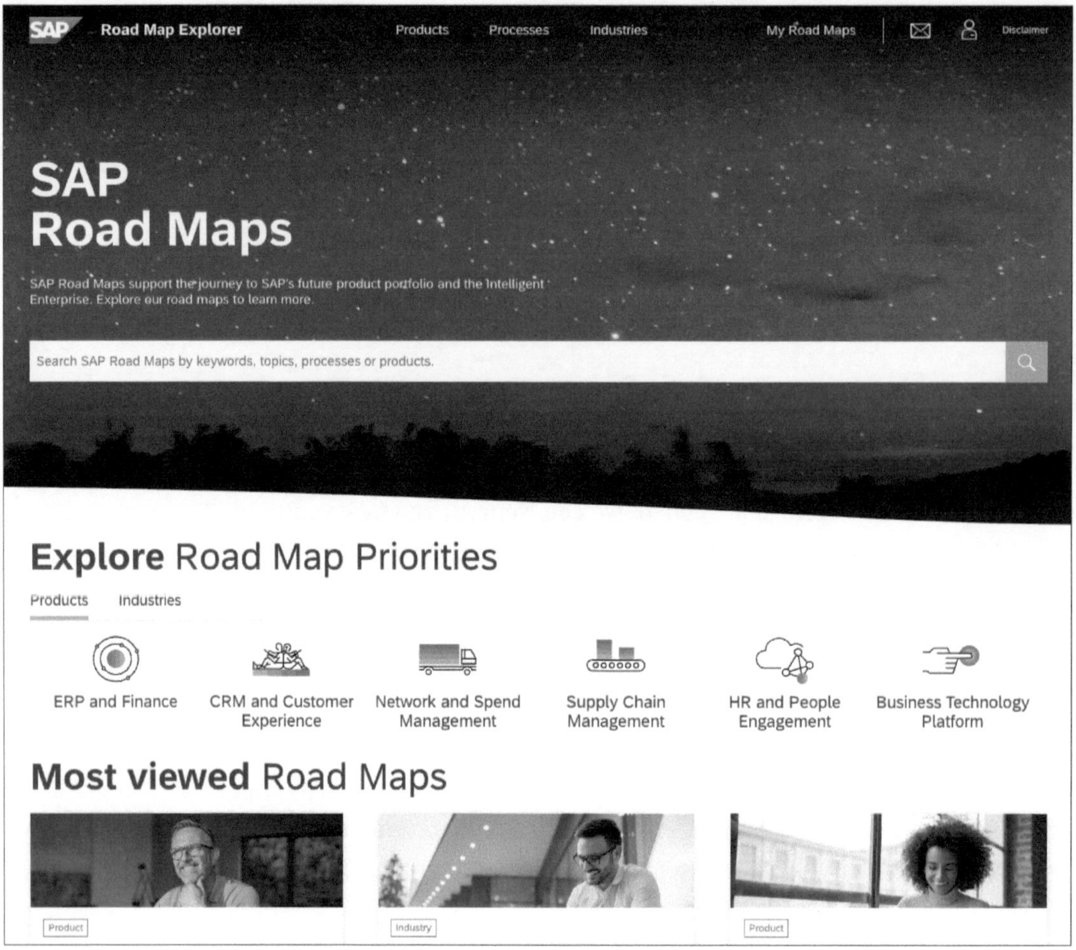

Abbildung 7.1 Einstieg in den Road Map Explorer

In der Übersicht zu SAP Analytics Cloud erscheinen in den einzelnen Spalten die Zyklen der verschiedenen geplanten Releases (siehe Abbildung 7.2). Darunter sind jeweils verschiedene Kategorien zu finden, die im jeweiligen Release voraussichtlich vorhanden sein werden. Diese Kategorien können Sie aufklappen, und Ihnen wird im Anschluss eine Übersicht der einzelnen Funktionen der betreffenden Kategorie in Form von Kacheln angezeigt.

Diese Kacheln können Sie nun entweder noch einmal aufklappen, um weitere Informationen zur jeweiligen Funktion zu erhalten, oder Sie klicken auf die Kachel, und es öffnet sich ein Popup (siehe Abbildung 7.3). In diesem Popup finden Sie nun detaillierte Informationen zur gewünschten Funktion.

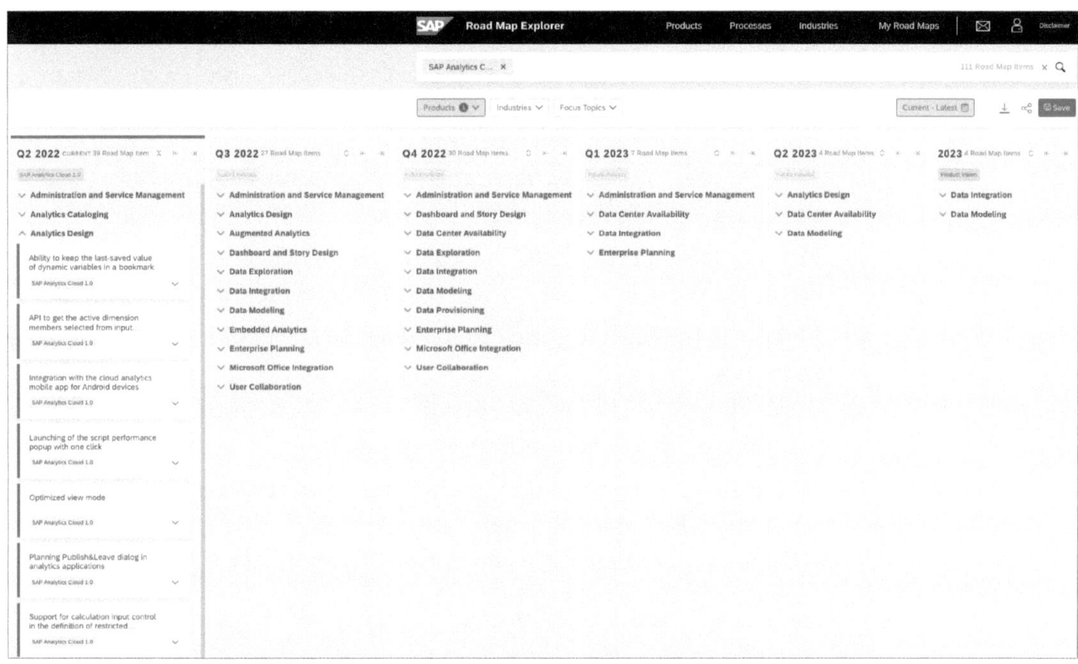

Abbildung 7.2 Übersicht der SAP-Analytics-Cloud-Road-Map

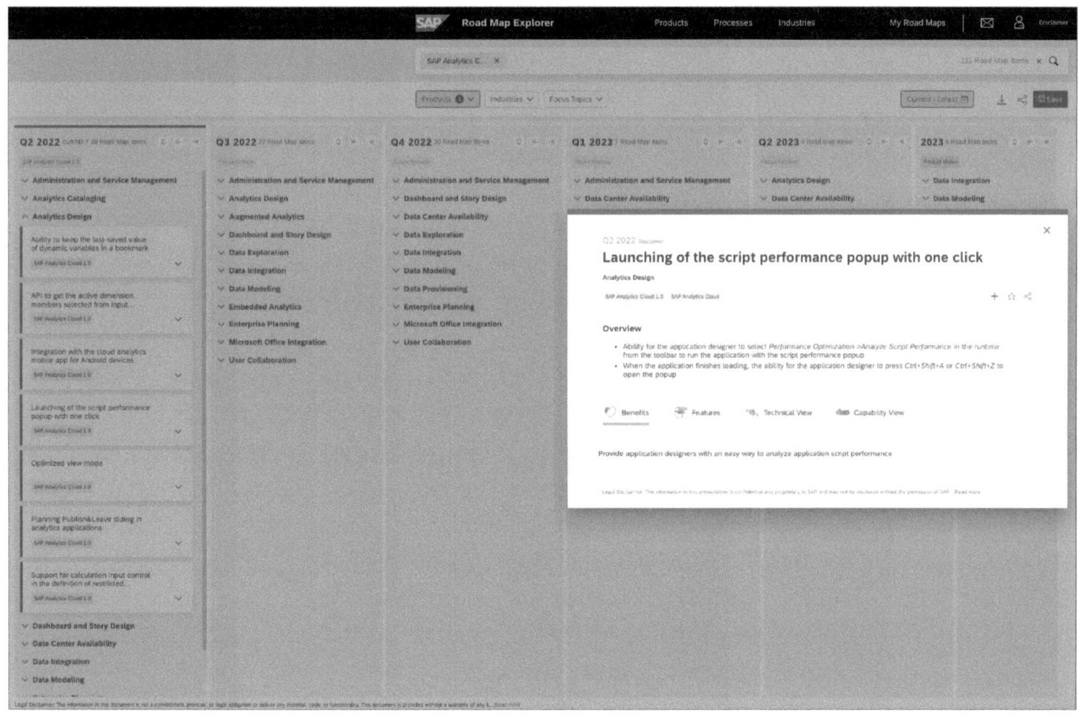

Abbildung 7.3 Detailinformationen zu einem Road-Map-Item

Zwei Beispiele aus der aktuellen Road Map erläutern wir Ihnen an dieser Stelle kurz:

- **Data Actions – extended API for analytical Applications**
  Die Data-Actions-API soll in Zukunft um eine asynchrone Ausführung erweitert werden. Dabei sollen auch Prompts sowie skriptbare Ausführungsergebnisse möglich sein.

  Mit diesen Neuerungen sollen die Einstellmöglichkeiten und der Umfang der Ausführung in Applikationen besser kontrolliert werden können.
- **SAP Business Planning and Consolidation (SAP BPC) – API for Planning Sequence**
  Durch diese API soll der Support für auf SAP BPC Embedded basierende Planungsapplikationen verbessert werden.

  Hierzu sollen Skriptfunktionen erweitertet werden, um auch auf die Datenquelle oder auf variable APIs zugreifen zu können oder um eine BPC-Planungssequenz auszuführen und ein Ergebnis zu erhalten.

Wir sind sicher, dass zu den im Road Map Explorer angezeigten Funktionen noch weitere Funktionen hinzukommen werden, da nicht alle Funktionen groß genug für ein eignes Road-Map-Item sind. Die Lösung SAP Analytics Cloud wird auch in Zukunft weiterwachsen und wie auch bereits in der Vergangenheit um viele neue Funktionen erweitert werden.

7.2 Das optimierte Story-Erlebnis

Optimiertes Story-Erlebnis

Im letzten Abschnitt dieses Buches geben wir Einblick in die Zukunft der Dashboard-Entwicklung in SAP Analytics Cloud. Aktuell gibt es in SAP Analytics Cloud drei Artefakte, um ein Dashboard zu entwickeln:

- Story
- analytische Applikation
- Digital Boardroom

Mit den drei Objekten werden verschiedene Anforderungen abgedeckt. So bieten Stories eine Self-Service-Umgebung, in der Sie in kürzester Zeit aussagekräftige Dashboard erstellen können. Mit analytischen Applikationen können Sie komplexere Dashboards mit eigenem Code und eigener Logik bauen. SAP Digital Boardroom bietet Ihnen erweiterte Navigations- und Darstellungsmöglichkeiten für größere Dashboards, beispielsweise zur Entscheidungsfindung und Steuerung eines Unternehmens.

In Zukunft sollen diese drei Artefakte zusammengeführt werden. Mit diesem Schritt soll es für Sie als Story Designer zu Verbesserungen auf drei Ebenen kommen (siehe Abbildung 7.4):

- **Vereinheitlichung**
  Durch die Einführung des optimierten Story-Erlebnisses werden die unterschiedlichen Entwicklungsumgebungen zusammengeführt. Für Anwenderinnen und Anwender stellt sich zu Beginn der Dashboard-Erstellung nicht mehr die Frage, welche Entwicklungsumgebung für welche Darstellungsform am besten geeignet ist. Denn das optimierte Story-Erlebnis bietet eine einheitliche Entwicklungsumgebung für alle Anwendungsbereiche. Applikationsentwicklungen, Self-Service-Funktionalitäten und auch Präsentationsentwicklungen, wie sie heutzutage mit SAP Digital Boardroom angeboten werden, werden in einer benutzerfreundlichen Oberfläche vereint.
- **Leistung und Benutzerfreundlichkeit**
  Benutzerfreundlichkeit bedeutet für Sie, dass Sie in einer Self-Service-Umgebung mit dem Design beginnen können und – sobald Sie an einen Punkt kommen, an dem Sie beispielsweise, eine komplexere Logik mit Skripting umsetzen wollen – auf die entsprechenden Funktionen direkt zurückgreifen und diese verwenden können. Neben den Verbesserungen im Umgang mit der Software gibt es auch leistungsbezogene Verbesserungen, die beispielsweise das Rendering der Story, die Datenabfragen an das Quellsystem oder die Persistenz von Metadaten betreffen.
- **Innovation**
  Das optimierte Story-Erlebnis ist das strategische Fundament für alle weiteren Verbesserungen. Künftig werden alle neuen Funktionen nur noch in optimierten Story-Erlebnissen bereitgestellt. Sie müssen klassische Stories und analytische Applikationen konvertieren, um die Vorteile der neuesten Innovationen zu nutzen.

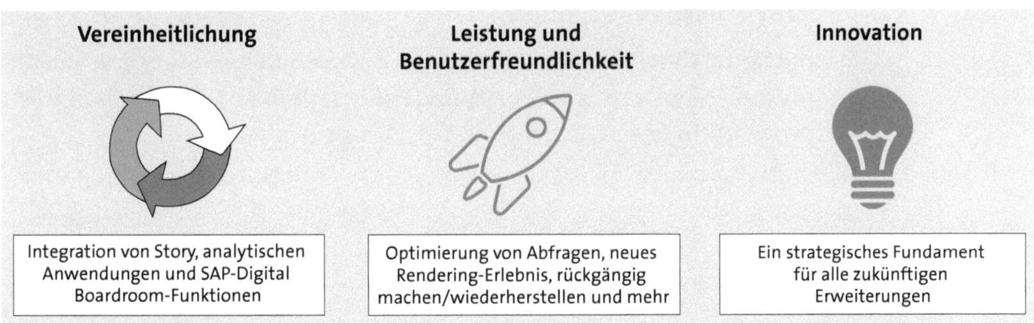

Abbildung 7.4 Vorteile des optimierten Story-Erlebnisses

Das optimierte Story-Erlebnis soll in zwei Schritten eingeführt werden. Im ersten Schritt werden Story und analytische Applikation vereint. Im zweiten Schritt werden die Funktionen von SAP Digital Boardroom ebenfalls in das optimierte Story-Erlebnis überführt.

Konvertierung

Laut SAP soll die Konvertierung von Stories und analytischen Applikationen so einfach wie möglich erfolgen. Daher wurden im Vorfeld schon der optimierte Ansichtsmodus (engl. *Optimized View Mode*, OVM) und das optimierte Entwurfserlebnis (engl. *Optimized Design Experience*, ODE) eingeführt. Diese Neuerungen bilden einen Zwischenschritt bei der Konvertierung von Story und analytischer Applikation zum optimierten Story-Erlebnis. Abbildung 7.5 zeigt Ihnen die aktuell geplanten Konvertierungsmöglichkeiten.

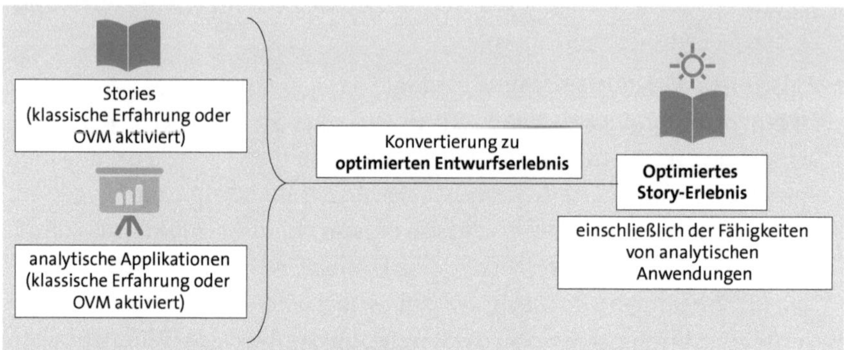

Abbildung 7.5 Migration nach Story 2.0

Stories, die im optimierten Entwurfserlebnis gebaut oder dahin konvertiert wurden, werden in Zukunft automatisch in das optimierte Story-Erlebnis konvertiert. Ebenso verhält es sich mit Stories und analytischen Applikationen, bei denen der optimierte Ansichtsmodus aktiviert ist. Diese werden in Zukunft auch automatisch in der Laufzeitumgebung des optimierten Story-Erlebnisses geöffnet.

Mit dem Wissen über die Einführung des optimierten Story-Erlebnisses ist es empfehlenswert, Ihre Stories und analytischen Applikationen jetzt schon in den optimierten Ansichtsmodus zu konvertieren.

Anhang A
Wichtige Literatur und Quellen

Im Anhang dieses Buchs möchten wir nochmal auf die wichtige Literatur und Quellen für das Thema Applikationsdesign mit SAP Analytics Cloud hinweisen. Auch beim Verfassen dieses Buchs wurden die hier aufgelisteten Quellen verwendet. Besonders die webbasierte Literatur bietet einen großen Mehrwert, da es sich hierbei um offizielle SAP-Veröffentlichungen handelt, die Änderungen, die über neue Releases eingeführt werden, direkt aufnehmen. Diese Quellen genießen also eine hohe Aktualität. Inhaltlich können Sie einerseits mithilfe dieser Werke punktuell tiefer in die Thematik einsteigen, andererseits bieten sich Ihnen somit auch komplementäre Ergänzungen zu den, in diesem Buch besprochenen, Inhalten:

- Sidiq, Abassin: SAP Analytics Cloud. Das Praxishandbuch. SAP PRESS.
- SAP Help Portal, *https://help.sap.com/docs/SAP_ANALYTICS_CLOUD?locale=en-US*
(Kurz-URL: *http://s-prs.de/v910910*)
- Hilfe zu SAP Analytics Cloud, Abschnitt **Design von Analytic Applications**, *https://help.sap.com/docs/SAP_ANALYTICS_CLOUD/00f68c2e08b941f081002fd3691d86a7/25a3b8d145864d7-faf7447b916e492e7.html?locale=de-DE*
(Kurz-URL: *http://s-prs.de/v910911*)
- SAP Analytics Cloud Custom Widget Developer Guide, *https://help.sap.com/docs/SAP_ANALYTICS_CLOUD/0ac8c6754ff84605a4372468d002f2bf/75311f67527c41638ceb89af9cd8af3e.html?locale=en-US*
(Kurz-URL: *http://s-prs.de/v910912*)
- SAP Analytics Cloud, Analytics Designer API Reference Guide, *https://help.sap.com/doc/958d4c11261f42e992e8d01a4c0dde25/release/en-US/index.html*
(Kurz-URL: *http://s-prs.de/v910913*)
- SAP Analytics Cloud, Analytics Designer Developer Handbook, *https://d.dam.sap.com/a/3Y16uka/DeveloperHandbookSACAnalytics-Designer.pdf*
(Kurz-URL: *http://s-prs.de/v910914*)

Das Autorenteam

Josef Hampp beschäftigt sich seit 2017 bei SAP Deutschland SE & Co. KG mit den Themen Analytics und Applikationsentwicklung. Seit seinem Wechsel in den Customer-Advisory-Bereich beschäftigt er sich intensiver mit den Themen Analytics und Data Warehousing. Sein Fokus liegt hierbei auf dem Cloud-Angebot des Produktportfolios der SAP Business Technology Platform. Als Customer Advisor ist er Ansprechpartner für Kunden zu diesen Themen. Zusätzlich repräsentiert er SAP regelmäßig als Experte auf öffentlichen Veranstaltungen, wie Fachkonferenzen und Webinaren. Zuvor entwickelte er im Innovation Services Sales Team Prototypen und Dashboards mit SAP Fiori beziehungsweise SAP Analytics Cloud. Er hat an der Universität des Saarlandes Wirtschaftsinformatik mit dem Schwerpunkt Data Science studiert.

Jan Lang arbeitet seit 2017 mit SAP Analytics Cloud. Seine Laufbahn begann er beim FC Bayern München als Hauptansprechpartner bei der Einführung von SAP Analytics Cloud. Nach Zwischenstationen als Teamleiter im Bereich Low-Code-Entwicklung von SAP-Fiori-Apps im SAP- und Nicht-SAP-Umfeld in einem Beratungshaus und als Consultant Data & Technology (BI) bei MHP ist er 2021 zum FC Bayern München zurückgekehrt und verantwortet dort in der Abteilung IT & Tech das Reporting mit verschiedenen SAP-Technologien. Dabei unterstützt er Kunden des FC Bayern Digital & Media Labs bei Fragen rund um SAP Analytics Cloud und den Analytics Designer.

Index

A

B